rapid biological inventories : 18

T0141342

Perú: Nanay-Mazán-Arabela

Corine Vriesendorp, José A. Álvarez, Nélida Barbagelata,
William S. Alverson, y/and Debra K. Moskovits,
editores/editors

SEPTIEMBRE/SEPTEMBER 2007

Instituciones Participantes/Participating Institutions

 The Field Museum

 Gobierno Regional de Loreto (GOREL)

 Organización Regional AIDESEP-Iquitos (ORAI)

 Herbario Amazonense de la Universidad Nacional de la Amazonía Peruana

 Museo de Historia Natural de la Universidad Nacional Mayor de San Marcos

LOS INVENTARIOS BIOLÓGICOS RÁPIDOS SON PUBLICADOS POR/
RAPID BIOLOGICAL INVENTORIES REPORTS ARE PUBLISHED BY:

THE FIELD MUSEUM
Environmental and Conservation Programs
1400 South Lake Shore Drive
Chicago, Illinois 60605-2496, USA
T 312.665.7430, F 312.665.7433
www.fieldmuseum.org

Editores/Editors
Corine Vriesendorp, José A. Álvarez, Nélida Barbagelata,
William S. Alverson y/and Debra K. Moskovitz

Diseño/Design
Costello Communications, Chicago

Mapas/Maps
Hannah Anderson, Dan Brinkmeier, Futurity, Inc., Willy Llactayo,
Jon Markel, Cristian Perez y/and Roxana Otárola Prado

Traducciones/Translations
Patricia Álvarez, Tatiana Pequeño y/and Tyana Wachter

El Field Museum es una institución sin fines de lucro exenta de
impuestos federales bajo la sección 501(c)(3) del Código Fiscal Interno./
The Field Museum is a non-profit organization exempt from federal
income tax under section 501(c)(3) of the Internal Revenue Code.

Esta publicación ha sido financiada en parte por Gordon and Betty
Moore Foundation./This publication has been funded in part by the
Gordon and Betty Moore Foundation.

Cita Sugerida/Suggested Citation
Vriesendorp, C., J.A. Álvarez, N. Barbagelata, W.S. Alverson,
y/and D.K. Moskovits, eds. 2007. Perú: Nanay, Mazán, Arabela.
Rapid Biological Inventories Report 18. The Field Museum, Chicago.

Créditos fotográficos/Photography credits
Carátula/Cover: Proteger las cabeceras es un primer paso
importante para promover poblaciones saludables de peces./
Protecting headwater streams is an important first step in
promoting healthy fish populations.

Carátula interior/Inner-cover: Actualmente, los bosques de
Cabeceras Nanay-Mazán-Arabela están intactos, protegiendo la
fuente de agua para Iquitos. Cualquier incremento en erosión (por
deforestación, minería, agricultura intensiva, extracción de petróleo)
resultará en una sedimentación catastrófica por toda la cuenca./
Currently, the Nanay-Mazán-Arabela Headwaters forests are intact,
protecting the water supply for Iquitos. Any increase in erosion
(from deforestation, mining, intensive agriculture, oil extraction)
will result in catastrophic sedimentation throughout the watershed.

Láminas a color/Color plates: Figs. 1, 6A–F, 6H, 6I, M. Hidalgo;
Figs. 3A, 3C, 3D, 4C, 5A–I, R. Foster; Figs. 3B, 7A–D, 7F,
M. Bustamante; Fig. 6G, P. Willink; Figs. 7E, 7G, A. Catenazzi;
Figs. 8A–G, J. Álvarez; Figs. 9A–9C, A. Bravo; Figs. 4A, 4B,
10A–D, A. Nogués; Fig. 9D, J. Ríos.

 Impreso sobre papel reciclado/Printed on recycled paper

CONTENIDO/CONTENTS

INTEGRANTES DEL EQUIPO

EQUIPO DEL CAMPO

Martín Bustamante (*anfibios y reptiles*)
Pontificia Universidad Católica de Ecuador
Quito, Ecuador
mrbustamante@puce.edu.ec

Adriana Bravo (*mamíferos*)
Louisiana State University
Baton Rouge, LA, EE.UU.
abravo1@paws.lsu.edu

Álvaro del Campo (*logística de campo*)
Centro de Conservación, Investigación y
Manejo de Áreas Naturales (CIMA)
Tarapoto, Perú
adelcampo@fieldmuseum.org

Alessandro Catenazzi (*anfibios y reptiles*)
Florida Internacional University
Miami, FL, EE.UU.
acaten01@fiu.edu

Nállarett Dávila Cardozo (*plantas*)
Universidad Nacional de la Amazonía Peruana
Iquitos, Perú
arijuna15@hotmail.com

Roger Conislla (*logística de transporte*)
Policía Nacional del Perú, Lima, Perú

Juan Díaz Alván (*aves*)
Instituto de Investigaciones de la Amazonía Peruana (IIAP)
Iquitos, Perú
j.diazalvan@lycos.com

Walter Flores (*caracterización social*)
Gobierno Regional de Loreto
Iquitos, Perú

Robin B. Foster (*plantas*)
Environmental and Conservation Programs
The Field Museum, Chicago, IL, EE.UU.
rfoster@fieldmuseum.org

Max H. Hidalgo (*peces*)
Museo de Historia Natural Universidad Nacional Mayor de San Marcos
Lima, Perú
maxhhidalgo@yahoo.com

Dario Hurtado (*coordinador, logística de transporte*)
Policía Nacional del Perú, Lima, Perú

Ítalo Mesones (*plantas, logística de campo*)
Universidad Nacional de la Amazonía Peruana
Iquitos, Perú
italoacuy@yahoo.es

Debra K. Moskovits (*coordinadora*)
Environmental and Conservation Programs
The Field Museum, Chicago, IL, EE.UU.
dmoskovits@fieldmuseum.org

Andrea Nogués (*caracterización social*)
Center for Cultural Understanding and Change
The Field Museum, Chicago, IL, EE.UU.
anogues@fieldmuseum.org

Gabriela Núñez Iturri (*plantas*)
University of Illinois-Chicago
Chicago, IL, EE.UU.
gabinunezi@yahoo.com

Mario Pariona (*logística social*)
Environmental and Conservation Programs
The Field Museum, Chicago, IL, EE.UU.
mpariona@fieldmuseum.org

Manuel Ramírez Santana (*caracterización social*)
Organización Regional AIDESEP-Iquitos (ORAI)
Iquitos, Perú

Marcos Ramírez (*logística de campo*)
Centro de Conservación, Investigación y
Manejo de Áreas Naturales (CIMA)
Tarapoto, Perú
mramirez@cima.org.pe

Jhony Ríos (*mamíferos*)
Universidad Nacional de la Amazonía Peruana
Iquitos, Perú
j_rios76@yahoo.com

Oscar Roca (*logística de transporte*)
Policía Nacional del Perú, Lima, Perú

Robert Stallard (*geología*)
Smithsonian Tropical Research Institute
Cuidad de Panamá, Panamá
stallard@colorado.edu

Douglas F. Stotz (*aves*)
Environmental and Conservation Programs
The Field Museum, Chicago, IL, EE.UU.
dstotz@fieldmuseum.org

Corine Vriesendorp (*plantas*)
Environmental and Conservation Programs
The Field Museum, Chicago, IL, EE.UU.
cvriesendorp@fieldmuseum.org

Tyana Wachter (*logística general*)
Environmental and Conservation Programs
The Field Museum, Chicago, IL, EE.UU.
twachter@fieldmuseum.org

Alaka Wali (*caracterización social*)
Center for Cultural Understanding and Change
The Field Museum, Chicago, IL, EE.UU.
awali@fieldmuseum.org

Phillip Willink (*peces*)
Department of Zoology
The Field Museum, Chicago, IL, EE.UU.
pwillink@fieldmuseum.org

COLABORADORES

**Asociación Interétnica de Desarrollo de la
Selva Peruana (AIDESEP)**
Lima, Perú

Centro para el Desarrollo del Indígena Amazónico (CEDIA)
Lima, Perú

Centro Pastoral
Iquitos, Perú

Ejército Peruano (EP)
Base #29
Curaray, Perú

Fuerza Aérea del Perú (FAP)
Iquitos, Perú

Gerencia de la Subregión de Napo
Santa Clotilde, Perú

Hotel Doral Inn
Iquitos, Perú

Instituto de Investigaciones de la Amazonía Peruana (IIAP)
Iquitos, Perú

Parroquia Católica de Santa Rosa
Mazán, Perú

Parroquia Nuestra Señora de la Asunción
Santa Clotilde, Perú

Policía Nacional del Perú (PNP)
Lima, Perú

PERFILES INSTITUCIONALES

The Field Museum

El Field Museum es una institución de educación e investigación, basada en colecciones de historia natural, que se dedica a la diversidad natural y cultural. Combinando las diferentes especialidades de Antropología, Botánica, Geología, Zoología y Biología de Conservación, los científicos del museo investigan asuntos relacionados a evolución, biología del medio ambiente y antropología cultural. El Programa de Medio Ambiente y Conservación (ECP) es la rama del museo dedicada a convertir la ciencia en acción que crea y apoya una conservación duradera. ECP colabora con el Centro de Entendimiento y Cambio de Cultura en el museo para involucrar a los residentes locales en esfuerzos de protección a largo plazo de las tierras en que dependen. Con la acelerada pérdida de la diversidad biológica en todo el mundo, la misión de ECP es de dirigir los recursos del museo— conocimientos científicos, colecciones mundiales, programas educativos innovadores—a las necesidades inmediatas de conservación en el ámbito local, regional, e internacional.

The Field Museum
1400 S. Lake Shore Drive
Chicago, IL 60605–2496 U.S.A.
312.922.9410 tel
www.fieldmuseum.org

Gobierno Regional de Loreto (GOREL)

El Gobierno Regional de Loreto es una persona jurídica de derecho público que emana de la voluntad popular. Tiene autonomía política, económica y administrativa en asuntos de su competencia y constituye un Pliego Presupuestal, según lo establecido en el Artículo 191º de la Constitución Política del Perú y el Artículo 2º de la Ley Nº 27867.

Su ámbito jurisdiccional comprende la actual circunscripción territorial del departamento de Loreto y su sede es la ciudad de Iquitos. La misión del Gobierno Regional de Loreto (GOREL) es gobernar en democracia para alcanzar el desarrollo integral de la Región, en concordancia con los lineamientos de políticas nacionales, sectoriales y regionales, ejecutando y promoviendo con las demás instituciones públicas y con la inversión privada, programas, proyectos, y acciones encaminadas a generar riqueza y mejorar los niveles de vida de la población.

Gobierno Regional de Loreto
Av. Abelardo Quiñónez km 1.5
51.65.267010/266969 tel
51.65.267013 fax
www.regionloreto.gob.pe

Organización Regional AIDESEP–Iquitos (ORAI)

La Organización Regional AIDESEP–Iquitos (ORAI) es una institución jurídica inscrita en la Oficina Registral de Loreto en la cuidad de Iquitos, agrupa a 13 federaciones indígenas y está compuesta por 16 pueblos etnolingüísticos. Dichos pueblos están distribuidos geográficamente en los ríos Putumayo, Algodón, Ampiyacu, Amazonas, Nanay, Tigre, Corrientes, Marañón, Samiria, Ucayali, Yavarí y Tapiche, en la Región Loreto.

Su misión es trabajar por la reivindicación de los derechos colectivos, acceso a territorio, por un desarrollo económico autónomo, y sobre la base de sus valores propios y conocimientos tradicionales que cada pueblo indígena posee. Actualmente desarrolla actividades de comunicación, y facilita informaciones para que sus bases tomen decisiones acertadas. En los temas de género realiza actividades de unificación de roles y motiva la participación de las mujeres en la organización comunal. En coordinación con CIPTA conducen la titulación de comunidades nativas. También su participación es amplia en los espacios de consulta y grupos de trabajo con las instituciones del Estado y la sociedad civil, tanto para el desarrollo como para la conservación del medio ambiente de la Región de Loreto.

Organización Regional AIDESEP–Iquitos (ORAI)
Avenida del Ejército 1718
Iquitos, Perú
51.65.265045 tel
51.65.265140 fax
orai2005@terra.com.pe

Herbario Amazonense de la Universidad Nacional de la Amazonía Peruana

El Herbario Amazonense (AMAZ), pertenece a la Universidad Nacional de la Amazonía Peruana (UNAP) situada en la ciudad de Iquitos, Perú. Fue creado en 1972 como una institución abocada a la educación e investigación de la flora amazónica. En él se preservan ejemplares representativos de la flora amazónica del Perú, considerada una de las más diversas del planeta. Además, cuenta con una serie de colecciones provenientes de otros países. Su amplia colección es un recurso que brinda información sobre clasificación, distribución, temporadas de floración y fructificación, y hábitats de los grupos vegetales como Pteridophyta, Gymnospermae y Angiospermae. Las colecciones permiten a estudiantes, docentes, e investigadores locales y extranjeros, disponer de material para sus actividades de enseñanza, aprendizaje, identificación e investigación de la flora. De esta manera, el Herbario Amazonense busca fomentar la conservación y divulgación de la flora amazónica.

Herbario Amazonense (AMAZ)
Esquina Pevas con Nanay s/n
Iquitos, Perú
51.65.222649 tel
herbarium@dnet.com

PERFILES INSTITUCIONALES

**Museo de Historia Natural de la
Universidad Nacional Mayor de San Marcos**

El Museo de Historia Natural, fundado en 1918, es la fuente
principal de información sobre la flora y fauna del Perú. Su sala de
exposiciones permanentes recibe visitas de cerca de 50,000 escolares
por año, mientras sus colecciones científicas—de aproximadamente
un millón y medio de especímenes de plantas, aves, mamíferos,
peces, anfibios, reptiles, así como de fósiles y minerales—sirven
como una base de referencia para cientos de tesistas e investigadores
peruanos y extranjeros. La misión del museo es ser un núcleo de
conservación, educación e investigación de la biodiversidad peruana,
y difundir el mensaje, en el ámbito nacional e internacional, que el
Perú es uno de los países con mayor diversidad de la Tierra y que el
progreso económico dependerá de la conservación y uso sostenible
de su riqueza natural. El museo forma parte de la Universidad
Nacional Mayor de San Marcos, la cual fue fundada en 1551.

Museo de Historia Natural de la
    Universidad Nacional Mayor de San Marcos
Avenida Arenales 1256
Lince, Lima 11, Perú
51.1.471.0117 tel
www.museohn.unmsm.edu.pe

AGRADECIMIENTOS

Nuestros inventarios representan una colaboración masiva, y damos nuestra más profunda gratitud a todos los que nos ayudaron a que el inventario en Nanay-Mazán-Arabela haya sido un gran éxito. Este inventario fue el cuarto en Loreto y nuestra primera colaboración directa con el Gobierno Regional de Loreto (GOREL). Agradecemos profundamente a Nélida Barbagelata por invitarnos a realizar el inventario y por su gran dedicación a la conservación en Loreto. Igualmente, estamos extremadamente agradecidos a José "Pepe" Álvarez por sus esfuerzos incansables a favor de la conservación en el Perú y por su trabajo en la creación del programa regional de conservación en Loreto. Sin Nélida, Pepe y GOREL, este inventario hubiera sido imposible.

Dentro de GOREL, damos las gracias al entonces Presidente Robinson Rivadeneyra y Vicepresidenta Mariela Van Heurck. Nos dio un gran honor formar parte del acuerdo histórico firmado por GOREL y The Field Museum en Iquitos a principios de agosto de 2006, y quedamos muy impresionados con la actual administración de GOREL, especialmente por la dedicación que Iván Vásquez y Víctor Montreuil han demostrado a favor de las iniciativas regionales de conservación. Este trabajo en Loreto seguramente inspirará a otras regiones en el Perú y Sudamérica.

Logísticamente, este inventario fue un tremendo desafío. Por su enorme apoyo en trasladarnos a los puntos remotos del inventario, nuestro más profundo agradecimiento va a la Policía Nacional del Perú (PNP), y especialmente al Coronel PNP Dario "Apache" Hurtado, Comandante PNP Oscar "Orca" Roca y Suboficial PNP Roger "Checoni" Conislla. Durante los últimos cinco años, la PNP ha sido instrumental en nuestros inventarios en el Perú. También recibimos ayuda crucial del Ejército Peruano por permitirnos usar sus aviones. Estamos muy agradecidos al General Miranda y al Mayor Pimentel de Lima, y al Comandante Alva y al Mayor Nacarino en Curaray, que sobrepasaron sus esfuerzos en brindarnos su apoyo.

Nuestro equipo de avanzada tuvo que superar muchos obstáculos. Ítalo Mesones, Álvaro del Campo y Marcos Ramírez se encargaron de los diferentes equipos en el campo, y establecieron tres campamentos y sus sistemas de trochas. Los equipos tuvieron que hacer un esfuerzo tremendo para lograr todas las metas antes del inventario, y es gracias a su dedicación y tremendo esfuerzo que el equipo biológico y social pudieran ser eficaces en el campo. Ítalo Mesones merece un reconocimiento especial por perseverar ante increíbles dificultades y por establecer no uno, pero

dos campamentos completos y llevarnos exactamente donde necesitábamos ir. Gracias a Ítalo, pudimos visitar la parte divisoria de la cuenca y explorar las partes más altas de las cabeceras de los ríos.

Nuestro equipo de avanzada incluyó a un grupo fabuloso de asistentes locales de numerosas comunidades cercanas: Nuevo Tipishca, Nuevo Yarina, Santa María, Santa Clotilde, Muchavista, Buena Vista, San Rafael, Flor de Coco, y un soldado de la base de militar de Curaray. Estamos profundamente agradecidos a todos por su arduo trabajo y su buen humor, y damos nuestros sinceros agradecimientos a cada uno del equipo de avanzada: Germán Macanilla Figueira, Segundo Bienvenido Tapullima Vásquez, José Valencia Tapullima, Robert Sinacay Inuma, Lauro Moreno Cumari, Mario Rodríguez Siquihua, Arbes Rodríguez Siquihua, Evison Tihuay Dahua, Rolando Lanza Sinarahua, Martín Mashucuri Aranda, Juan Mayer García Tamani, Uxton García Tamani, José Cliper Papa Dahua, Abel Cumari Aruna, Henry Sifuentes Pérez, Ronald Tapuy Macarnilla, Eduardo Figueroa Coquinche, José María Figueroa Coquinche, Antonio Figueroa Coquinche, Gepson Angulo Mosquera, Abel Cumari Aruna, Uxton García Tamani, Saúl Perdomo Rosero, Rodolfo Padilla Armas, Virgilio Rosero Tapullima, Ángel Rodríguez Correa, Nixon Vigay Yumbo y Jesús Huansi Vásquez. También queremos dar un agradecimiento especial a nuestra cocinera Adela Rodríguez Gaya.

En Iquitos, Tyana Wachter tomó el difícil papel de coordinar cada uno de los movimientos desde lejos. Ella trabajó sin parar para superar una cadena interminable de dificultades de comunicación, de condiciones atmosféricas desfavorables y de complicaciones logísticas. ¡Su buen humor nunca faltó, y estamos agradecidos a Tyana por no darse por vencida! En Chicago, contamos con Rob McMillan y Brandy Pawlak, y sus increíbles habilidades de resolver problemas. En Lima, continuamos teniendo la ayuda fabulosa del personal del Centro de Conservación, Investigación y Manejo de Áreas Naturales (CIMA), especialmente Tatiana Pequeño, Jorge Luis Martínez, Manuel Álvarez, Jorge Aliaga, Yessenia Huamán y Lucía Ruiz.

En Iquitos, recibimos el enorme apoyo de mucha gente y varias organizaciones. El Hotel Doral Inn nos ayudó en cada paso. El Centro Pastoral nos proporcionó un gran lugar para escribir el reporte, lo cual nos permitió ser muy productivos en Iquitos. Agradecemos a todos en el Instituto del Bien Común (IBC), especialmente a Aldo Villanueva Zaravia y a Carolina de la Rosa Tincopa. Damos nuestros sinceros agradecimientos al General

Alfredo Murgueytio, del Ejército del Perú en Iquitos, por su ayuda. También agradecemos a la Policía Nacional del Perú, en Iquitos, por permitir que utilicemos su radio, y por apoyarnos de tantas maneras. Un especial agradecimiento va a CEDIA, especialmente a Melcy Rivera Chávez, por su enorme ayuda con la logística y por brindarnos generosamente el préstamo de su barco.

Estamos agradecidos a mucha gente en GOREL por ayudarnos con la logística y por hacer los arreglos del transporte por río, especialmente a César Ruiz y a Félix Grandes. Agradecemos a Detzer Flores Mozombite de GOREL por llevar a una parte del equipo biológico a Curaray en el barco del gobierno regional, y por transportar al equipo social a todas las comunidades. También estamos agradecidos a Jorge Pérez de ORAI por ayudarnos a hacer los preparativos para que el equipo social pudiera visitar las distintas comunidades.

Estamos profundamente agradecidos al Capitán Vargas y a Orlando Soplín de la Fuerza Aérea del Perú, Grupo 42, por su ayuda con el uso del avión Twin Otter. Agradecemos a Iván Ferreyra Lima de North American Float Planes y a Jorge Pinedo Lozano de Alas del Oriente por proporcionar los hidroaviones.

Antes que el inventario comenzara, tuvimos una crisis georeferencial inesperada. No hubiéramos podido solucionar este problema sin la ayuda técnica de Hannah Anderson de Futurity Inc., y Roxana Otárola Prado y Willy Llactayo de CIMA. Estamos profundamente agradecidos por toda su ayuda y arduo trabajo. Sin ellos no hubiéramos tenido mapas exactos en el campo.

Los herpetólogos quieren agradecer a Carlos Rivera por brindar información sobre la herpetofauna de Pucacuro, y a los museos de la Pontificia Universidad Católica de Ecuador y la Universidad Nacional Mayor San Marcos en Perú por resguardar las colecciones.

Los ornitólogos son agradecidos a Pepe Álvarez por conversaciones valiosas sobre la avifauna de bosques de arenas blancas.

El equipo de botánicos quisiera agradecer a Juan Ruiz y a Mery Nancy Arévalo, la directora del Herbario Amazonense, por su ayuda en el transcurso de nuestro trabajo y por permitir que sequemos nuestras muestras y que utilicemos el herbario. Por la ayuda en Chicago con las muestras, agradecemos a Nancy Hensold y a Tyana Wachter. Estamos muy agradecidos a los taxónomos que nos ayudaron a identificar varias muestras, especialmente a E. Christenson y P. Harding (Orchidaceae), L. Kawasaki y B. Holst (Myrtaceae), R. Ortiz-Gentry (Menispermaceae) y H. van der Werff (Tachigali).

El equipo de ictiología está profundamente agradecido a H. Ortega por su revisión del capítulo, y a F. Bockmann y S. Weitzman por asistir con las identificaciones de los peces.

Los mastozoólogos extienden un agradecimiento especial a E.W. Heymann, R.S. Voss, S. Solari y P.M. Velazco por sus valiosos comentarios sobre su informe, y a R. Aquino por proporcionar la información sobre identificaciones de primates y su rango de distribución en el Perú.

Sobretodo, el equipo social del inventario está agradecido a los residentes de las 11 comunidades que visitaron, por su hospitalidad y buena voluntad de compartir sus conocimientos y experiencias con nosotros. También agradecemos a los miembros del subsector del Gobierno Regional en Santa Clotilde por su ayuda en la logística durante el inventario, incluyendo el uso de su embarcación. Agradecemos a los padres del Vicariato de Santa Clotilde por su cálida hospitalidad y por sus percepciones del contexto económico y político de la región. Estamos agradecidos a la Parroquia de Santa Rosa de Mazán por darnos albergue en la parroquia, por acompañarnos en nuestras visitas a las comunidades de Mazán, y por facilitar el contacto con los miembros de AIDEPEMPROFORMA. Abel y Norma Chávez de AIDEPEMPROFORMA nos acompañaron en nuestras visitas y compartieron pacientemente la historia de los esfuerzos de su organización. En Iquitos recibimos una gran ayuda de los departamentos técnicos del Gobierno Regional así como de la Defensoría del Pueblo, el Instituto Nacional de Estadísticas y el Ministerio de Agricultura.

Todos en el equipo del inventario estamos agradecidos al Dr. Vicente Vásquez. Cuando salimos del campo, varios miembros del equipo se enfermaron con dengue y malaria, y él ayudó a diagnosticar las enfermedades y nos tranquilizó a todos con su trato especial. Tyana Wachter sirvió como una enfermera increíble.

Extendemos nuestra gratitud especial al Instituto Nacional de Recursos Naturales (INRENA) por su apoyo a largo plazo de nuestros inventarios y por concedernos los permisos de colecta y exportación.

Agradecemos profundamente a Álvaro del Campo, Doug Stotz, Brandy Pawlak, y Tyana Wachter por todos sus aportes en editar y corregir partes del manuscrito. Y como siempre, agradecemos a Jim Costello y su equipo por diseñar el libro y lidiar con todos nuestros cambios de última hora.

Finalmente, damos nuestro más sincero agradecimiento a la Fundación Gordon y Betty Moore por su ayuda financiera para el inventario.

La meta de los inventarios rápidos—biológicos y sociales—
es de catalizar acciones efectivas para la conservación en
regiones amenazadas, las cuales tienen una alta riqueza y
singularidad biológica.

Metodología

En los inventarios biológicos rápidos, el equipo científico se concentra principalmente en los grupos de organismos que sirven como buenos indicadores del tipo y condición de hábitat, y que pueden ser inventariados rápidamente y con precisión. Estos inventarios no buscan producir una lista completa de los organismos presentes. Más bien, usan un método integrado y rápido (1) para identificar comunidades biológicas importantes en el sitio o región de interés y (2) para determinar si estas comunidades son de excepcional y de alta prioridad en el ámbito regional o mundial.

En los inventarios rápidos de recursos y fortalezas culturales y sociales, científicos y comunidades trabajan juntos para identificar el patrón de organización social y las oportunidades de colaboración y capacitación. Los equipos usan observaciones de los participantes y entrevistas semi-estructuradas para evaluar rápidamente las fortalezas de las comunidades locales que servirán de punto de partida para programas extensos de conservación.

Los científicos locales son clave para el equipo de campo. La experiencia de estos expertos es particularmente crítica para entender las áreas donde previamente ha habido poca o ninguna exploración científica. A partir del inventario, la investigación y protección de las comunidades naturales y el compromiso de las organizaciones y las fortalezas sociales ya existentes, dependen de las iniciativas de los científicos y conservacionistas locales.

Una vez completado el inventario rápido (por lo general en un mes), los equipos transmiten la información recopilada a las autoridades locales y nacionales, responsables de las decisiones, quienes pueden fijar las prioridades y los lineamientos para las acciones de conservación en el país anfitrión.

RESUMEN EJECUTIVO

Fechas del trabajo de campo	Equipo Biológico: 15–30 de agosto de 2006
	Equipo Social: 15–29 agosto de 2006

Región

Departamento de Loreto, en la parte noroccidental de la Amazonía peruana, cerca de la frontera con Ecuador. El complejo de nacientes al cual llamamos Cabeceras Nanay-Mazán-Arabela (N-M-A) queda al sur de los ríos Curaray y Arabela, y al norte de los ríos Tigre y Pucacuro. Un mosaico de usos rodea el área: la Zona Reservada Pucacuro al sur y sudoeste, la propuesta Reserva Territorial Napo-Tigre al oeste, la propuesta Reserva Comunal Napo-Curaray al norte y las concesiones forestales al este.

Fig. i. Mapa de la región, con la propuesta original y actual para Cabeceras Nanay-Mazán-Arabela.

Todos los datos y resúmenes del inventario biológico reflejan la propuesta original de 136,005 ha (Fig. 2A, i), entonces se puede considerar los resultados biológicos como una muestra más conservativa de la diversidad de la propuesta actual de 747,855 ha (Fig. 2A). Los datos y resúmenes del inventario social son relevantes para las dos propuestas, irrespectivas de su tamaño.

Inventarios

Enfoque Biológico: Geología, hidrología, plantas vasculares, peces, anfibios y reptiles, mamíferos grandes y murciélagos.

El equipo biológico visitó tres sitios, uno en cada cabecera (Mazán, Nanay, Arabela)

- Mazán: Alto Mazán, 15–20 de agosto de 2006
- Nanay: Alto Nanay, 21–24 agosto de 2006
- Arabela: Panguana, 25–30 agosto de 2006

Enfoque Social: Fortalezas culturales y sociales incluyendo las habilidades organizativas, y el uso y manejo de recursos.

El equipo social visitó 11 comunidades en tres cabeceras (Arabela, Curaray, Mazán).

- Arabela (2 comunidades): Flor de Coco y Buena Vista, 18–19 de agosto de 2006
- Curaray (5 comunidades): Bolívar, San Rafael, Santa Clotilde, Shapajal, Soledad, 16–17, 20–24 de agosto de 2006
- Mazán (4 comunidades): Puerto Alegre, Santa Cruz, Libertad y Mazán, 29 de agosto de 2006

Resultados biológicos principales

Cabeceras N-M-A es espectacularmente diverso (Tabla 1). Los hábitats varían ampliamente a través del paisaje, y cubren una gama desde parches de arena blanca hasta áreas de colinas que representan la extensión más oriental de los Andes ecuatorianos. La más alta de estas colinas (270 m[1]) es una divisoria de aguas para tres ríos importantes del ámbito regional: Nanay, Mazán y Arabela. Abajo resumimos los hallazgos que más destacaron.

Tabla 1. La riqueza de especies en cada sitio del inventario para todos los organismos muestreados; la riqueza total a través de los sitios inventariados y estimaciones para la riqueza de toda la región de Cabeceras Nanay-Mazán-Arabela.

Organismo	Alto Mazán	Alto Nanay	Panguana	Total del Inventario	Riqueza Regional Estimada
Plantas	600	800	1000	1200	3000–3500
Peces	92	78	56	154	240
Anfibios	25	26	31	53	80–100
Reptiles	20	12	26	36	60–80
Aves	271	221	297	372	500
Mamíferos Grandes*	29	17	31	35	59

* Murciélagos (20 especies encontradas durante el inventario) no incluidos.

1   m = msnm

Geología e Hidrología: Tres formaciones (Pevas, Unidad B, Unidad C) se juntan en la región de Cabeceras N-M-A, creando un mosaico geológico muy rico. La erosión natural es extensa a lo largo de los ríos y en las orillas de los pequeños arroyos. Cualquier incremento artificial en la erosión (deforestación, minería, agricultura intensiva, extracción petrolera) resultaría en un impacto catastrófico con un alto nivel de sedimentación en toda la cuenca.

Vegetación: La vegetación varía mucho a través de la región, desde los árboles enanos en las arenas blancas hasta los bosques altos creciendo sobre colinas de suelos arcillosos. En las cabeceras del Arabela, encontramos especies de planicie del río creciendo en las partes altas de las colinas (Fig. 5E), un sitio sorprendente para especies que colonizan áreas abiertas. Especulamos que estas especies pioneras podrían haber colonizado la parte alta de las colinas después de que la agricultura fuera abandonada, posiblemente hace 400–500 años. Los disturbios naturales (aperturas por caídas de árboles, erosión) parecen ser más comunes aquí que en cualquier otro lugar en la Amazonía.

Plantas: Los botánicos encontraron ~1,200 especies, incluyendo tres especies nuevas para el Perú y cinco especies probablemente nuevas para la ciencia. Las especies maderables más valiosas están casi ausentes de la región. Sin embargo, muchas especies maderables menos valiosas son abundantes, y si los mercados para estas especies se expanden, la deforestación resultante sería inmensa (hasta 60% del bosque actual).

Peces: Las 154 especies del inventario incluyen peces que son nuevos para la ciencia y nuevos para el Perú (13 especies), raros o de rango restringido (6), valiosos como ornamentales (10), o importantes como alimento en los mercados locales (5). Las áreas de cabeceras son fuentes críticas de nutrientes para las comunidades acúaticas río abajo y cualquier disturbio río arriba causará problemas en toda la cadena alimenticia.

Anfibios y Reptiles: Los herpetólogos registraron 53 especies de anfibios, incluyendo dos especies nuevas para la ciencia, tres especies raras, y una abundante población de una especie de *Atelopus* (Fig. 7C), una rana críticamente amenazada en otras partes. Los reptiles también fueron muy diversos (36 especies) e incluyeron un nuevo registro para Loreto y una especie posiblemente nueva para la ciencia. Sequías locales y sedimentación, provocadas por deforestación, reducirían la calidad y volumen de los arroyos e impactarían seriamente a la mayoría de la herpetofauna.

Aves: La diversa comunidad de aves de la región (372 especies) es dominada por especies de tierra firme. Los hallazgos más destacados incluyen una avifauna muy especialista (12 especies), asociada con hábitats raros de arena blanca, y seis

Resultados biológicos
principales
(continuación)

especies de pie de monte típicamente asociadas con los Andes. Los paujiles (*Crax* spp.) son abundantes, sugiriendo que las aves de caza no sufren actualmente fuertes presiones de cacería.

Mamíferos: La diversidad regional de primates (11 especies) es alta e incluye el mono saki ecuatoriano (*Pithecia*, Fig. 9C) de rango restringido. Actualmente, la caza comercial amenaza a las poblaciones de mamíferos en la parte alta del río Mazán, evidenciada por los grupos de cazadores que viajan a lo largo del río (Fig. 4C), las densidades más bajas de mamíferos en este sitio, y el comportamiento asustadizo en los animales observados. En cambio, las partes altas de los ríos Nanay y Arabela parecen proporcionar un refugio importante para la fauna local.

Resultados Sociales Principales

Los asentamientos humanos a lo largo de los ríos Mazán, Arabela y Curaray son comunidades pequeñas (70–300 habitantes) con un forma de vida de subsistencia basada en recursos del bosque, agricultura a pequeña escala y comercio local (Fig. 10D). Dentro de las comunidades encontramos fortalezas sociales fuertes y usos responsables de los recursos naturales, proporcionando buenas posibilidades para manejo y conservación en el ámbito local (Tabla 2).

Tabla 2. Visión panorámica de las fortalezas sociales y el uso de los recursos naturales en las 11 comunidades visitadas durante el inventario social en las cuencas de los ríos Mazán, Arabela y Curaray.

Cuencas	Mazán	Arabela	Curaray
Comunidades	Puerto Alegre Libertad Santa Cruz Mazán	CN* Buena Vista CN Flor de Coco CN Soledad CN San Rafael Santa Clotilde	CN Shapajal CN Bolívar
Panorama general	■ Son comunidades donde predomina un estilo de vida de auto-suficiencia, lo que en su mayoría es compatible con la conservación del medio ambiente ■ Pero tanto las comunidades nativas de los ríos Arabela y Curaray como las comunidades ribereñas del Mazán han visto una aceleración fuerte en su integración al mercado comercial de madera y otros recursos en la ultima década		
Fortalezas	■ Patrones de trabajo comunal ■ Economía de reciprocidad ■ Organizaciones dedicadas a manejar recursos naturales de forma sostenible ■ Vínculos de la parroquia con las comunidades que facilitan comunicación y gestión ■ Redes de parentesco que apoyan a la cohesión social ■ Flujo de información, comercio local y salud a través del tráfico ribereño entre las comunidades ■ Revitalización de la identidad cultural (incluyendo idiomas nativos)		
Uso de recursos naturales	■ Economía de subsistencia con relativamente bajo índice de extracción ■ Chacras semi-diversificadas de pequeño tamaño (promedio de 0.5–1 hectárea) ■ Conocimiento y uso de plantas medicinales ■ Control de actividades comerciales extractivas en algunas comunidades		

Nota: Las comunidades en el río Nanay, aunque no fueron visitadas durante el inventario social, están involucrados en esfuerzos de manejo integrado en colaboración con el Instituto de Investigaciones de la Amazonía Peruana (IIAP). El trabajo colaborativo a lo largo del Nanay podría proporcionar un modelo para el trabajo en las comunidades en el resto de la región.

*CN = Comunidad Nativa

Amenazas principales	Aunque Cabeceras N-M-A se encuentra en un rincón remoto del Perú, los ríos permiten el acceso a toda el área. Sin un plan coherente para la conservación y manejo local del área, las comunidades biológicas y humanas se encontrarán cada vez más amenazadas (Figs. 4A–C).

Las comunidades biológicas son amenazadas por:

01 **Actividades comerciales que incrementan la erosión.** Deforestación creada por industrias extractivas (madera, petróleo, minería), combinada con los altos niveles normales de erosión en Cabeceras N-M-A, aumentarían drásticamente la sedimentación en todas las cuencas.

02 **Caza y pesca comercial intensiva.** A largo plazo, la caza y pesca a gran escala no regulada no es sostenible. El comercio de carne de monte es mayormente creado por la demanda en Iquitos.

03 **Contaminación.** La minería y las operaciones petroleras representan una amenaza enorme a la calidad del agua para los residentes locales y la fauna local, especialmente los peces.

Las comunidades humanas son amenazadas por:

01 **Actividades comerciales que crean transtornos sociales.** Históricamente la extracción comercial de los recursos en la Amazonía (p. ej., caucho, oro, petróleo) sigue un ciclo de auge y caída. Estos ciclos desestabilizan las redes sociales locales y aceleran la erosión cultural.

02 **Información incompleta durante las negociaciones con intereses comerciales.** Las comunidades son mal informadas sobre sus derechos en relación a las industrias comerciales interesadas en extraer recursos de sus territorios. A menudo, esto conduce a la toma de decisiones sesgadas. Además, muchas veces las industrias comerciales negocian directamente con individuos en las comunidades rurales e indígenas, creando conflicto interno y división.

03 **Extracción excesiva.** La cacaría y pesca comercial agotan a las especies de caza de las cuales la gente local depende para su subsistencia.

04 **La falta de un plan de ordenamiento regional.** Cabeceras N-M-A alberga una gran diversidad biológica y están rodeadas por comunidades con una gran motivación para conservar esta diversidad y su propia forma de vida. Sin embargo, concesiones petroleras cubren la mayor parte de Loreto, incluyendo Cabeceras N-M-A. Un ordenamiento podría balancear la importancia de conservar la diversidad biológica y cultural con la demanda de la extracción de recursos a gran escala. Estos asuntos tienen que ser resueltos por toda la región.

RESUMEN EJECUTIVO

Antecedentes y estado actual

En marzo de 2004, el Gobierno Regional de Loreto (GOREL) excluyó 24 concesiones madereras de las cabeceras del Mazán (Ordenanza Regional 003-2004-CR/GRL; 136,005 ha, Fig. 2A). También en marzo del 2006, el GOREL extendió al Field Museum una invitación para liderar un inventario biológico y social rápido para proporcionar el apoyo técnico para la protección de esta región tan frágil. Todos los datos y resúmenes del inventario biológico reflejan la propuesta original de 136,005 ha (Fig. i).

Después del inventario en agosto de 2006, el equipo presentó los resultados preliminares en Iquitos a GOREL. Basándose en los resultados del inventario, GOREL propuso la completa protección de Cabeceras N-M-A—incluyendo la cuenca del Nanay—dentro del nuevo sistema regional de conservación de manejado por el nuevo Programa de Conservación, Gestión, y Uso Sostenible de la Diversidad Biológica de la Región Loreto (PROCREL). La propuesta (747,855 ha, Fig. 2A) actualmente está esperando su revisión y aprobación por el Consejo de Ministros.

Principales recomendaciones para la protección y manejo

01 **Establecer un Área de Conservación Regional de 747,855 ha que incluya la parte alta del río Nanay (Figs. 2A, 11).** El área debe ser implementada y manejada por PROCREL, y coordinada con la área protegida adyacente (Zona Reservada Pucacuro) y las áreas protegidas propuestas adyacentes (Reserva Territorial Napo-Tigre, Reserva Comunal Napo-Curaray).

02 **Restringir el comercio intensivo en el frágil complejo de cabeceras de los ríos Nanay, Mazán y Arabela.**

03 **Apoyar el propuesto Corredor Nanay-Pucacuro.** La propuesta Área Regional de Conservación Cabeceras N-M-A es una pieza clave de este corredor.

04 **Integrar completamente a los residentes locales y a las organizaciones locales apropiadas en la protección del área.**

05 **Crear una zona de amortiguamiento para el Área Regional de Conservación propuesta.**

06 **Crear un plan de zonificación para el Área Regional de Conservación propuesta y su zona de amortiguamiento.**

07 **Implementar programas de capacitación, educación ambiental y comunicación para los residentes locales.**

**Beneficios de
la conservación a
largo plazo**

01 **Asegurar la calidad y disponibilidad del agua** para las poblaciones rurales y urbanas (incluyendo Iquitos).

02 **Mantener la integridad** del sistema de ríos (Nanay, Mazán, Napo) que respaldan el tránsito y comercio regional.

03 **Proteger los recursos fundamentales** (cabeceras, bosques) que son críticos para mantener estables a las poblaciones de peces (incluyendo especies económicamente valiosas).

04 **Establecer un refugio** en Loreto para atenuar la reducción de la flora y fauna en otras partes.

05 **Asegurar el bienestar** de las comunidades a lo largo de los ríos Nanay, Mazán y Curaray y sus vidas de subsistencia.

¿Por qué Cabeceras Nanay-Mazán-Arabela?

Cerca de la frontera con el Ecuador, una concentración de cabeceras nace en una divisoria de aguas en plena selva baja Amazónica. Las cabeceras forman tres de los ríos más importantes para Loreto—Arabela, Mazán y Nanay—abasteciendo de agua limpia a más de 400,000 residentes de Iquitos, la capital. Esta es el área (747,855 hectáreas) que denominamos "Cabeceras Nanay-Mazán-Arabela."

Las tres cuencas tienen cada una su geología distinta, con componentes de la antigua formación Pevas y otras formaciones que provienen de los Andes. La diversidad geológica ha dado como resultado una biodiversidad sumamente alta que incluye un rango de vegetación desde varillales en arenas blancas hasta bosques altos muy ricos en colinas arcillosas, y que abarca especies raras y de distribución restringida, además de elementos andinos.

El área de cabeceras forma parte del propuesto corredor biológico Nanay-Pucacuro, un corredor de biodiversidad espectacularmente alta y muy rico en especies endémicas. El corredor protegerá una muestra representativa de la riqueza biológica que caracteriza al departamento de Loreto, asegurará la conectividad de hábitats para animales que migran largas distancias o especies que ocupan territorios grandes, proveerá un refugio para la flora y fauna amenazadas en otras áreas de Loreto sujetas a usos intensivos, y servirá de fuente de flora y fauna para áreas adyacentes donde estos recursos son usados intensivamente por las poblaciones locales.

Las poblaciones ribereñas e indígenas locales tienen una economía de reciprocidad con bajo índice de extracción de los recursos naturales. Ya disponen de algunas organizaciones dedicadas a manejar los recursos naturales de forma sostenible y de controlar la extracción excesiva por parte de foráneos. Con asesoramiento adecuado, el uso que hacen de los recursos puede llegar a ser compatible con la conservación de esta zona.

En el río Arabela y sus afluentes hay claras evidencias de indígenas en aislamiento voluntario, elementos esenciales del patrimonio cultural peruano, cuyas poblaciones son extremadamente susceptibles a perturbaciones y a enfermedades foráneas.

El complejo de Cabeceras Nanay-Mazán-Arabela es altamente susceptible a la erosión y a otras perturbaciones, ya que sus suelos suaves están sujetos a una erosión natural casi continua. Cualquier actividad que aumente la tasa de erosión causará una sedimentación desastrosa río abajo, destruyendo ambientes acuáticos y la pesca, y arruinará la calidad del agua de todas las cuencas.

Las cabeceras de casi todos los otros ríos importantes de Loreto nacen en Ecuador o en Colombia, haciendo que las decisiones de estos países dicten el futuro de la mayoría de las cuencas críticas para el departamento. En contraste, las cabeceras de los ríos Nanay, Mazán y Arabela figuran entre las pocas cabeceras en Loreto que nacen dentro del Perú, creando una oportunidad singular para el Gobierno Regional de Loreto (GOREL) de manejarlas de forma integral y asegurar la sostenibilidad de los recursos hídricos, madereros y pesqueros de estas cuencas, además de asegurar el bienestar de toda la región.

PERÚ: Nanay-Mazán-Arabela

Colombia
Ecuador
Iquitos
PERÚ
Brasil
Oceano
Pacífico

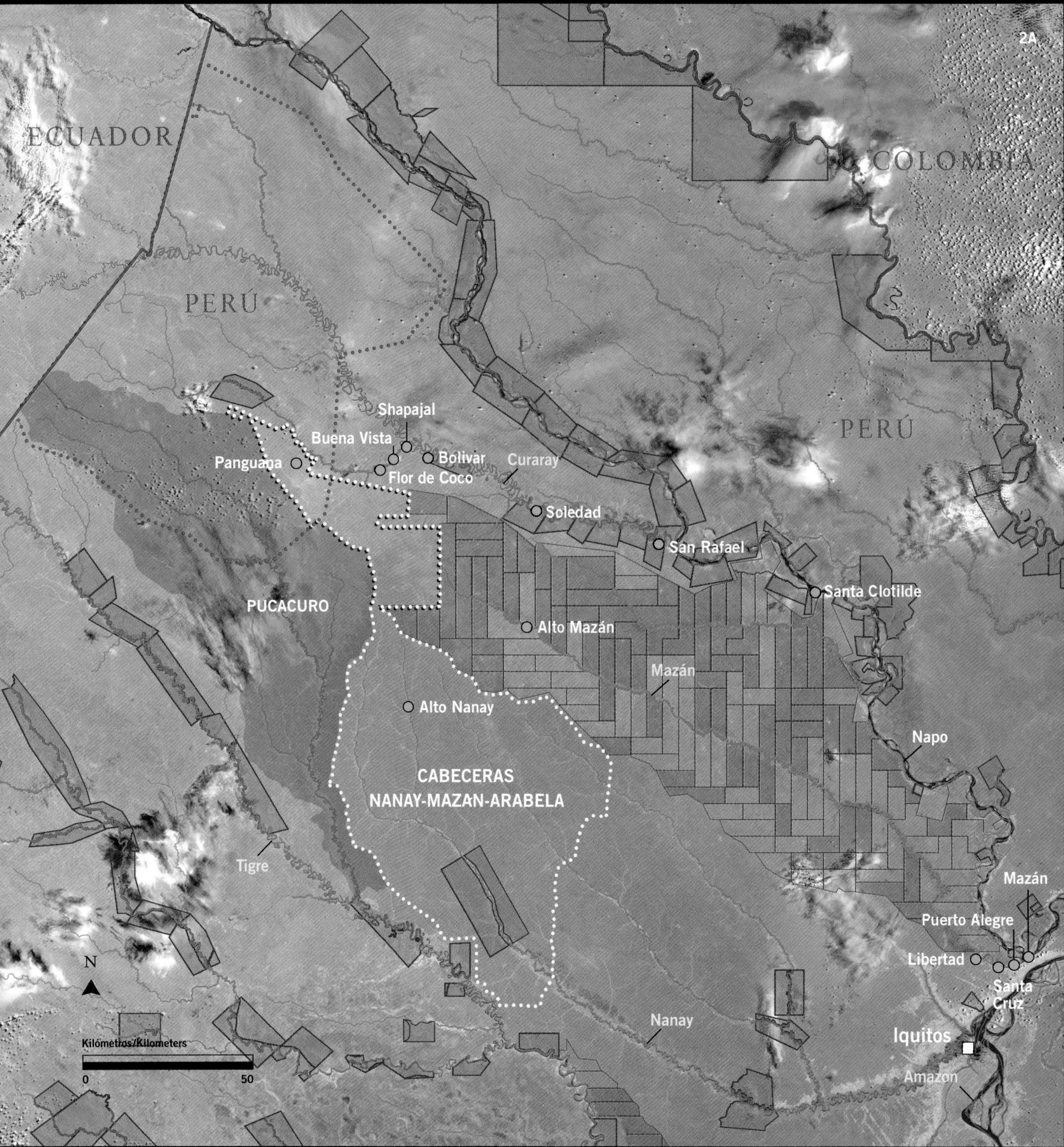

2A

ECUADOR

PERÚ

COLOMBIA

PERÚ

Shapajal
Buena Vista
Panguana
Bolívar
Flor de Coco
Curaray
Soledad
San Rafael
Santa Clotilde

PUCACURO

Alto Mazán
Mazán

Alto Nanay
Napo

CABECERAS
NANAY-MAZAN-ARABELA

Tigre
Mazán
Puerto Alegre
Libertad
Santa Cruz

N

Nanay
Iquitos

Kilómetros/Kilometers
0   50
Amazon

FIG. 1 (página previa) Los ríos representan los recursos más valiosos de la región, ya que proveen desde transporte hasta alimento y agua potable. Proteger las cabeceras y los bosques adyacentes es clave para asegurar estos recursos para el futuro./

(previous page) Rivers represent some of the region's most valuable resources, from transport to food to drinking water. Protecting the headwaters and surrounding forests is crucial to ensuring these resources for the future.

FIG. 2A Una imagen de satélite compuesta (1999–2001) que muestra las cuencas del Nanay, Mazán y Arabela, y su relación con Iquitos, la capital de la región. Resaltamos nuestros tres sitios del inventario biológico, las comunidades visitadas por el equipo social, así como otros asentamientos que rodean la propuesta área de conservación regional (747,855 ha, Cabeceras Nanay-Mazán-Arabela). Además, enfatizamos el área natural protegida colindante (Pucacuro), una propuesta reserva indígena que se superpone (Napo-Tigre), y las extensas concesiones forestales a lo largo del río Mazán. Las concesiones petroleras, aunque no se muestran aquí, se superponen con el paisaje en su totalidad./

A composite satellite image (1999–2001) showing the Nanay, Mazán, and Arabela watersheds, and their relationship to the region's capital, Iquitos. We highlight our three biological inventory sites, the villages visited by the social team, and other settlements that surround the proposed regional conservation area (747,855 ha, Nanay-Mazán-Arabela Headwaters). In addition, we emphasize the neighboring national protected area (Pucacuro), an overlapping proposed indigenous reserve (Napo-Tigre), and the extensive timber concessions along the Mazán River. Oil concessions, although not shown here, overlap the landscape in its entirety.

LEYENDA/LEGEND (2A)

······· Propuesta Area de Conservación Regional "Cabeceras Nanay-Mazán-Arabela"/
Proposed Regional Conservation Area "Nanay-Mazán-Arabela Headwaters" (747,855 ha)

Zona Reservada Pucacuro/
Pucacuro Reserved Zone

Asentamientos humanos/
Human settlements

Concessiones forestales (potenciales)/
Forestry concessions (potential)

Concessiones forestales (otorgadas)/
Forestry concessions (granted)

······· Propuesta Reserva Territorial Napo–Tigre/
Proposed Napo-Tigre Territorial Reserve

● Asentamientos humanos visitados durante el inventario social/Human settlements visited during social inventory

● Sitios del inventario biológico/
Biological inventory sites

FIG. 2B Esta imagen de radar (2000, Nasa/JPL-Caltech) ilustra que aunque Cabeceras N-M-A está ubicada dentro de la Amazonía peruana, el área tiene afinidades geológicas con los Andes ecuatorianos localizados a más de 300 km hacia el oeste./

This radar image (2000, NASA/JPL-Caltech) illustrates how, although N-M-A Headwaters lies within the Peruvian Amazon, the area has strong geological affinities with the Ecuadorian Andes more than 300 km to the west.

LEYENDA/LEGEND (2B)

● Sitios del inventario biológico/
Biological inventory sites

······· Cabeceras Nanay-Mazán-Arabela/
Nanay-Mazán-Arabela Headwater

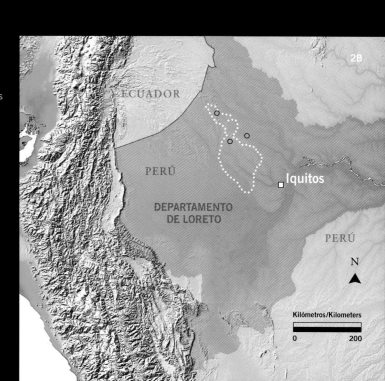

FIG. 3 La vegetación varía ampliamente a través de la región, desde árboles enanos creciendo en arenas blancas (A) hasta bosques altos que crecen en colinas arcillosas (D). Los bosques ubicados cerca a las cabeceras (B) están frecuentemente inundados (C), y las tormentas pueden causar que los niveles de agua se incrementen dramáticamente en cuestión de horas./

Vegetation varies broadly across the region, from stunted trees growing on white sands (A) to tall forests growing on clay hills (D). Forests near headwater streams (B) are often flooded (C), as storm events can cause water levels to rise dramatically in periods as short as a few hours.

FIG. 4 Cabeceras Nanay-Mazán-Arabela yace en un remoto rincón del Perú, lejos de Iquitos o de cualquier otra ciudad grande. Sin embargo, los ríos facilitan un acceso fácil al área. Como resultado de esto, las amenazas abundan, incluyendo la tala ilegal (A, B), minería ilegal, pesca no regulada, caza comercial de animales silvestres y concesiones petroleras. Durante el inventario observamos cazadores viajando por el río Mazán (C) con carne de monte para la venta en los mercados comerciales de Iquitos./ Nanay-Mazán-Arabela Headwaters lies in a remote corner of Peru, far from Iquitos or any other large town. However, rivers facilitate easy access to the area. As a result, threats abound including illegal logging (A, B), illegal mining, unregulated fishing, commercial bushmeat hunting, and oil concessions. During the inventory we observed hunters traveling on the Mazan River (C) with game meat for sale in the commercial markets of Iquitos.

FIG. 5 El inventario reveló una rica flora, estimamos que 3,000–3,500 plantas ocurren en el área. Documentamos cerca de 1,100 especies de plantas, incluyendo nuevos registros para el Perú (I), una nueva familia para el Perú (F), nuevas especies ya confirmadas (B, C), especies potencialmente nuevas (A, D), y especies típicamente asociadas con las laderas de los Andes (H). Además, encontramos una flora de planicie de río (E) creciendo en una colina de arcilla, un sitio insólito para especies que colonizan áreas abiertas. Sospechamos que este sitio de una hectárea fue abierto hace cientos de años, probablemente por humanos./

The inventory revealed a rich flora, with 3,000–3,500 plants estimated to occur in the area. We documented ~1,100 plant species, including new records for Peru (I), a new family for Peru (F), confirmed new species (B, C), potentially new species (A, D), and species typically associated with the Andean foothills (H). In addition, we found a floodplain flora (E) growing on a clay hill, an unlikely site for species that colonize open areas. We suspect this 1-hectare site was cleared in the last several hundred years, most likely by people.

FIG. 5A *Marcgravia* (Marcgraviaceae)

FIG. 5B *Anomospermum* (Menispermaceae)

FIG. 5C *Calyptranthes* (Myrtaceae)

FIG. 5D *Pitcairnia* (Bromeliaceae)

FIG. 5E *Ceiba samauma* (Bombacaceae)

FIG. 5F *Tacca parkeri* (Taccaceae)

FIG. 5G *Wettinia drudei* (Arecaceae)

FIG. 5H *Ruellia chartacea* (Acanthaceae)

FIG. 5I *Touroulia amazonica* (Quiinaceae)

5A

5B

5C

5D

FIG. 6 Las 154 especies que encontramos en el inventario incluyen peces que son potencialmente nuevos para la ciencia (A, C, D), raros (E), comunes en bosques inundados (G), con valor ornamental (B), no conocidos tan al norte (F), y recursos críticos para la gente local (I)./

The 154 species that we found in the inventory include fishes that are potentially new to science (A, C, D), rare (E), common in flooded forests (G), valuable as ornamentals (B), not known to occur this far north (F), and critical resources for local people (I).

FIG. 6A *Pseudocetopsorhamdia*

FIG. 6B *Nannostomus*

FIG. 6C *Cetopsorhamdia*

FIG. 6D *Bujurquina*

FIG. 6E *Thallasophryne amazonica*

FIG. 6F *Myoglanis koepckei*

FIG. 6G *Myleus*

FIG. 6H *Potamotrygon*

6A

6B

6C

6D

6E

6F

6G

6H

6I

7A

7B

7D

7E

7F

7C

7G

FIG. 7 La región alto-amazónica es extraordinariamente diversa para anfibios y reptiles. Registramos 53 especies de anfibios, incluyendo algunos potencialmente nuevos para la ciencia (A, C), raros (D), y una especie conocida de sola una otra localidad, el río Corrientes (G). Los reptiles fueron similarmente diversos: documentamos 23 especies de lagartijas (B) y 13 especies de serpientes (E, F)./ The upper Amazon region is extraordinarily diverse for amphibians and reptiles. We recorded 53 species of amphibians, including ones potentially new to science (A, C), rare (D), and a species known only from one other locality, the Corrientes River (G). Reptiles were similarly diverse: we documented 23 species of lizards (B) and 13 species of snakes (E, F).

FIG. 7A *Eleutherodactylus*

FIG. 7B *Anolis transversalis*

FIG. 7C *Atelopus*

FIG. 7D *Rhinella ceratophrys*

FIG. 7E *Corallus hortolanus*

FIG. 7F *Micrurus langsdorffi*

FIG. 7G *Syncope tridactyla*

FIG. 8 La avifauna de la región es diversa, con 372 especies observadas durante el inventario incluyendo seis especies típicamente asociadas con los Andes. Otros hallazgos destacados incluyen 12 aves especialistas en suelos de arena blanca (A–G)— incluyendo especies recientemente añadidas a la lista de aves de Perú (B, F); especies recientemente asociadas con arenas blancas (D); y especies descritas en los últimos diez años (A, C, G)./The region's bird community is diverse, with 372 species observed during the inventory including six species typically associated with the Andes. Other highlights include 12 birds specializing on white-sand soils (A–G)—including species recently added to Peru's bird list (B, F); species recently associated with white sands (D); and species described in the last ten years (A, C, G).

FIG. 8A *Herpsilochmus gentryi*

FIG. 8B *Notharcus ordii*

FIG. 8C *Zimmerius villarejoi*

FIG. 8D *Heterocercus aurantiivertex*

FIG. 8E *Myrmeciza castanea*

FIG. 8F *Xipholena punicea*

FIG. 8G *Percnostola arenarum*

FIG. 9 La Amazonía peruana es un centro global para la diversidad de mamíferos. Durante el inventario, los mastozoólogos hicieron muestreos de murciélagos (A, D) así como mamíferos grandes y medianos. Registros notables incluyeron un vampiro raramente capturado (B), una alta diversidad regional de primates (11 especies), y una especie de mono saki de rango restringido (C)./
The Peruvian Amazon is a global center of mammal diversity. During the inventory mammalogists sampled bats (A, D) and large and medium mammals. Notable records included a rarely captured blood-eating bat (B), high regional primate diversity (11 species), and a range-restricted species of monk-saki (D).

FIG. 9A J. Ríos

FIG. 9B *Diphylla ecaudata*

FIG. 9C *Pithecia aequatorilis*

FIG. 9D A. Bravo

9A

9B

9C

9D

FIG. 10 Los ríos y bosques son fundamentales para el sustento (A) y bienestar (B, C, D) de los pobladores locales. El inventario encontró muchas fortalezas sociales en las comunidades y sólidas señales de uso responsable de los recursos naturales. La gente local será clave tanto para el manejo a largo plazo como para la conservación de Cabeceras N-M-A./Rivers and forests are central to the livelihoods (A) and well-being (B, C, D) of local villagers. The inventory found many existing social strengths in the communities and strong signs of responsible use of natural resources. Local people will be crucial to the long-term management and conservation of N-M-A Headwaters.

FIG. 10A Mujer limpiando pescado en Bolívar, río Curaray/Woman cleaning fish in Bolívar, Curaray River

FIG. 10B Niños jugando en el río Arabela cerca a Buena Vista/Children playing in the Arabela River near Buena Vista

FIG. 10C Plantas medicinales usadas para curar un niño, Santa Cruz en el río Mazán/Medicinal plants used for healing a child, Santa Cruz on the Mazán River

FIG. 10D Comercio local en el río Curaray, cerca a San Rafael/Local commerce on the Curaray River, near San Rafael

Objetos de Conservación

Las siguientes especies, comunidades biológicas y geológicas, tipos de bosque y ecosistemas son las más importantes para la conservación de Cabeceras Nanay-Mazán-Arabela. Algunos de los objetos de conservación son importantes por ser únicos para la región; raros, amenazadas o vulnerables en otras partes del Perú o de la Amazonía; claves para la economía local; o por cumplir roles importantes en la función del ecosistema.

Comunidades Biológicas y Geológicas	▪ Geología compleja y asociaciones de suelos pobres y ricos desarrollados dentro de la única área grande de cabeceras en el norte de la Amazonía y fuera de los Andes
	▪ Una combinación de suelos y elevaciones de más de 200 m que se asemejan al pie de monte andino, pero que están aisladas de los Andes por valles y se encuentran por lo menos a 300 km de distancia
	▪ Un mosaico de suelos pobres, intermedios y ricos que comprenden un gradiente casi completo de fertilidad de suelos y que representan hábitats sin protección dentro del sistema nacional (SINANPE) o regional de áreas protegidas
	▪ Hábitats acuáticos, especialmente quebradas y las cabeceras mismas, los que proporcionan sitios reproductivos y recursos alimenticios para fauna (p. ej., ranas y peces)
Plantas Vasculares	▪ La extensión más hacia el oeste de la flora de suelos pobres de la Amazonía central
	▪ Poblaciones mínimas de especies maderables con alto valor comercial (p. ej., *Cedrela fissilis* y *C. odorata*, Meliaceae; *Cedrelinga cateniformis*, Fabaceae) extraídas en cantidades no sostenibles en toda la Amazonía
	▪ Poblaciones grandes de especies maderables de menor valor comercial (*Virola* spp., Myristicaceae; varias

Plantas Vasculares (continuación)		especies de Lecythidaceae, Lauraceae y Fabaceae; *Calophyllum brasiliense*, Clusiaceae; *Simarouba amara*, Simaroubaceae) que están siendo progresivamente extraídas en mayor cantidad porque las especies de mayor valor están extinguiéndose
	▪	5–10 especies de plantas potencialmente nuevas para la ciencia
Peces	▪	Comunidades de peces adaptadas a las aguas de cabeceras, sensibles a los efectos de deforestación y que probablemente sean endémicos de esta región (*Creagrutus*, *Imparfinis*, *Characidium*, *Hemibrycon*, *Bujurquina*)
	▪	Peces probablemente nuevos para la ciencia (*Imparfinis*, *Cetopsorhamdia*, *Bujurquina*)
	▪	Especies de alto valor en el comercio de peces ornamentales (*Monocirrhus*, *Nannostomus*, *Hemigrammus*, *Hyphessobrycon*, *Otocinclus*, *Apistogramma*, *Crenicara*)
Anfibios y Reptiles	▪	Población abundante de *Atelopus* sp. (Fig. 7C), especie nueva en este género de ranas arlequines, un género considerado en grave peligro de extinción en todo su rango de distribución
	▪	Dos ranas nuevas para la ciencia, la *Atelopus* sp. y una *Eleutherodactylus* sp. (Fig. 7A).
	▪	Especies de valor comercial como tortugas (*Geochelone denticulata*) y caimanes (*Caiman crocodilus*), sobre todo en los bosques riparios y cochas de las partes altas de los ríos Arabela y Mazán
Aves	▪	Una docena de especies de aves restringidas a bosques de arena blanca, hábitats raros en el Perú y la Amazonía
	▪	Aves de caza, p. ej., el Paujil de Salvin (*Crax salvini*), que se encuentran bajo una presión de caza considerable en

Aves (continuación)	otras partes de su rango de distribución, especialmente en Loreto	
	▪ Poblaciones de aves de pie de monte, aisladas de los Andes	
Mamíferos	▪ Poblaciones abundantes e intactas de mamíferos en las cabeceras del río Arabela amenazadas en otros lugares en la Amazonía	
	▪ Poblaciones sustanciales del mono saki ecuatoriano (*Pithecia aequatorialis*, Fig. 9C), un primate de distribución restringida que ocurre en el Perú sólamente a la margen izquierda del río Marañón entre los ríos Napo y Tigre	
	▪ Poblaciones del armadillo gigante (*Priodontes maximus*), listado como Vulnerable (UICN) y Amenazado (CITES)	
	▪ Poblaciones de primates que son importantes dispersores de semillas pero amenazados por la cacería comercial, especialmente el maquisapa de vientre blanco (*Ateles belzebuth*), listado como Vulnerable (UICN), el mono choro (*Lagothrix poeppigii*), listado como Casi Amenazado (UICN), y el mono coto (*Alouatta seniculus*)	
	▪ Depredadores grandes p. ej., otorongo (*Panthera onca*) y puma (*Puma concolor*) que son importantes reguladores de poblaciones presa	
	▪ Poblaciones de tapir o sachavaca (*Tapirus terrestris*), un importante dispersor de semillas, especialmente semillas grandes, listado como Vulnerable (CITES, UICN)	
	▪ Tres especies de murciélagos (*Artibeus obscurus, Vampyriscus biden* y *Diphylla ecaudata*, Fig. 9B) considerados en Bajo Riesgo/Casi Amenazados (UICN)	

Comunidades Humanas	▪ Pueblos indígenas viviendo en aislamiento voluntario en las cabeceras del río Arabela
	▪ Comportamientos y patrones sociales (p. ej., trabajo comunal, economía de reciprocidad) que puedan amortiguar los comuneros sobre la incertidumbre de vivir en lugares aislados en la Amazonía
	▪ Comuneros con un estilo de vida de auto-suficiencia, lo que es compatible con la conservación del medio ambiente

El área que denominamos "Cabeceras Nanay-Mazán-Arabela" se ubica en el Departamento de Loreto, cerca de la frontera con el Ecuador. El área abarca una concentración de cabeceras que nacen en una divisoria de aguas en plena selva baja Amazónica, y que forman tres de los ríos más importantes para Iquitos: el Arabela, el Mazán y el Nanay. Estos ríos abastecen de agua a Iquitos y sus bosques estan dentro del área con la riqueza biológica más alta en todo el mundo. Abajo proponemos recomendaciones para lograr una conservación efectiva de esta área y asegurar la integridad de las cuencas a largo plazo.

Protección y Manejo

01 **Establecer un Área de Conservación Regional de 747,855 ha cuyos límites abarquen al Alto Nanay (Fig. 2A).** El Nanay es uno de los ríos de gran importancia para Loreto y su capital. Como los otros ríos clave de Loreto, el Nanay no sólo es fuente de agua sino también de alimento y transporte. Actualmente sus cabeceras no tienen una figura legal de protección. Considerando el gran éxito que se ha obtenido con las medidas tomadas por GOREL con las dos ordenanzas—prohibición de dragas y veda de pesca comercial—y los proyectos del Instituto de Investigaciones de la Amazonía Peruana (IIAP) en el medio y bajo Nanay, con el respaldo técnico y legal que han apoyado a las comunidades para organizarse y recuperar sus recursos naturales, se debe fortalecer la protección de las cabeceras para asegurar el futuro de estos proyectos y de la calidad de vida a lo largo de la cuenca. Esta iniciativa de protección de las cabeceras recogería la propuesta del año 2001 del IIAP de una Reserva Comunal para la cuenca media-alta del Nanay y reformularía la propuesta para proteger las cabeceras tan instrumentales del Nanay.

02 **Categorizar esta Área de Conservación Regional como "Área de Protección Ambiental Cabeceras Nanay-Mazán-Arabela," bajo la gestión de PROCREL.** Hay una gran oportunidad ahora en Loreto con el desarrollo de PROCREL. Éste podría ser el órgano más adecuado para el cuidado y manejo del área. Para garantizar la continuidad a largo plazo de los beneficios cruciales de estas cuencas para Loreto, el uso de la región debería ser estrictamente limitado a actividades de subsistencia para las comunidades vecinas y los indígenas no-contactados de la región, de acuerdo con una cuidadosa zonificación. El manejo de la nueva área de conservación debería ser coordinado con las áreas de protección adyacentes: la Zona Reservada Pucacuro, la propuesta Reserva Territorial Napo-Tigre y la propuesta Reserva Comunal Napo-Curaray.

03 **Restringir el uso comercial intensivo en Cabeceras Nanay-Mazán-Arabela.** Esta región de cabeceras, que asegura servicios ambientales clave para gran parte de Loreto y que abastece de agua a Iquitos, es sumamente frágil. Con sustratos suaves y altas pendientes, sujetos a una erosión natural casi continua, el área es altamente vulnerable a cualquier actividad que aumente la tasa de erosión—sea la tala de madera, la extracción de petróleo, la minería o la agricultura a gran escala. La exclusión de las concesiones forestales de la región

Protección y Manejo
(continuación)

es sumamente necesaria pero no es suficiente para proteger las cabeceras. Si otros usos económicos intensivos son permitidos, el aumento de la erosión implicaría la sedimentación de las tres cuencas afectadas, lo que provocaría una pérdida impactante para Loreto, tanto económica como biológica y social.

04 **Fortalecer la propuesta del corredor Nanay-Pucacuro, de la cual el "Área de Protección Ambiental Cabeceras Nanay-Mazán-Arabela" formaría parte.** Este corredor biológico protegería las comunidades biológicas más ricas del mundo, uniendo los bosques megadiversos del Perú y del Ecuador, y conservando la riqueza característica de Loreto.

05 **Determinar los roles de los actores principales en cada una de las tres cuencas, una vez constituida el Área de Conservación Regional bajo la gestión de PROCREL.** El éxito de la protección del área dependerá del esfuerzo conjunto de todos, uniendo las fortalezas ya existentes en las comunidades vecinas y sus autoridades y en las instituciones loretanas y nacionales que colaborarán en la protección efectiva del área. Los actores claves incluyen al GOREL, a través del PROCREL; las comunidades locales a través de sus comités de gestión, sus organizaciones relevantes y vocales nombrados para cada cuenca; los gobiernos locales a través de sus normas complementarias; las federaciones indígenas y organizaciones campesinas, y los otros órganos de apoyo (p. ej., los comités de gestión de bosque, organizaciones no-gubermentales e instituciones estatales).

06 **Involucrar a los moradores locales integralmente en la protección del área; fortalecer y normar las iniciativas ya existentes en la región.** La gestión de un área de conservación siempre es más efectiva con la participación integral de los moradores vecinos. En Cabeceras N-M-A el rol de las comunidades colindantes es aun más crucial por ser un área de acceso relativamente fácil. Con iniciativas locales de control ya produciendo resultados en los ríos Nanay y Arabela y varias de sus cochas, recomendamos que se fortalezcan y regularicen éstas actividades, para poder duplicarlas en todos los puntos vulnerables de entrada a la región de Cabeceras Nanay-Mazán-Arabela. También recomendamos fortalecer a las comunidades locales en las tres cuencas, capacitando a guardaparques voluntarios que se encarguen de la erradicación de caza, pesca y tala ilegales en sus cuencas y de la fiscalización del ingreso de personas ajenas a la región.

07 **Establecer una zonificación de la intensidad de uso en el Área de Conservación y su zona de amortiguamiento, de acuerdo con la capacidad de los suelos y de los ecosistemas.** Un compromiso del uso sostenible del área permitirá asimismo el bienestar a largo plazo de los indígenas no-contactados en la región y de las comunidades vecinas de Cabeceras N-M-A. Para asegurar el mayor éxito del uso

sostenible y manejo integrado del área, la zona de amortiguamiento debe incluir parte de la cuenca del río Curaray.

08 **Implementar programas de capacitación, educación ambiental y sensibilización.** Existe una falta de información en la región sobre varios temas incluyendo los impactos ambientales en el aprovechamiento de recursos naturales debido a la fragilidad del área y la mitigación de estos impactos para su recuperación. El apoyo técnico, la capacitación, la educación ambiental y la sensibilización apropiados son clave para que las comunidades puedan tomar e implementar decisiones informadas sobre el manejo de las cuencas.

09 **Por ser un área excesivamente frágil de cabeceras, evitar promover proyectos agrícolas y ganaderos y controlar el ingreso de especies exóticas.** Los búfalos, especialmente, causan daños enormes por entrar en los ríos y destruir los hábitats y aún las cuencas.

| **Inventarios Adicionales** | 01 **Hacer un mapa de la geología de la región.** No existen descripciones anteriores de la geología del área. Recomendamos realizar inventarios adicionales que midan la química del agua de los arroyos, describan formaciones importantes, caractericen los suelos, y evalúen la calidad del agua. Los resultados se pueden integrar en un mapa geológico preliminar. |

02 **Continuar los inventarios básicos sobre plantas y animales, centrándose en otras otros sitios y estaciones.** Las prioridades incluyen las colinas tierra adentro del río de Mazan, las terrazas altas y las colinas bajas dominadas por los árboles muertos de *Tachigali* (fácilmente visibles del aire, Fig. 3D), el río Arabela y las cochas aledañas, y la región plana en la cuenca del Tigre, al sur del Panguana y al oeste del Nanay. Para anfibios, reptiles, y peces, será importante hacer monitoreos adicionales durante la estación de lluvia, entre octubre y marzo.

03 **Realizar inventarios más largos de mamíferos pequeños y murciélagos.** La diversidad de mamíferos es la más alta en las especies pequeñas como los roedores y murciélagos, y nuestro inventario no fue suficientemente largo para muestrear adecuadamente a estos grupos.

04 **Muestrear los bosques de arena blanca en la cuenca del alto Nanay.** Las áreas dominadas por arena blanca son hábitats raros con una diversidad baja, pero con altos niveles de endemismo. Monitoreos adicionales deben enfocarse en las comunidades de plantas y aves. Una prioridad es la búsqueda de poblaciones de *Polioptila clementsii*, un ave endémica conocida solamente de varias docenas de parejas reproductivas en los bosques de arena blanca en la Reserva Nacional Allpahuayo-Mishana cerca de Iquitos.

RECOMENDACIONES

Investigación

01 **Evaluar el impacto de la pesca y de la caza local en las poblaciones de animales de caza (peces, aves, mamíferos).** Utilizar métodos participativos para trabajar con los miembros de la comunidad y determinar cuales especies son comúnmente capturadas, las abundancias relativas de estas especies, y los sitios más importantes para la caza. Estos datos proporcionarán una línea de base para monitoreo a largo plazo y para las decisiones locales sobre el manejo.

02 **Investigar si los bagres grandes están desovando en las cabeceras.** Estos datos serán elementos críticos en cualquier plan regional de conservación y para el manejo de estos importantes recursos pesqueros.

03 **Realizar estudios con los monos *Pithecia* en Cabeceras N-M-A.** No estamos seguros si observamos una especie con una gran variación en su pelaje, o dos especies (Fig. 9C). Recomendamos una revisión del género, basada en la colección de nuevos especímenes, observaciones de comportamiento, análisis molecular, y una revisión detallada de los especímenes existentes en museos.

04 **Investigar la arqueología de la región de Panguana.** Los árboles de la llanura de río que crecen en la cima de las colinas en Panguana (Fig. 5E) sugieren que en los últimos 400–500 años una gente pudo haber despejado la vegetación creciendo en estas colinas para hacer agricultura a pequeña escala. Puede haber cerámica u otra evidencia que corroborara la presencia humana en el pasado.

Monitoreo y/o vigilancia

01 **Establecer una línea de base de datos sobre la calidad del agua, carga de la sedimentación, y la taza de erosión.** Las cabeceras son críticas para preservar la calidad del agua en la región. Aumentos en sedimentación y contaminación pueden poner a residentes locales en riesgo, y estos datos alertarán a los científicos y a los que toman decisiones de amenazas emergentes.

02 **Crear un programa de monitoreo práctico que mida el progreso hacia las metas de conservación establecidas en el plan de manejo para la región.** La participación integral de las comunidades locales es crítica en el diseño, implementación, y la revisión del plan de manejo.

03 **Documentar las incursiones ilegales en el área.** Las prioridades incluyen entender la magnitud de la caza comercial y tala ilegal en el área, especialmente a lo largo del río Mazan.

04 **Monitorear las poblaciones de ranas *Atelopus*, una nueva especie encontrada en el alto Nanay (Fig. 7C).** Actualmente, el alto Nanay alberga una población abundante. Sin embargo, otras ranas en el género están sufriendo una crisis severa de extinción, y será importante vigilar la dinámica de la población del alto Nanay, al igual que cualquier otras poblaciones adicionales identificadas en Cabeceras N-M-A.

Informe Técnico

PANORAMA Y SITIOS DE MUESTREO

Autores: Corine Vriesendorp y Robert Stallard

La gran mayoría de las cabeceras de la Amazonía—exceptuando unas cuantas—se originan en los Andes. En el departmento de Loreto, en el noroeste peruano, un grupo de cabeceras nace en una pequeña divisoria en tierras bajas. A partir de los 270 metros sobre el nivel del mar surge una red de quebradas que forman los ríos Nanay, Mazán, y Arabela que luego alimentan al río Amazonas, cerca a Iquitos.

Aunque estos ríos figuran entre los más importantes afluentes de agua para la región, sus cabeceras están amenazadas. Las concesiones forestales (algunas activas y otras propuestas) cubren la totalidad de la cuenca del Mazán, empezando en la desembocadura del Mazán, extendiéndose hacia sus orígenes cerca a la frontera ecuatoriana, y cubriendo por completo la divisoria de aguas, donde se originan las cabeceras de los arroyos. Concesiones petroleras cubren toda la región.

En marzo de 2004, el Gobierno Regional de Loreto (GOREL) propuso la exclusión de 24 concesiones forestales propuestas ubicadas en las cabeceras del Mazán (136,058 ha, Ordenanza Regional 003-2004-CR/GRL). Luego de una serie de conversatorios en 2005, GOREL invitó en marzo de 2006 a The Field Museum para realizar el inventario del área y brindar el adecuado soporte técnico para lograr la protección de este frágil ecosistema de cabeceras. En el mes de diciembre de 2006, basándose en estos resultados, GOREL incrementó la extensión del área protegida propuesta más alla de las concesiones forestales excluidas, incluyendo una parte más grande de la cuenca del Nanay. La totalidad del área entera es ahora conocida como Cabeceras Nanay-Mazán-Arabela (N-M-A) (747,855 ha; Fig. 2A).

Cabeceras N-M-A está delimitada por los ríos Arabela y Curaray al nordeste y los ríos Pucacuro y Tigre al suroeste. Alrededor de la propuesta área protegida existe un mosaico de usos de tierra, con concesiones forestales al sureste, una propuesta área indígena (Reserva Territorial Napo-Tigre) al noroeste, y un área protegida (Zona Reservada Pucacuro) al suroeste (Fig. 2A).

Las riberas del Curaray están ocupadas por pequeños asentamientos y comunidades indígenas, así como las partes bajas del Mazán, y la parte media y baja del Nanay (Fig. 2A). Hay dos comunidades en la parte baja del río Arabela, en la confluencia con el río Curaray. No existen asentamientos oficiales dentro de Cabeceras

N-M-A. Sin embargo, en las partes altas del río Arabela, ambos dentro de Cabeceras N-M-A y más al noroeste dentro de la propuesta Reserva Territorial Napo-Tigre, hay reportes consistentes de gente indígena viviendo en aislamiento voluntario.

Durante el inventario rápido biológico y social de Cabeceras N-M-A en agosto de 2006, el equipo social visitó comunidades en el Curaray, y en la parte baja de los ríos Mazán y Arabela, mientras que el equipo biológico se enfocó en tres sitios de las partes altas de los ríos Mazán, Nanay y Arabela (Fig. 2A). Abajo describimos brevemente los lugares visitados por ambos equipos.

LUGARES VISITADOS POR EL EQUIPO BIOLÓGICO

Revisando imágenes satelitales de las cabeceras de los ríos Nanay, Mazán y Arabela, escogimos sitios que fueran representativos de las nacientes y una amplia diversidad de hábitats. Un grupo de trocheros entró al campo previamente a nuestro ingreso y estableció los campamentos y trochas en las partes más altas de cada río.

Por razones logísticas, nuestros dos primeros sitios del inventario en los ríos Mazán y Nanay fueron establecidos dentro de las cabeceras, pero más abajo de lo que se planeó originalmente debido a que la cobertura boscosa era muy densa para el acceso del helicóptero y los niveles de agua eran muy bajos para un acceso por río. Nuestro tercer lugar del inventario estuvo dentro del corazón del área. En este lugar, el grupo de avance viajó por en bote el río Panagua (la cabecera del Arabela) y de ahí caminó a la divisoria de las cabeceras. Proporcionamos más detalles de la geología, hidrología, suelos y vegetación de cada sitio en el reporte técnico. Abajo describimos brevemente cada sitio.

Alto Mazán (15 al 20 de agosto de 2006; 02°35'10" S, 74°29'33" W, 120–170 m)

Establecimos nuestro campamento en una de las pocas terrazas ribereñas en las cabeceras del río Mazán. Esta franja ribereña es susceptible a rápidas inundaciones; nuestro primer intento de establecer el campamento fue arrasado por un incremento del caudal de 4 m. El río Mazán tiene una corriente fuerte y midió unos 30 a 32 m de ancho durante nuestra estadía.

Un tributario grande (el Quebrada Grande, de unos 10 m de ancho) se unía al canal del Mazán apenas río abajo de nuestro campamento. Tanto la quebrada Grande como el Mazán son cauces turbios y encajonados marcados por una erosión natural activa y limitadas planicies activas. Más lejos del río, el paisaje está dominado por terrazas pobremente drenadas y colinas ondulantes bajas (20 m).

No muestreamos mucho en los bosques de colina. La mayoría de nuestros 17.8 km de trochas estuvieron concentrados en el complejo de pantanos, pequeños arroyos y pozas de agua efímeras que dominaron el bosque a lo largo del río. Al otro lado del río, frente a nuestro campamento, se inventarió una cocha de aguas negras y un aguajal.

Las inundaciones, pendientes flojas y los suelos propensos a la erosión se combinaron para crear un paisaje dominado por disturbios naturales (i.e., claros de luz grandes, pequeños deslizamientos). Los suelos fueron variables a escalas de 10 m, y contenían algunos cuarzos redondeados y piedras raras que posiblemente fueron originadas en los Andes ecuatorianos. Los pequeños arroyos que fluyeron entre las colinas bajas eran de aguas diluídas y ácidas.

A pesar de estar a 180 km de distancia de Iquitos, encontramos bastante evidencia de presencia humana. Todos los días se observaron uno o dos peque-peques, con cazadores viajando río arriba en el Mazán. Vimos bajar a un bote que llevaba siete huanganas y una pucacunga para la venta en Iquitos. Cerca de nuestro campamento se observaron los remanentes de un campamemto temporal de cazadores (1 a 2 años de antigüedad) así como una red de trochas de cacería.

La tala ilegal fue también evidente. El grupo de avanzada encontró un campamento ilegal de madereros, a 7 km río arriba de nuestro lugar de inventario. Aunque el área se encuentra dentro de las concesiones legales de madera, los madereros admitieron que ellos no eran concesionaros y que estaban extrayendo madera ilegalmente.

Alto Nanay (21 al 24 de agosto de 2006; 02°48'23" S, 74°49'31" W, 140–210 m)

Nuestro segundo campamento estaba en una terraza inundable frente a las playas de arena blanca del Agua Blanca, un tributario del río Nanay. El río Agua Blanca tiene ~18 m de ancho, está a 201 km de Iquitos y probablemente no es navegable durante todo el año. Al igual que el Alto Mazán, los niveles de agua aumentan rápidamente después de las lluvias diarias, algunas veces 1 m en 12 horas.

En las imágenes satelitales, la cuenca del Nanay mostraba diferente color y textura que otras cuencas en Loreto, reflejando una geología subyacente distinta y una fertilidad pobre de suelos. Este fue el único sitio que visitamos que tenía una vegetación típica de varillal, un hábitat Amazónico raro con suelos extremadamente pobres y con flora y fauna especializada.

Exploramos 24.5 km de trochas a ambos lados de los ríos, atravesando la gran planicie del río con suelos arenosos marrones alrededor del campamento, un pantano grande rico en arcillas cerca de la planicie, así como un complejo de colinas empinadas (~30°) y concentradas las que dominan el paisaje interior. Dos parches pequeños (0.3 ha) de varillal crecen en áreas más planas bordenado las colinas empinadas. Ninguna cocha se ha formado en el área, pero existen "tipishcas," pequeños charcos creados durante inundaciones y lluvias eventuales.

Fuera de las área inundadas ricas en arcillas, los suelos prevalentes son las arenas marrones y las arcillas limosas marrones. Las pendientes y las cimas están cubiertas con una alfombra gruesa de raíces, de unos 10 a 20 cm de espesor, marcadas con un suelo esponjoso y con una densa cobertura de rastrojos. Las quebradas son mayormente de aguas claras, menos diluídas y turbias que en el Alto Mazán. A pesar de la existencia de colinas empinadas hay una erosión física menor en el Nanay que en el Mazán, sugiriendo una mayor resistencia de suelos.

Ninguno de nuestros compañeros de Nuevo Yarina en el río Curaray había visitado este lugar anteriormente. Encontramos un pequeño campamento que parecía tener 3 a 4 años de antigüedad, y numerosos árboles (algunas Lauraceae, "moena") que habían sido cortados con una motosierra pero abandonados en el bosque. A unos 200 m río arriba del campamento un árbol de mayor valor monetario, el tornillo (*Cedrelinga cateniformes*), se encontraba intacto. La fauna intacta, especialmente las poblaciones de primates, sugieren que la cacería podría ser casi inexistente en este sitio.

Panguana (26 al 30 de agosto 2006; 02°08'13" S, 75°08'58" W, 160–270 m)

Nuestro tercer campamento fue establecido en una colina, 20 m arriba del Panguana, en el centro del área de las concesiones excluidas. El Panguana esboza un camino fuertemente meándrico hacia el río Arabela, y nuestro campamento se encontraba a la mitad entre esta cabecera y la desembocadura. Un filón, de tan sólo 270 m, forma la divisoria entre el río Arabela y por el otro lado, los ríos Nanay y Mazán.

Exploramos 18.5 km de trochas, incluyendo 12 km desde la divisoria de aguas al Arabela, descendiendo por una serie de colinas ondulantes y terrazas planas hasta llegar a un aguajal, a 500 m del río. Un campamento satélite fue establecido a 2.5 km desde el Arabela, donde un grupo de herpetólogos pasó la noche para realizar muestreos en el aguajal y áreas aledañas.

A pesar que el lugar está más cerca a Iquitos, Perú (~275 km) que a Puyo, Ecuador (~330 km), geológicamente este sitio está fuertemente influenciado por los Andes Ecuatorianos. El terreno es complejo, con muchos tipos de lechos de roca, incluyendo pizarra dura, que está lo suficientemente rajada como para originar erosión. Pocas áreas están cubiertas de capas antiguas de arena con guijarros y piedras. Algunas de las piedras son tan grandes (~1,600 cm³) que sólo un río de considerable tamaño pudo haberlas depositado ahí. Adicionalmente encontramos abundante cuarzo, algunos depósitos volcánicos (obsidiana), fósiles bivalvos, y hasta un guijarro duro que parece ser madera petrificada.

Los depósitos están debajo de un paisaje de colinas ondulantes, terrazas y pantanos de inundación periódica. Sorprendentemente, los árboles emergentes que crecen en las colinas son especies típicas de bosque de planice del río. Éstas incluyen altas densidades de *Ceiba pentandra*,

Dipteryx, Terminalia oblonga, y muchos otras. Las colinas tienen una capa de humus típicamente asociada a suelos más ricos, y podrían haber sido un sitio ideal para pequeñas chacras agrícolas hace más de 400 años. Nuestra hipótesis es que los árboles de planicie del río colonizaron estas colinas una vez que los pequeños asentamientos o chacras fueron abandonados.

La erosión rápida que se da actualmente es evidente en casi todos los lugares del área, desde las quebradas fuertemente encajonadas que se está profundizando rapidamente, hasta las extensos áreas donde lianas enmarañadas crecen en áreas previamente erosionadas. Las quebradas exhiben en general una conductividad baja a intermedia, pero un rango más amplio sobre escalas espaciales más pequeñas, desde baja conductividad cerca de la divisoria de aguas ($12{:}5\ cm^{-1}$) a altas conductividades (80) a sólo 150 m de la divisoria.

Nuestros asistente locales pertenecían a las comunidades de Buena Vista y Flor de Coco, las únicas en el río Arabela. Ellos cazan regularmente dentro del área, especialmente huanganas. La fauna diversa y abundante en este sitio enfatizan la diferencia entre la caza de subsistencia practicada por las comunidades locales y la cacería a gran escala observada en el Alto Mazán.

LUGARES VISITADOS POR EL EQUIPO SOCIAL

Mientras el equipo de biólogos estaba en el campo, el equipo de científicos sociales visitó 11 comunidades en los ríos Mazán, Arabela y Curaray (Fig. 2A). Debido a la falta de tiempo, el equipo no visitó las comunidades ubicadas a lo largo del río Nanay.

Por el norte, a lo largo del río Arabela, se trabajó en Buena Vista y Flor de Coco. La gente en estas comunidades pertenece al grupo indígena Arabela, y opera independientemente de las federaciones indígenas existentes. Por el nordeste, en el río Curaray, visitamos cinco comunidades. Cuatro de estas comunidades están conformadas por pobladores Quichua, los cuales pertenecen a FECONAMNCUA (Federación de Communidades Nativas de Medio Napo, Curaray y Arabela), y una, Santa Clotilde, la capital distrital de la región Napo, es una comunidad de mestizos. Las comunidades nativas Quichua son Bolívar, Shapajal,

Soledad y San Rafael. Al sureste, en el río Mazán, visitamos tres comunidades mestizas, Libertad, Puerto Alegre y Santa Cruz, y la capital distrital, Mazán.

Aparte de las visitas a las comunidades, el equipo social llevó a cabo entrevistas semi-estructuradas con las autoridades gubernamentales, incluyendo alcaldes y oficiales de INRENA, asi como organizaciones civiles, incluyendo grupos eclesiásticos activos en asuntos ambientales, grupos juveniles y organizaciones ambientales.

Estas comunidades, así como otras no visitadas en esta región, son revisadas con mayor detalle en el capítulo "Comunidades Humanas: Fortalezas Sociales y Uso de Recursos." Un resumen de las comunidades aledañas a Cabeceras Nanay-Mazán-Arabela se encuentra en los Apéndices 8 y 9.

GEOLOGÍA, HIDROLOGÍA Y SUELOS

Autor: Robert F. Stallard

Objetos de Conservación: Geología compleja y asociaciones de suelos pobres y ricos desarrollados dentro de la única área grande de cabeceras al norte de la Amazonía y fuera de los Andes; suelos y algunos lechos rocosos que son fácilmente erosionables; una combinación de suelos y elevaciones a más de 200 m que se asemejan al pie de monte andino, pero que están aisladas de los Andes por una serie de valles y por lo menos 300 km

INTRODUCCIÓN

Actualmente no existen estudios publicados sobre la geología o suelos de Cabeceras Nanay-Mazán-Arabela (N-M-A) o de áreas aledañas. Una visión más amplia de la geología de la región y del paisaje se da en el Apéndice 1. En la región de Cabeceras N-M-A encontramos casi las mismas unidades geológicas y geomorfológicas que aquellas presentes en la región alrededor de Iquitos y Nauta. Están son, en orden cronológico desde la más antigua hasta la más reciente (Apéndice 1):

- Formación Pevas, sedimentos azulinos ricos en fósiles, colinas ondulantes, suelos intermedios, y aguas de alta conductividad

- Unidad B, con sedimentos amarillos-marrones, poca grava, colinas ondulantes, suelos intermedios y aguas de baja conductividad

- Unidad C, con sedimentos amarillos-marrones, abundante grava, colinas empinadas, suelos pobres y aguas negras, ácidas y claras, de baja conductividad

- Unidad de arenas de cuarzo, con arena, mesetas, suelos muy pobres y aguas negras y ácidas

- Terrazas, con superficies planas, algunas con características de terrazas inundables, actualmente secas, pantanos, varios tipos de aguas

- Planicie del río, con superficies planas, actualmente inundadas, características de terrazas inundables, pantanos y varios tipos de aguas

Un factor muy importante para la historia geológica de estas seis unidades es la gran acumulación de sedimentos que se formaron durante el levantamiento de la Cordillera Oriental de los Andes (Fig. 2B). La Formación Pevas fue depositada antes de este tiempo, mientras que la Unidad B, Unidad C y las arenas que se convirtieron en unidades de arena blanca fueron depositadas durante este tiempo. Después de este levantamiento, la mayor parte de la región fue erosionada y rellenada, dando lugar a una superficie plana, originada por la erosión de las partes altas y el relleno de valles (Coltorti y Ollier 2000). Algunas de estas arenas blancas probablemente se originaron en esta superficie. El levantamiento más reciente de los Andes ladeó la superficie hacia el este, por lo tanto ha sido sometida a procesos de erosión debido a los ríos. Las terrazas y las áreas inundables se manifestaron después de este ladeo.

La erosión de la superficie más antigua aisló las colinas cuyas cimas se alineaban con esta superficie. Estas cimas podrían potencialmente aislar poblaciones de plantas y animales, y donde las cimas son planas, lo cual es todavía raro, produce un ambiente ideal para los suelos de arenas blancas y organismos asociados (islas dentro de islas). Las cimas en el inventario de Cabeceras N-M-A (en los sitios de Panguana y Alto Mazán) parecen alinearse con esta superficie al igual que los varillales localizados en el bajo Nanay y las arenas blancas cerca de la Divisoria de Gálvez-Blanco en la parte este de Loreto

(Stallard 2005a, b). Debido a que éste estudio se localizó más cerca a los Andes, las colinas aquí son más altas y crean condiciones ambientales que no se encuentran en las colinas más distantes, como el bajo Nanay o la Divisoria de Gálvez-Blanco cerca a la frontera con Brasil.

MÉTODOS

Las diversas unidades geológicas/geomorfológicas pueden ser diferenciadas y la calidad de nutrientes evaluada, usando un rango de características, incluyendo formas topográficas, textura y color de suelos, conductividad de agua, color, pH y geología.

Suelos, topografía y disturbios

A lo largo de ciertas trochas en cada sitio, evalué el color del suelo visualmente, con las tablas de suelo Munsell (Munsell Color Company 1954), y la textura de suelo con el tacto (ver Apéndice 1B, Vriesendorp et al. 2005). Debido a que el suelo estaba generalmente cubierto de hojarasca y una alfombra de raíces, utilicé un tubo extractor de suelos para obtener las muestras. Se tomó nota de actividad de los organismos presentes en los suelos (tales como chicharras, lombrices de tierra, hormigas cortadoras de hojas y mamíferos), frecuencia de caídas de árboles desde la raíz, presencia de indicadores de erosión rápida (cortes, derrumbes, fallas), la importancia de indicadores de inundación de tierra firme (escorrentía, vegetación enrollada alrededor de troncos caídos, suelos gley), ausencia o grado de desarrollo de una alfombra de raíces, e indicadores de suelos pobres a muy pobres.

Adicionalmente al trabajo visual, intenté describir cualitativamente las pendientes de las colinas y los disturbios a gran escala. Para las pendientes de colinas esto incluyó (1) estimado del relieve topográfico, (2) espacio entre colinas, (3) cuan planas eran las cimas, (4) presencia de terrazas y (5) evidencia de control del lecho rocoso. Los tipos predominantes de disturbios naturales que se espera encontrar en la parte oeste de las tierras inundables de la Amazonía son caídas de árboles masivas (Etter y Botero 1990; Duivenvoorden 1996; Foster y Terborgh 1998), pequeños huaicos (Etter y Botero 1990; Duivenvoorden 1996), migración de canales debido a ríos aluviales (Kalliola y Puhakka 1993) y un levantamiento tectónico rápido o subsidencias que cambian la hidrología de la región (Dumont 1993).

Ríos y arroyos

Evalué todos los cuerpos de agua a lo largo del sistema de trochas, de manera visual y mediante mediciones de acidez y conductividad. La caracterización visual de los arroyos incluyó (1) tipo de agua (blanca, clara, negra), (2) ancho aproximado, (3) flujo de volumen aproximado, (4) tipo de canal (derecho, meandros, pantanos, trenzados), (5) altura de bancos, (6) evidencia de aumento en el flujo del agua, (7) presencia de terrazas y (8) evidencia de control de lecho rocoso en la morfología del canal. Bajas conductividades (<10 :S cm⁻¹) indicaron aguas muy diluidas y un bajo nivel de nutrientes. Las aguas ácidas (pH <5), son muy diluidas y pobres en nutrientes, pero tienen altas conductividades debido a los ácidos orgánicos en el agua. De las aguas con un pH >5 al oeste de la cuenca oeste Amazónica, las altas conductividades (>30 :S cm⁻¹) usualmente indican la presencia de minerales inestables, tales como calcita ($CaCO_3$), aragonita ($CaCO_3$) y pirita (FeS_2). En la región general, alrededor de Cabeceras N-M-A, estos minerales son abundantes en algunas capas de la Formación Pevas.

Para medir el pH, utilicé el sistema portable ISFET-ORION Modelo Portátil 610 con un sistema de electrodos sólidos de Orion pHuture pH/Temperatura. Para la conductividad, usé un metrómetro digital de conductividad Amber Science Model 2052 con una celda de conductividad de platino. El uso de pH y conductividad para la clasificación de aguas superficiales de una manera sistemática no es común, en parte debido a que la conductividad es una medida agregada de la amplia variedad de iones disueltos. Sin embargo, los gráficos de pH vs. conductividad (ver Winkler 1980) son útiles para clasificar las muestras de agua tomadas a lo largo de la región en asociaciones que nos dan una idea de la geología superficial (Stallard y Edmond 1983, 1987; Stallard 1985, 1988, 2005a, b; Stallard et al. 1990).

RESULTADOS

Descripciones de los lugares

A continuación presento los resultados de este estudio, en el orden que fueron visitados los sitios.

Alto Mazán

Este lugar está localizado en una región de colinas ondulantes en el banco derecho del río Mazán, al otro lado del río de una cocha de aguas negras. Las colinas ondulantes en su mayoría son bajas, menos de 30 m de altura, con áreas planas y pantanosas entre ellas. Debido a que los arroyos que fluyen dentro de estas áreas planas son encajonados, estas áreas planas son consideradas como terrazas bajas. Las alfombras de raíces eran comunes, pero no densas, un indicador de suelos pobres a intermedios. El substrato parece estar compuesto de lodolitas amarillas a marrones, lodolitas arenosas y arenas. Algunas capas ricas en grava contribuyeron a la presencia de sedimentos grandes (la mayoría cuarzo, fragmentos de rocas menores) en los arroyos. En la parte baja de una de las colinas y en un lecho de arroyo, encontré capas de arcillas azules encima de arcillas arenosas azules y oscuras, con fragmentos de hojas fósiles, seguida de una capa de grava y arena. Ambos sitios presentaron acumulaciones de suelos. Esto podría ser una secuencia de costa progradante, como la descrita para la parte norte de la Formación Pevas por Vonhof et al. (2003).

Los dos ríos principales en este sitio, el río Mazán y Quebrada Grande, están fuertemente encajonados en sus respectivos canales y tienen terrazas inundables muy pequeñas, deducibles por las pequeñas cochas aledañas. La terraza inundable inicial forma una terraza pantanosa a lo largo de ambos ríos, donde se localizó el campamento. No encontré evidencia de alguna inundación actual en esta terraza. Ambos ríos son turbios, indicando alta actividad de erosión física, y ambos ríos tuvieron fallas en los bancos visibles desde las trochas. Los arroyos más pequeños se volvieron turbios después de las lluvias, indicando altos niveles de erosión en las tierras altas. Los arroyos también tuvieron conductividades cercanas a 8 :S cm⁻¹. No pude ver muchos "cortes cabezales" (*head cuts*), la parte final de un canal cortando nuevas orillas. Los arroyos se encajan cuando ocurre una caída relativa de la elevación del canal del cual se alimentan, ya sea debido a que la tierra se ha elevado o el río localizado en las partes bajas ha disminuido su nivel. En el caso del río Mazán, el río Napo controla el nivel base. En cambio, el río Mazán controla el nivel de sus tributarios. Los arroyos más pequeños cercanos al campamento no estuvieron tan turbios como el río Mazán o la Quebrada Grande. El desarrollo de una terraza inundable incipiente en estos ríos grandes, en combinación con el factor anterior indicaría que el ciclo principal de encajonamiento, aunque se mantiene activo, ha pasado hacia las partes más altas de nuestro sitio de estudio.

La presencia de colinas ondulantes ubicadas sobre sedimentos marrones y amarillos, con suelos pobres a intermedios, con arroyos turbios y de baja conductividad, indicaría que la Unidad B domina el paisaje (Apéndice 1). Las salidas de la Formación Pevas son pocas en el paisaje, y estas parecen ser capas que no tienen minerales inestables que podrían levantar la conductividad del agua de arroyo. Éste es un paisaje compuesto de substratos fácilmente erosionables, y la erosión, reflejada en la turbidez de las aguas, es muy activa. La pérdida de cobertura boscosa y la destrucción de la alfombra de raíces, debido a actividades forestales y agrícolas, podrían incrementar tremendamente esta erosión del paisaje.

Alto Nanay

Este sitio se localiza en una región de colinas empinadas en la orilla izquierda del Agua Blanca, uno de los tributarios principales del río Nanay. El substrato es una mezcla de lodolitas amarillas y marrones, areniscas y conglomerados menores. Estas colinas son típicamente altas, de 30 a 50 m, con pendientes empinadas, valles profundos (algunos de ellos pantanosos con fondos en forma de U). Estas colinas con cimas angostas tienden a tener suelos de arcillas marrones y amarillas, con alfombras gruesas de raíces, algunas veces de 10 a 20 cm. Las alfombras de raíces fueron comunes, y en lo común gruesas, un indicador de suelos pobres a muy pobres. Estas fueron más delgadas en los suelos arcillosos, y más gruesas en las colinas.

La colina más cercana al campamento en el lado opuesto del río tenía dos áreas grandes y planas, elevadas a diferentes elevaciones. Estas áreas planas tenían suelos muy desarrollados de arenas blancas de cuarzo y vegetación característica de varillal. Las áreas de arenas blancas de cuarzo estaban prácticamente rodeadas de áreas cubiertas de alfombras gruesas de raíces (20–40 cm o más) creciendo sobre suelos arcilloso-arenoso amarillo y marrón. Los ríos principales parecían ligeramente encajonados y el campamento estuvo construido en una terraza joven y baja en la cual los tributarios también estuvieron bien encajonados. Más allá de esta terraza, había un piso más alto, que iba hacia una terraza más alta con areniscas cementadas de hematita y conglomerados. Esta roca más dura parece controlar el nivel base de los arroyos provenientes de la colina, mas no el nivel del Agua Blanca. Visité otro gran tributario, a unos 3.5 km al oeste del campamento, y su banco, terraza baja, piso cementado, y terraza alta estuvieron ubicados de manera similar al de Agua Blanca.

Los dos ríos principales en este sitio, el Agua Blanca y el tributario grande, están de una u otra manera encajonados, pero ambos forman terrazas inundables tal como se comprueba con la presencia de numerosas cochas. Ninguno de estos ríos en este sitio estuvo turbio, aun después de las lluvias. No se encontró "cortes cabezales" activos, y uno de los huaicos pequeños que encontré fue producido hace años y estaba cubierto de árboles de tamaño mediano. Los bancos se encontraban ausentes en ambos tributarios, y ambos presentaban una gran cantidad de caídas de árboles en el canal. Los bancos parecen ser de arena, y si el banco falla, podría contribuir más a la carga del lecho que la carga suspendida o turbidez. La erosión física parece ser menor. La mayoría de estos arroyos también tiene conductividades entre 4-6 :S cm^{-1}, mientras que los arroyos de aguas negras asociados con las áreas pantanosas en las terrazas tiene una conductividad de unos 12 :S cm^{-1}, debido a su acidez. Estos valores de conductividad indican sólidos muy poco disueltos y suelos pobres. No encontré arroyos drenando las arenas blancas de cuarzo. Los lechos de los arroyos eran mayormente de arena, con algo de grava (cuarzo y fragmentos rocosos) en las áreas de baja elevación y fondos arcillosos en las partes más elevadas. Estuve en una trocha durante una gran tormenta, y la alfombra de raíces absorbió la mayor parte de agua. No se encontró señales de inundaciones y los arroyos aumentaron su nivel lentamente.

Las colinas elevadas, empinadas, localizadas sobre sedimentos marrones y amarillos, con suelos pobres a muy pobres, y con arroyos claros de baja conductividad, indican que la Unidad C domina el paisaje (Apéndice 1). Las areniscas cementadas y el conglomerado podrían conformar el conglomerado basal de esta unidad. La presencia de arenas de cuarzo blanco en las áreas más altas y planas a diferentes elevaciones son consistentes con la formación activa de este paisaje, como se vio de manera más dramática durante el inventario de Matsés en la Divisoria de Gálvez-Blanco (ver el sitio Itia Tëbu, Stallard 2005a, b). Aunque ambos niveles de erosión, física y química, son relativamente bajos, las colinas son empinadas y la pérdida de cobertura de bosques y alfombras de raíces podrían ocasionar huaicos y deslizamientos, por lo tanto incrementando la erosión física dramáticamente

Panguana

El río Panguana es un pequeño tributario del río Arabela. Las trochas crearon un transecto completo desde la divisoria con el drenaje del río Tigre hasta el río Arabela. Esta divisoria es una vertiente angosta de las colinas empinadas que son claramente visibles en imágenes topográficas obtenidas con radar (Fig. 2A). La colina más alta parece estar alineada con la antigua terraza aluvial del Plioceno descrita anteriormente. En otros lugares de Cabeceras N-M-A, las colinas son ondulantes, generalmente menos de 30 m, empinadas y más desarrolladas que aquellas ubicadas en Alto Mazán pero considerablemente menos empinadas y altas, excepto en la divisoria, que aquellas ubicadas en el Alto Nanay. Cerca al río Arabela, las colinas eran bajas y menos empinadas, hasta dar origen a una terraza baja y plana albergando un aguajal. Usualmente las áreas ubicadas entre las colinas eran planas y pantanosas. Las terrazas eran numerosas y con un gran rango de alturas; incluso el filón más alto tenía tres niveles de terrazas. La mayoría

de los arroyos estaban encajonados y los cortes cabezales eran numerosos, con varios cada kilómetro a lo largo de las trochas. La única terraza inundable obvia y activa fue en el río Arabela.

Fuera de la divisoria, encontré las rocas de la Formación Pevas en todos los ríos grandes y medianos. Éstos incluyeron numerosas salientes y rocas de lodolitas, muchas de las cuales contenían abundantes fósiles de moluscos. Las piezas más grandes de lodolitas formaron parte de la grava de río y las piezas más finas forman parte de la arena. Todos los ríos que tenían sus cabeceras cerca de la divisoria tenían grandes cantidades de grava y guijarros de sílex (roca silícea de origen químico, de textura microcristalina y criptocristalina, que se presenta en rocas carbonatadas formando nódulos interestratificados), fragmentos de rocas y cuarzo, conformando así el conjunto del tipo de rocas que caracteriza a un conglomerado basal de la Unidad C. Adicionalmente a este tipo de rocas encontré una pieza redonda de obsidiana, vidrio volcánico que puede proceder sólamente de los volcanes andinos. Las arroyos más pequeños que tenían sus cabeceras alejadas de la divisoria usualmente no tenían guijarros de roca dura, y muy pocos tenían guijarros de lodolita, especialmente en las partes más altas de las colinas más bajas.

El canal de la parte baja media del Panguana, a casi un tercio del camino entre el Arabela y la divisoria, tenía bancos y un lecho de lodolita dura. Es muy probable que la erosión de esta lodolita controle al nivel base para la región de las partes altas. La lodolita está fracturada y no podría sostener una pendiente de colina grande, pero estos bloques son demasiado grandes para ser movilizados por la corriente del río Panguana, el cual debe atravesarla para poder fluir. Las alfombras de raíces estuvieron ausentes, excepto en dos áreas de altas elevaciones cerca de la divisoria y la otra en la terraza más baja. Cuando éstas estuvieron presentes, no eran gruesas, indicando áreas de suelos pobres.

Hay un amplio rango de tipos de aguas en este sitio, reflejando la variedad geológica y edáfica. Los ríos muestran un amplio rango de turbidez. Las aguas claras incluyen pantanos con drenaje y arroyos no establecidos. Los arroyos con lechos de arenas de cuarzo y grava dura tenían unos cuantos guijarros de lodolita y una ligera turbidez. Los arroyos más grandes con abundante lodolita en la arena y grava también tenían aguas turbias, aun más después de las lluvias. Los arroyos más pequeños que se volvían turbios después de las lluvias se aclaraban después de dos o tres días.

La conductividad también mostró un amplio rango de variación. Arroyos cercanos tenían valores similares, tal vez indicando los efectos de un substrato y suelos compartidos. Encontré las conductividades más bajas (10–13 :S cm^{-1}) en aguas pantanosas que eran un tanto ácidas y negras, tal vez alimentadas por la lluvia y en arroyos cercanos a la divisoria. Encontré valores de conductividad de 50–80 :S cm^{-1} en arroyos cercanos a la divisoria, pero más alejados de la divisoria, y en colinas más bajas, que los arroyos de baja conductividad. El sistema de trochas cruzaba la cuenca del río Tigre, lo suficientemente lejos como para mostrar este patrón en ambos lados de la divisoria. La mayoría de los arroyos remanentes en la parte media alta de la desembocadura del Panguana tenían conductividades de 20–50 :S cm^{-1}. Las conductividades más altas indicaban la presencia de minerales reactivos en los sedimentos Pevas en esta parte de la desembocadura. La mayoría de los arroyos en la parte baja media de la desembocadura del Panguana tenían conductividades de 13–20 :S cm^{-1}, lo que parece estar asociado con las lodolitas duras descritas arriba. Estas lodolitas parecen carecer de abundantes minerales reactivos. El río Arabela tenía una conductividad de unos 15 :S cm^{-1}, indicando que los minerales vistos en la desembocadura alta del Panguana no son abundantes en la mayor parte de la cuenca del Arabela.

La formación de los numerosas cortes cabezales podría ser un factor importante en procesos de disturbios de bosque que representan al área de captación del Panguana. El encajonamiento relacionado con el desarrollo de los cortes de cabecera generalmente se da en pasos. El corte típicamente erosiona hasta que es detenido por una raíz muy grande de un árbol. Este corte no puede continuar hasta que la raíz muere o es eliminada. El corte luego avanza rápidamente, usualmente desplazando al árbol que bloqueó su crecimiento, así como a cualquier árbol que se interpone hasta que es bloqueado de nuevo.

La variedad de formaciones terrenales, química de arroyos, y calidad de suelos indican que la mayoría de unidades sedimentarias encontradas en el área de Iquitos están presentes en el área de captación del Panguana y están cerca al río Arabela. Las áreas son extensas donde la Formación Pevas está expuesta, y las piezas de lodolita Pevas en la mayoría de los ríos indican que la formación Pevas es el substrato primario a elevaciones bajas. La unidad B podría estar presente en las cimas, pero todos los arroyos tuvieron más altas conductividades que los del Alto Mazán. Debido a esto la Unidad B podría ser más delgada o estar ausente. Las pendientes severas, las alfombras de raíces, y la baja conductividad de las aguas ubicadas cerca de la divisoria la clasificaría como Unidad C. Las piezas duras de roca clásticas (grano de roca individual físicamente transportado, sin importar tamaño, dentro de una roca sedimentaria) fueron grandes, (el más grande fue de unos 20 x 10 x 8 cm) y más abundantes que en el Alto Nanay. Esto sería consistente con el hecho de estar cerca a la fuente andina, pero también podría reflejar paleo-canales grandes en esta región. Las terrazas fueron numerosas en la desembocadura del Panguana, en el otro lado de la divisoria en el área de captación del Tigre, y conformando una terraza grande a lo largo del Arabela. La parte baja del Panguana también tuvo una terraza grande que puede ser atribuida al Panguana o al Arabela. Finalmente, el Arabela tenía una terraza inundable activa con numerosos meandros.

Éste es un paisaje que parece estar erosionándose rápidamente y podría estar sujeto a una considerable erosión si los bosques desaparecieran. No existe una alfombra de raíces que bloquee los efectos iniciales de la deforestación, aun si se hiciera de manera selectiva, esta erosión sería inmediata y severa. El establecimiento podría acelerarse si los árboles con raíces que bloquean los cortes fueran removidos, y los suelos casi impermeables estuviesen sujetos a una inundación severa, con alta escorrentía.

DISCUSIÓN

La geología de Cabeceras N-M-A muestra que las unidades geológicas de la región de Iquitos se extiende hasta los Andes. El cambio más radical es que las arenas finas cercanas a Iquitos se convierten en gravilla y guijarros. Observamos formaciones de arena en el Alto Nanay. En el inventario de Matsés (Vriesendorp et al. 2006) pudimos ver este mismo conjunto de unidades geológicas, continuando hasta los ríos Blanco y Yaquerana en la parte este de Loreto.

Todos estos paisajes son frágiles y están sujetos a una erosión acelerada. La formación Pevas y la Unidad B podrían sufrir procesos de erosión acelerados mientras que la unidad C podría sufrir deslizamientos, los cuales son raros por el momento (sólo se vio uno), incrementando drásticamente la tasa de erosión comparada con la baja tasa de erosión actual. Los suelos de arena de cuarzo son especialmente vulnerables, la arena es fácilmente erosionada, y desaparecerán una vez que se rompan las barreras hidrológicas que promueven la formación de arenas blancas y que mantienen comunidades bióticas características, de este tipo de arenas.

INVESTIGACIÓN PARTICIPATIVA

La química del agua de los arroyos, observaciones geológicas, descripciones de formas del terreno, caracterizaciones de suelos y medidas simples de la calidad del agua son adecuadas para mapear este paisaje usando las características vistas en el Apéndice 1A. Con la compra de la tablas de color y un tubo extractor de suelo, se puede mapear fácilmente los suelos, material subyacente y expuesto en los canales de arroyos, de tal manera que sea suficiente para caracterizar la mayor parte del paisaje. Este mapeo podría envolver la extracción de una muestra de suelos y registrar (1) ubicación, (2) presencia y grosor de la alfombra de raíces, (3) color y textura de la capa superior, (4) color y textura de la capa inferior, (5) tipo de arroyos, (6) forma del canal, (7) forma de la colina y (8) descripción del banco y material del lecho [Pevas/not Pevas, gravilla/no gravilla]. El único instrumento requerido es un GPS, para registrar la localidad en las regiones que no disponen de mapas, y medidores de pH y conductividad de agua (los cuales son caros de comprar y mantener) para caracterizar el agua de arroyo. En esta región, los paisajes ubicados entre Arabela y el Cururay tienen las colinas más altas las cuales parecen ser planas. En cuanto a prioridades,

al sur del Panguana, y al oeste del Nanay, dentro del la cuenca del Tigre, existe una región plana con pendientes que parecen ser de mucho interés.

FLORA Y VEGETACIÓN

Autores/Participantes: Corine Vriesendorp, Nállarett Dávila, Robin Foster y Gabriela Nuñez Iturri

Objetos de conservación: Poblaciones mínimas de especies maderables con alto valor comercial (p. ej., *Cedrela fissilis* y *C. odorata*, Meliaceae; *Cedrelinga cateniformis*, Fabaceae s.l.) extraídas a un nivel no sostenible en toda la Amazonía; poblaciones grandes de especies maderables de menor valor comercial (*Virola* spp., Myristicaceae; varias especies de Lecythidaceae, Lauraceae y Fabaceae s.l.; *Calophyllum brasiliense*, Clusiaceae; *Simarouba amara*, Simaroubaceae) que están siendo progresivamente extraídas en mayor cantidad porque las especies de mayor valor están extinguiéndose; un mosaico de suelos pobres, intermedios y ricos que comprenden una gradiente casi completa de fertilidad de suelos y que representan hábitats sin protección dentro del sistema nacional (SINANPE) o regional (SICREL) de áreas protegidas; la extensión más hacia el oeste de la flora de suelos pobres de la Amazonia central; 5–10 especies potencialmente nuevas para la ciencia

INTRODUCIÓN

Cabeceras Nanay-Mazán-Arabela (N-M-A) se encuentra dentro de una área en Ecuador y Perú que alberga las comunidades de plantas más diversas del mundo (ter Steege et al. 2006). Antes de nuestro inventario, esta área no había sido explorada por botánicos. Tres áreas relativamente bien conocidas—el Parque Nacional Yasuní en el noreste de Ecuador (Valencia et al. 2004), las reserves biológicas cercanas a Iquitos en el norte de Perú (Vásquez-Martínez 1997) y el Parque Nacional Manu en el sureste de Perú (Foster 1990; Gentry y Terborgh 1990)—proveen los mejores puntos de referencia para entender la flora y vegetación de Cabeceras N-M-A.

MÉTODOS

Durante un inventario rápido el equipo botánico caracteriza la diversidad de los tipos de vegetación en el área, cubriendo tanto terreno como sea posible. Nos enfocamos en los elementos más comunes y dominantes de la flora, mientras nos mantenemos alerta para encontrar especies raras y/o nuevas. Nuestro catálogo de la diversidad de plantas en el área refleja colecciones de especies que se encontraban con frutos o flores, colecciones estériles de especies interesantes y/o desconocidas, y observaciones sin colecta de especies y géneros bien conocidos y de amplia distribución en la Amazonía.

Hicimos varias mediciones cuantitativas de diversidad de plantas incluyendo seis transectos de árboles de sotobosque (1–10 cm DAP): tres en el Alto Mazán, dos en el Alto Nanay, uno en el Panguana. En un parche de bosque de arena blanca en el Alto Nanay, medimos todos los tallos (>5 cm DAP) en una parcela de 0.1 ha. En una variedad de hábitats en cada sitio, N. Dávila registró la riqueza de especies de 100 de los árboles más grandes (individuos >40 cm DAP), usando una combinación de binoculares, características de la corteza y hojas caídas para identificar los individuos hasta especie.

En el campo, R. Foster tomó ~900 fotografías de plantas. Estas fotografías están siendo organizadas en una guía fotográfica preliminar de plantas de la región, y estará disponible gratuitamente en *http://fm2.fieldmuseum.org/plantguides/*.

Los especímenes de plantas del inventario están en el Herbario Amazonense (AMAZ) de la Universidad Nacional de la Amazonía Peruana en Iquitos, Perú. Los duplicados han sido enviados al Museo de Historia Natural (USM) en Lima, Perú y los triplicados a The Field Museum (F) en Chicago, USA.

RIQUEZA FLORÍSTICA Y COMPOSICIÓN

Durante los 16 días en el campo, distinguimos ~1,100 especies de plantas. Registramos ~500 especies comunes (sin colecta botánica) y colectamos ~600 especímenes (Apéndice 2). Estimamos una flora regional de 3,000–3,500 especies. Otros inventarios rápidos en la selva baja en Loreto han registrado 1,000–1,500 especies en un tiempo de inventario parecido y usando métodos similares (a lo largo del río Yavarí, Pitman et al. 2003; a lo largo de los ríos Apayacu, Ampiyacu y Yaguas, Vriesendorp et al. 2004; entre los ríos Yaquerana y Blanco en la región Matsés, Fine et al. 2006; en la Zona

Reservada Sierra del Divisor, Vriesendorp et al. 2006). Por razones de tiempo, no evaluamos varios tipos de hábitats grandes de Cabeceras N-M-A, incluyendo las colinas más lejanas del río Mazán, o las terrazas altas y colinas bajas dominadas por árboles de *Tachigali* (Fabaceae s.l.), fácilmente visibles desde el aire por la ocurrencia de un evento reproductivo reciente.

A través de nuestros sitios de inventario, la mayoría de suelos tienen fertilidad que va desde intermedia hasta pobre, sin embargo algunas arcillas más ricas están distribuidas en parches a través del paisaje. Debido a que la fertilidad de suelos es heterogénea a través del área, diferentes familias fueron las más diversas en cada lugar, p. ej., Chrysobalanaceae en el Alto Mazán, Vochysiaceae y Melastomataceae en el Alto Nanay y Meliaceae, Burseraceae, Euphorbiaceae, Piperaceae y Pteridophyta en el Panguana. Unas cuantas familias fueron diversas en los tres sitios, incluyendo Annonaceae, Lauraceae, Menispermaceae, Myristicaceae, Fabaceae s.l. y Sapotaceae. El rango de la diversidad de palmeras en los tres sitios fue desde un número promedio en el Alto Mazán (22 spp.) y Alto Nanay (25), hasta bajo en el Panguana (18).

A nivel de género, la riqueza de *Matisia*, *Eschweilera*, *Rudgea*, *Psychotria*, *Tachigali*, y *Machaerium* fue alta en los tres sitios. Ciertos géneros fueron especialmente ricos en un lugar, por ejemplo *Guatteria* en el Alto Mazán, *Micropholis* en el Alto Nanay y *Ficus*, *Paullinia* e *Inga* en el Panguana. Especies de *Parkia*, *Brownea*, *Gloeospermum*, y *Dilkea* fueron sorprendentemente abundantes en los tres lugares, sin embargo no particularmente ricos en especies.

TIPOS DE VEGETACIÓN Y DIVERSIDAD DE HÁBITATS

Inventariamos tres sitios, cada uno en una cuenca distinta y con una geología diferente. A través de estos sitios, aproximadamente de este a oeste, observamos varias gradientes fuertes. Humedad, diversidad de epífitas, y la diversidad de plantas aumentó desde el Alto Mazán, hacia el Alto Nanay hasta el Panguana. Igualmente las *supay chacras*, o "chacras del diablo," aumentaron en tamaño y diversidad desde el alto Mazán hasta el Panguana. Supay chacras son áreas abiertas dominadas por plantas mutualistas con hormigas, y casi siempre incluyen *Duroia hirsuta* (Rubiaceae) y *Cordia nodosa* (Boraginaceae). Altos niveles de perturbación natural caracterizan todos los sitios, pero las causas de ésta pueden variar entre los lugares.

Al parecer varias floras regionales confluyen en la región de Cabeceras N-M-A, incluyendo la flora altamente diversa que crece en suelos intermedios a pobres en Yasuní, Ecuador; la flora de baja diversidad de suelos pobres en las reservas cercanas a Iquitos, Perú; y la flora de diversidad intermedia que crece en suelos ricos de la planicie inundable en el Manu, Perú. Para cada lugar, describimos las combinaciones únicas de estas floras y a groso modo los tipos de hábitat que visitamos, haciendo énfasis en la variación entre sitios, cuando es posible.

Alto Mazán

Nuestras trochas estuvieron concentradas en áreas cercanas al río, donde evaluamos el bosque de la planicie de río, ambos bosques de inundación anual y de inundación infrecuente en las terrazas bajas, y parches de bosque alto con dosel cerrado. Además, evaluamos una de las colinas bajas que dominan las áreas lejanas al río, una laguna de agua negra y un pequeño aguajal. El suelo fue mayormente arenoso arcillo, arcilloso en las áreas inundables, suelo más arenoso en las terrazas y arcilloso en la loma. Altos niveles de perturbación natural marcan el paisaje, incluyendo pequeños derrumbes en las lomas y en los bancos de las quebradas, pantanos abiertos con árboles muriendo y frecuentes caídas de árboles, creando una cobertura de dosel muy irregular. Los árboles emergentes miden entre 35–45 m. Las comunidades de plantas fueron una mezcla de especialistas de suelos ricos y pobres, incluyendo especies bien conocidas de Yasuní, Ecuador hacia el oeste, y de áreas de arenas marrones alrededor de Iquitos hacia el este. Con excepción de Annonaceae, muy pocas especies estaban en floración o fructificación.

Varias especies típicas de la llanura estuvieron presentes, p. ej., *Manilkara inundata* (Sapotaceae), *Calophyllum brasiliense* (Clusiaceae), *Pachira* sp. (Bombacaceae), *Mabea* spp. (Euphorbiaceae), *Acacia* sp.

(Fabaceae s.l.), mientras algunas de las especies más características de la llanura, como *Ceiba pentandra*, *C. samauma* y *Ficus insipida* no se encontraron. Mezcladas con estas especies estaba una flora típica de suelos más pobres, incluyendo *Eschweilera* spp. (Lecythidaceae), *Licania* spp. (Chrysobalanaceae) y *Micrandra spruceana* (Euphorbiaceae). Esta mezcla de especies refleja una gran variación en la fertilidad del suelo en una escala pequeña. Ambas áreas inundables—llanura inundable y pantanos—tenían un terreno desnivelado, donde pocos metros podían separar *Miconia tomentosa* (Melastomataceae) creciendo en un área elevada de suelo más arenoso de *Mauritia flexuosa* (Arecaceae) creciendo en suelo arcilloso y saturado.

En todos los hábitats, con excepción de los pantanos y bosques de inundación frecuente, la mayor parte del sotobosque estaba dominado por *Lepidocaryum tenue*, una palmera de sotobosque conocida como "irapay." Estos parches grandes de palmeras clonales (irapayales) reducen la diversidad local, y tienden a estar concentrados en las laderas de colinas bajas o en áreas de buen drenaje (generalmente suelos arenosos). Otra especie casi omnipresente era el pequeño helecho-laminar, *Trichomanes hostmannianum*.

Como una medida rápida de la diversidad del sotobosque (fuera de los irapayales), establecimos tres transectos de 100 individuos (1–10 cm DAP): uno en una terraza baja con baja densidad de irapay, otro en una terraza alta y en un área de inundación estacional a lo largo del río Mazán. La riqueza de especies en estos transectos fue moderadamente alta, con 68, 77 y 63 especies, respectivamente.

En la terraza baja, las especies más comunes fueron una *Dilkea* (Passifloraceae) y dos especies de *Iryanthera* (Myristicaceae), y las familias más comunes fueron Lauraceae (7 especies), Fabaceae s.l. (6), Burseraceae (5) y Euphorbiaceae (5). La mayor diversidad se encontró en la terraza alta con 77 especies. Este transecto estuvo dominado por *Rinorea lindeniana* (Violaceae), *Brownea grandiceps* (Fabaceae s.l.) y *Senefeldera inclinata* (Euphorbiaceae), y las familias más ricas fueron Annonaceae (10 especies), Fabaceae s.l. (8) y Euphorbiaceae (6). En el transecto de bosque inundado, las especies comunes fueron *Rinorea lindeniana,* la *Iryanthera* y *Dilkea* del primer transecto y una *Matisia* sp. (Bombacaceae). Las familias dominantes aquí fueron Fabaceae s.l. (9), Annonaceae (6), Myristicaceae (5) y Lecythidaceae (5). Entre los tres transectos (300 individuos) encontramos un total de 177 especies y 36 familias, con sólo 10% de las especies compartidas entre los transectos.

Además, inventariamos la composición de árboles en un transecto de 100 individuos (>40 cm DAP) y registramos 70 especies. Los árboles mas comunes incluyeron tres Fabaceae s.l.—una *Tachigali* sp. cuyas hojas tienen envés dorado, *Parkia multijuga* y un *Dipteryx* sp. —así como una *Eschweilera* sp. (Lecythidaceae).

Alto Nanay

Este sitio se asemeja más a las áreas cercanas a Iquitos, pero con colinas muchos más altas y posiblemente representa la extensión más hacia el oeste de la flora de suelos pobres de la Amazonía central. Existe una sobreposición con las especies de Yasuní, pero este último no presenta una flora de arena blanca y es posible que reciba más lluvia que cualquiera de nuestros sitios de inventario en Cabeceras N-M-A. Muy pocas especies estaban en floración o fructificación, al igual que en el Alto Mazán.

En el Alto Nanay inventariamos una planicie arenosa inundable, un pantano grande, colinas empinadas que están muy cercanas unas de otras y un par de parches de vegetación sobre arena de puro cuarzo blanco cerca de la base de las colinas. Este lugar también se caracteriza por su perturbación, pero las caídas de árboles ocurren mayormente en los valles creados por las colinas empinadas donde el terreno es inestable. En general el dosel de los árboles en este sitio era más bajo comparado con los otros dos lugares, midiendo entre 25–35 m con algunos individuos ocasionalmente llegando hasta 45 m.

La flora en la cumbre de las colinas varió desde un bosque alto moderadamente diverso hasta un conjunto de tallos delgados enanos de diversidad baja. Sin embargo, las comunidades de baja diversidad parecían estructuralmente similares a la vegetación de arena blanca conocidas como varillales, la mayoría de las cumbres altas se situaban sobre arcilla y arenas marrones (no arena blanca) y las plantas especialistas de arena blanca no estaban presentes. Varias de las cumbres estaban cubiertas de tallos de *Marmaroxylon basijugum* (Fabaceae s.l.) con tallos delgados de bambú *Chusquea* creciendo encima. En Yasuní este *Marmaroxylon* también es muy abundante en las cumbres, pero está dentro de una comunidad de plantas más diversa. Muchas otras cumbres, sobre arcilla, tenían un sotobosque caracterizado por la presencia de la palmera acaule de hojas largas, *Attalea insignis.*

Inventarios de 100 árboles de dosel registraron 74 especies, una comunidad de dosel moderadamente rica comparada a otros sitios amazónicos. Las familias más importantes fueron Fabaceae s.l., Chrysobalanaceae, Sapotaceae y Vochysiaceae, y las especies más comunes fueron *Tachigali* spp., *Parkia* spp., *Hymenaea* spp. (Fabaceae s.l.); *Licania* sp. (Chrysobalanaceae); *Micropholis* spp. y *Pouteria* spp (Sapotaceae), también como un grupo abundante de Vochysiaceae: *Erisma* spp., *Qualea paraensis, Q. trichanthera* y *Vochysia* sp. Los árboles más grandes que observamos fueron *Goupia glabra* (Celastraceae), *Parkia multijuga* (Fabaceae s.l.), *Anaueria brasiliensis* (Lauraceae), *Huberodendron swietenioides* (Bombacaceae) y *Cariniana decandra* (Lecythidaceae). No vimos una flora verdadera de la planicie del río, en lugar de eso las laderas del río estaban dominadas por especies típicas de áreas abiertas p. ej., *Acacia* sp., *Cecropia* sp. (Cecropiaceae) y *Cespedezia spathulata* (Ochnaceae).

Nuestras trochas cruzaban dos áreas pequeñas (0.5 ha) de vegetación de arena blanca creciendo sobre áreas planas cerca de la base de las colinas empinadas. Estos parches eran demasiado pequeños para ser distinguidos en la imagen satelital, sin embargo, imaginamos que existen hábitats similares que están distribuidos en parches dentro de la cuenca del Alto Nanay. En una muestra de 0.1 ha de varillal, registramos 113 individuos (DAP >5 cm.), representando 66 especies en 22 familias. No registramos algunas de las especialistas típicas que son comunes en varillales en las áreas cercanas a Iquitos, tales como *Pachira brevipes* (Bombacaceae), *Dicymbe amazonica*

(Fabaceae s.l.), *Caraipa* spp. (Clusiaceae), o especies que fueron registradas comúnmente en áreas extensas de varillales cerca del río Blanco (Fine et al. 2006) como *Platycarpum orinocensis* (Rubiaceae) o *Mauritia carana* (Arecaceae). La especie más común fue *Macrolobium microcalyx* (Fabaceae s.l.), una especie dominante en las cumbres de arenisca en los sitios de el Ojo de Contaya y Divisor durante el inventario de la Sierra del Divisor en el sureste de Loreto (Vriesendorp et al. 2006). Otras especies comunes en este varillal en Alto Nanay incluyen *Emmotum floribundum* (Icacinaceae), *Macoubea guianensis* (Apocynaceae), *Ladenbergia* sp. *Remijia* sp. y *Pagamea* spp. (Rubiaceae), *Salpinga* sp. (Melastomataceae), *Trichomanes crispum* (Pteridophyta), *Odontonema* sp. (Apocynaceae) y *Ocotea aciphylla* (Lauraceae).

Aquí también evaluamos la diversidad del sotobosque, en dos transectos cada uno de 100 individuos (1–10 cm DAP). Un transecto se ubicó a lo largo de una terraza baja adyacente al río Nanay; es posible que esta área se inunde periódicamente. Encontramos 76 especies en 34 familias, dominadas por Sapotaceae (8), Chrysobalanaceae (6), Myristicaceae (6) y Melastomataceae (6). Las plantas comunes fueron especies de suelos pobres, p. ej., *Iryanthera* cf. *elliptica*, *Marmaroxylum basijugum*, o especies de áreas perturbadas, p. ej., *Miconia* sp. (Melastomataceae). El segundo transecto se ubicó en un bosque alto sobre una colina de cumbre plana. Aquí registramos la diversidad más alta del inventario, 83 especies en 30 familias. Las especies más comunes fueron *Eschweilera* sp., *Memora cladotricha* (Bignoniaceae) y una *Miconia* sp. diferente, las familias dominantes fueron Annonaceae (8 especies), Sapotaceae (8) y Lauraceae (7). Entre los dos transectos (200 individuos) encontramos 141 especies y 41 familias.

La palmera *Oenocarpus batahua* (conocida como "unguraui") era abundante en las terrazas bajas del Alto Nanay. En un transecto de 1 ha (1,000 m x 10 m), contamos 85 individuos >3 m de altura.

Panguana

Los bosques en el Panguana incluyen muchas especies representantes de floras amazónicas mejor conocidas (p. ej., Manu y Yasuní) que crecen en suelos ricos o medianamente ricos. Comparado con Alto Mazán y Alto Nanay, aquí los suelos arcillosos predominan, los suelos son más heterogéneos y la flora es extremadamente diversa. Los hábitats varían desde colinas muy empinadas que forman la divisoria de aguas, colinas altas de cumbres redondeadas, terrazas de cumbres planas, un aguajal grande y tierras bajas muy extensas e inundadas frecuentemente, cubiertas por inmensas marañas de lianas. Mucho más especies estuvieron en fructificación o floración en el Panguana comparado a los otros sitios del inventario, especialmente especies de frutos grandes, importantes para las poblaciones de mamíferos y aves grandes.

La observación más interesante en este lugar fue la presencia de una flora de planicie de río—árboles gigantes de *Ficus insipida*, *Poulsenia armata* (Moraceae), *Terminalia oblonga* (Combretaceae), *Ceiba pentandra*, *C. samauma* (Bombacaceae, Fig. 5E), *Couroupita guianensis* (Lecythidaceae), *Sterculia apetala* (Sterculiaceae), *Parkia nitida*, *Dipteryx sp.*—¡creciendo en las cumbres de las colinas! Estas especies necesitan áreas grandes abiertas, libres de competencia de raíces, con mucha luz para regenerarse. Ésto sugiere que las cumbres de las colinas estuvieron sin vegetación en los últimos 400–500 años. Dada la presecencia de un suelo rico y una capa de humus, nuestra teoría por el momento es que las cumbres de las colinas probablemente mantuvieron parcelas de agricultura de pequeña escala antes de la llegada de los españoles, igualmente a otras áreas con suelos fértiles en la Amazonía (Mann 2005), y estos árboles gigantes son los restos de la primera generación que colonizó éstos terrenos abandonados.

La composición de los árboles del dosel en éste lugar fue marcadamente diferente comparado con Alto Mazán y Alto Nanay y la altura en promedio fue mayor (40–50 m). Registramos 76 especies y 100 individuos, con géneros y especies típicos de suelos más ricos, incluyendo Inga spp, (Fabaceae s.l.); *Brosimum* spp., *Pseudolmedia* spp., *Batocarpus amazonicus* (Moraceae) y *Guarea* spp. (Meliaceae). Las abundantes áreas abiertas fueron mayormente colonizadas por *Cecropia sciadophylla*, *Pourouma* spp. (Cecropiaceae) y

Huertea glandulosa (Staphyleaceae). Típicamente en bosques secundarios tardíos observamos *Coccoloba* spp. (Polygonaceae), *Inga* spp., *Tachigali* sp., *Sapium marmieri* (Euphorbiacae), *Ficus* spp. y *Brosimum* spp. Para árboles emergentes, entre las especies más comunes se encontraron *Parkia multijuga*, *P. nitida* y *Dialium guianense* (Fabaceae s.l.).

Evaluamos un transecto en el sotobosque de 100 individuos en las colinas altas y terrazas donde el dosel estaba dominado por especies de la planicie del río. Registramos 81 especies en 26 familias. Las especies más comunes fueron *Brownea* sp. (Fabaceae s.l.), un árbol del sotobosque con hermosas flores rojas, y 2 especies de Lauraceae, y las familias dominantes fueron Fabaceae s.l. (8), Rubiaceae (8), Annonaceae (5) y Moraceae (5).

DISTRIBUCIÓN EXTREMADAMENTE AGREGADA

En los tres sitios observamos una distribución agregada, o localmente homogénea, de dos diferentes clases: especies comunes que casi siempre están agrupadas donde sea que éstas ocurren en la Amazonía, y especies raras que fueron sorprendentemente comunes en ésta región. Especies que comúnmente forman distribuciónes agregadas incluyen *Lepidocaryum tenue*, *Rinorea lindeniana*, *R. viridifolia* y varias especies de Rubiaceae (*Rudgea*, *Coussarea*); éstas especies fueron abundantes en uno o en más de nuestros sitios. Especies raras incluyen *Ampelozizyphus amazonicus* (Rhamnaceae) y *Anisophyllea guianensis* (Anisophyllaceae), ambas extremadamente abundantes en el Alto Nanay, algunas veces cubriendo laderas enteras de las lomas. En Panguana, una área de 20 x 20 m estaba casi enteramente cubierta por *Rinorea guianensis* (Violaceae), un árbol raro del subdosel.

ESPECIES NUEVAS, RAREZAS Y EXTENSIONES DE RANGO

Las distribuciones de plantas neotropicales permanecen poco entendidas. Debido a la proximidad de Cabeceras Nanay-Mazán-Arabela al Ecuador (y porque el área no ha sido previamente visitada por botánicos), varias de nuestras colecciones son nuevos registros para Perú. Estas incluyen *Touroulia amazonica* (Quiinaceae, Fig. 5I),

un árbol de hojas lobuladas de una manera muy característica y previamente conocida de Brasil, y una *Quararibea* aún no nombrada con hojas cartáceas y buladas conocida sólamente por dos individuos encontrados en Yasuní (Valencia et al. 2004). Tal vez nuestro registro más remarcable es una hierba en Panguana, *Tacca parkeri* (Fig. 5F), con hojas profundamente lobuladas en la familia Taccaceae, una nueva familia para Perú. Creemos que a medida que los especialistas examinen las colecciones fértiles del inventario, nuevas especies se continuarán registrando para el Perú.

Algunos registros ya han sido confirmados como nuevas especies. Éstos incluyen una *Calyptranthes* (Myrtaceae, Fig. 5C) de tallo y botones florales muy pequeños (B. Holst y L. Kawasaki, com. pers.), también como un *Anomospermum* (Menispermaceae, Fig. 5B) con frutos amarillos pendulares (R. Gentry-Ortiz, pers. com.). Ambas especies se encontraban en el sotobosque en Panguana.

Varias otras especies son registros notables. En Panguana, colectamos *Ruellia chartacea* (Acanthaceae, Fig. 5H), conocida del pie de monte en Ecuador, Colombia, y Perú. Ésta es raramente colectada tan lejos de los Andes, en la alta Amazonía.

En el Alto Nanay encontramos abundantes poblaciones de *Wettinia drudeii* (Arecaceae, Fig. 5G), una palmera poco conocida y restringida al norte de Perú, este de Ecuador y sur de Colombia. Vegetativamente esta especie se asemeja a *Iriartella stenocarpa*, una especialista de suelos pobres mejor conocida; botánicos podrían estar fallando en notar *W. drudei* en sitios de suelos pobres.

En el Alto Nanay, *Tachigali* sp., un árbol de dosel con hojas brillantes, muchos foliolos y sin domacio. La taxonomía de este género aún está sin resolver, pero nosotros no hemos visto antes esta especie y podría ser nueva para la ciencia. Otro árbol del dosel, un *Dipteryx* sp. (Fabaceae s.l.), tenía hojas muy pequeñas comparado a las especies que conocemos de otros lugares, y no se asemeja a alguno de los *Dipteryx* reportados de la Reserva Ducke en Brasil (Ribeiro et al. 1999).

Nosotros encontramos flores y hojas caídas de dos especies de *Dimorphandra* (Fabaceae s.l.), árboles del dosel. Cuatro especies son conocidas de Perú, pero casi nunca son colectadas, nuestras colecciones representan un incremento significativo en las coleciones para los herbarios Peruanos.

En el Alto Mazán, encontramos poblaciones de una planta del sotobosque con características estériles (hojas y estípulas) que sugieren *Naucleopsis ulei* (Moraceae). Sin embargo, los individuos estaban en floración y fructificación a una altura de 2 m, en lugar de 10 m (lo cual es típico de *N. ulei*) y con frutos y flores mucho mas pequeños. Nuestro registro representa *Naucleopsis humilis*, una especie con la que no estábamos familiarizados hasta este inventario, y la cual podría estar siendo frecuentemente mal identificada.

En Panguana, encontramos una bromelia terrestre, *Pitcairnia* (Fig. 5D), con una inflorescencia amarilla, larga y de tipo espiga. Sospechamos que esta especie puede ser nueva, y sólo se encontró una población pequeña. También en Panguana, encontramos *Ficus acreana*, un nuevo registro para Perú, previamente conocida sólo de Brasil y Ecuador. Registramos el mismo *Ficus* en Sierra del Divisor en la frontera con Brasil (Vriesendorp et al. 2006), sugiriendo que esta especie podría estar ampliamente distribuida en Loreto.

OPORTUNIDADES, AMENAZAS Y RECOMENDACIONES

Para las comunidades de plantas en Cabeceras Nanay-Mazán-Arabela, las concesiones forestales y la deforestación relacionada a éstas son, en efecto, las amenazas más grandes. Las especies de mayor valor comercial—*Cedrela fissilis*, *C. odorata*, *Cedrelinga cateniformis*—ocurren en densidades extremadamente bajas. Nosotros no observamos alguna caoba, *Swietenia macrophylla* (Meliaceae), durante el inventario, y dada la ausencia de una estación seca prolongada, sospechamos que esta especie no se encuentra aquí.

Sin embargo, especies de menor valor comercial (p. ej., *Eschweilera* spp., *Virola* spp., varias especies de Lauraceae y Fabaceae s.l., *Simarouba amara*, Simaroubaceae; *Minquartia guianensis*, Olacaceae; *Calophyllum brasiliensis*, Clusiaceae) son abundantes en los bosques de esta región. Si estas especies se convierten

en una parte importante del comercio de madera y áreas muy grandes fueran taladas aquí, el impacto será devastador. La vegetación juega un rol crítico en la protección de los suelos sueltos que dominan en esta área, y la deforestación podría promover un incremento en la erosión y una sedimentación muy fuerte.

Recomendamos la protección inmediata de Cabeceras Nanay-Mazán-Arabela, y es urgente que otras áreas de cabeceras en Loreto que coinciden con concesiones forestales (p. ej., los ríos Orosa y Maniti en la cuenca del Yavarí) sean formalmente protegidas.

PECES

Autores/Participantes: Max H. Hidalgo y Philip W. Willink

Objetos de conservación: Comunidades de especies adaptadas a las aguas de cabeceras, sensibles a los efectos de deforestación y que probablemente sean endémicas de esta región (*Creagrutus*, *Pseudocetopsorhamdia*, *Characidium*, *Hemibrycon*, *Bujurquina*); especies probablemente nuevas para la ciencia (*Pseudocetopsorhamdia*, *Cetopsorhamdia*, *Bujurquina*); especies de alto valor en el comercio de peces ornamentales (*Monocirrhus*, *Nannostomus*, *Hemigrammus*, *Hyphessobrycon*, *Otocinclus*, *Apistogramma*, *Crenicara*)

INTRODUCCIÓN

El área denominada Cabeceras Nanay-Mazán-Arabela (N-M-A) corresponde a unas de las pocas áreas en Perú de cabeceras con una divisoria de aguas por debajo de los 300 m. Se encuentra al norte del Marañón-Amazonas, cerca de la frontera con Ecuador y separadas de los Andes por más de 300 km. Estas cabeceras en la selva baja dividen tributarios del río Napo, Tigre y Amazonas, siendo conocidos estudios de peces en cuencas cercanas como el Pucacuro (Sánchez 2001), Corrientes (UNAP 1997) y Pastaza (Willink et al. 2005). Ningún ictiólogo había visitado esta región antes. Los objetivos principales del presente estudio eran inventariar los peces que habitan esta región y determinar el estado de conservación de sus comunidades.

MÉTODOS

Trabajo de campo

Durante 13 días efectivos de trabajo de campo estudiamos los hábitats acuáticos en tres sitios. Las colectas de peces fueron todas diurnas y contamos con el apoyo de una persona local, recorriendo a pie las áreas aledañas de los campamentos. La excepción fue el Alto Mazán en donde empleamos un bote a remo para recorrer tramos cortos en el río Mazán y acceder a una laguna de agua negra frente al campamento base. Evaluamos 20 estaciones de muestreo durante todo el inventario, entre seis y siete por sitio. Anotamos las coordenadas geográficas en cada punto de evaluación y registramos las características básicas del ambiente acuático (Apéndice 3).

De los 20 puntos evaluados, 14 fueron ambientes lóticos entre ríos y quebradas y seis fueron lénticos (entre ellos una laguna de agua negra, y un aguajal en el Alto Mazán), y cuatro pozas y brazos temporales de quebradas en donde el agua estaba quieta (Alto Mazán y Alto Nanay). En el Panguana todos los hábitats estudiados fueron lóticos. Las quebradas y pozas varían entre los tres tipos de agua (negra, clara y blanca), mientras que ríos principales como el Mazán presentaron agua blanca.

Colecta e identificación

Colectamos los peces empleando cuatro tipos diferentes de aparejos de pesca, tres redes entre 3 y 10 m de largo y 1.5 a 2 m de alto, de abertura de malla pequeña de 3 a 5 mm, y una atarraya. Realizamos numerosos arrastres a la orilla con las redes y lances con la atarraya, cubriendo un área de muestreo aproximada de 11,000 m² (Apéndice 3). Adicionalmente, los guías locales en cada campamento emplearon anzuelos para la captura de algunas especies.

Los peces colectados fueron fijados inmediatamente con formol al 10% por 24 horas, y preservados en alcohol al 70%. Diariamente en cada campamento identificamos las especies. El material biológico colectado formará parte de la colección de peces del Museo de Historia Natural UNMSM en Lima, y parte del mismo irá a la colección de The Field Museum en EE.UU. Algunas de las identificaciones en campo no son precisas hasta el nivel de especies, presentándose como "morfoespecies" (p. ej., Hemigrammus sp. 1) aquellas que requieren de una revisión más detallada en laboratorio. Esta misma metodología ha sido aplicada en otros inventarios rápidos, como Yavarí y Ampiyacu (Ortega et al. 2003a; Hidalgo y Olivera 2004).

RIQUEZA Y COMPOSICIÓN

En 13 días registramos (colectas y observaciones) 4,897 individuos que corresponden a 154 especies, 86 géneros, 30 familias y nueve órdenes (Apéndice 3), lo que consideramos es una alta diversidad para una región de cabeceras. El orden Characiformes (peces con escamas, sin espinas en las aletas) presentó más especies (92), lo que representa el 60% de nuestros registros. Los Siluriformes (bagres) constituyeron el 23% de la diversidad (36 especies), Perciformes (peces con espinas en las aletas) 8% (13) y Gymnotiformes (peces eléctricos) 3% (5). Los Beloniformes (peces aguja), Cyprinodontiformes (peces anuales), Myliobatiformes (rayas amazónicas), Batrachoidiformes (peje sapos) y Clupeiformes (anchovetas) representaron el 1% cada uno (de 2 a 1 especies).

A nivel de familias, Characidae (tetras, pirañas, sardinas, sábalos y afines) es la mejor representada con el 41% (63 especies), siendo esta dominancia un patrón que ha sido encontrado en otras áreas de las Amazonía de Loreto (Ampiyacu, Yavarí, Matsés, Pastaza). Entre los géneros con más especies observados en Cabeceras N-M-A tenemos Moenkhausia (11), Hemigrammus (10), Hyphessobrycon (6), Creagrutus (5), Astyanax (3) y Jupiaba (3), que en conjunto alcanzan el 60% de las especies de Characidae.

Otras familias como Loricariidae (bagres armados o carachamas) representaron el 10% (15 especies), y entre estos el género Hypostomus presentó mayor número de especies (4). La familia Cichlidae (bujurquis) también estuvo medianamente representada con el 8% (12 especies) para el inventario, y Crenuchidae con el 6% (9), en especial el género Characidium presentó el que mayor número de especies (4).

La mayor parte de las especies en Cabeceras N-M-A (~70%) están representados por grupos de tallas pequeñas en los adultos (no mayores de 15 cm de longitud), principalmente de las familias Characidae y Loricariidae que presentan especies adaptadas a los pequeños tributarios de los bosques de tierra firme de cabeceras y que en algunos casos pudieran tratarse de especies únicas de esta región (*Astyanacinus*, *Astyanax*, *Creagrutus*, *Hemibrycon*, *Characidium*). Un pequeño número de especies son medianas a grandes, y aunque no registramos especies de bagres migratorios en el área del inventario biológico (como doncella, tigre zúngaro y dorado), estas especies están presentes en los ríos Curaray y Arabela, junto con otras especies importantes para la población local (entre peces con escamas y otros bagres) según la información recopilada durante el inventario social (Apéndice 3).

DIVERSIDAD EN LOS SITIOS

Basados en los resultados de riqueza de peces del inventario biológico (154 especies en 20 estaciones de muestreo), estimamos la presencia de 240 especies para Cabeceras N-M-A (según cálculos del EstimateS, Colwell 2005). Este resultado se vuelve más notable porque se trata de una pequeña área en la que nacen tres cuencas distintas (Nanay, Mazán y Arabela) y que pudimos muestrear rápidamente. Su superficie es 15 veces menor que la Reserva Nacional Pacaya Samiria y contendría un número similar de especies (J. Albert, com. pers.), diversidad que representa un 28% de la ictiofauna continental peruana reconocida a la fecha (Ortega y Vari 1986; Chang y Ortega 1995).

Alto Mazán

Este sitio fue el más diverso del inventario. Registramos 92 especies (60% del inventario), que corresponden a 62 géneros, 26 familias y 8 órdenes. La mayor diversidad corresponde a los Characiformes con el 62% (57 especies), seguido de los Siluriformes con 20% (18), Perciformes con 9% (8) y Gymnotiformes con 5% (5). Los otros cuatro órdenes presentaron una especie cada uno (Apéndice 3B).

Para el Alto Mazán la familia más diversa fue Characidae con 42% (39 especies), seguida de Loricariidae con 10% (9), Cichlidae y Crenuchidae con 8% (siete especies) cada una. Entre los Characidae, especies pequeñas de los géneros *Moenkhausia*, *Hemigrammus* y *Hyphessobrycon* fueron las más comunes en la mayoría de hábitats muestreados.

La comunidad de peces del Alto Mazán está conformada por especies típicas del llano amazónico, y en mayor diversidad en comparación con el Alto Nanay y Panguana. Estos resultados están dentro de lo que esperábamos para este sitio, por la presencia de mayor cantidad de tipos de hábitat, volumen y tipos de agua (Apéndice 3A). Así, 39 especies fueron únicas para este sitio entre las cuales *Anchoviella* y *Thalassophryne* (Fig. X), fueron encontradas sólo en las aguas blancas del río Alto Mazán mientras que *Boulengerella* en la laguna de agua negra, hábitats que no fueron observados en los otros dos sitios. Otras especies como *Myleus*, y el mayor número de especies de *Hemigrammus*, *Hyphessobrycon* y *Moenkhausia* son representantes de la fauna del llano amazónico.

Si bien no registramos grandes bagres (p. ej., *Pseudoplatystoma* spp., *Zungaro*) ni peces grandes de escamas (p. ej., *Prochilodus*, *Brycon*, *Mylossoma*, *Plagioscion*, *Cichla*) estas especies podrían estar en el Alto Mazán como ha sido observado en cuencas cercanas como Pucacuro (Sánchez 2001) y en otras de similares características (p. ej., río Ampiyacu, Hidalgo y Olivera 2004).

Alto Nanay

Este sitio fue el segundo en diversidad del inventario. Registramos 78 especies (51% de todo el inventario), que corresponden a 54 géneros, 19 familias y seis órdenes. La mayor diversidad fue de Characiformes con el 64% (50 especies), seguido de Siluriformes con 21% (16) y de los Perciformes con 10% (8). Otros tres órdenes presentaron en conjunto un 5% (4).

Similar al Alto Mazán, la Characidae presentó mayor número de especies con un 41% (32). La comunidad de peces del Alto Nanay está dominada por especies pequeñas de carácidos de los géneros *Moenkhausia*,

Hemigrammus y *Hyphessobrycon* que habitan la quebrada Agua Blanca (el gran tributario del río Nanay) y las quebradas menores dentro del bosque. Las aguas claras-oscuras de todos los hábitats favorecen la presencia de especies con colores llamativos, algunos de ellos incluso fueron únicos para este sitio como *Nannostomus mortenthaleri* (Fig. 6B), *Hyphessobrycon loretoensis, Crenicara puntulatum,* los que además son muy comercializados como peces ornamentales.

Moenkhausia cf. *cotinho* y *Knodus* sp. son las especies más abundantes y frecuentes en las quebradas del Alto Nanay y constituyen casi el 50% de la abundancia. Para este sitio 30 especies fueron únicas de todo el inventario, entre estas *Cetopsorhamdia* sp. (Fig. 6C), *Myoglanis koepckei* (Fig. 6F), *Leporinus* sp. A, *Curimatella* sp., *Creagrutus* cf. *pila,* y *Corydoras* cf. *sychri.* La quebrada Agua Blanca es el hábitat más importante por ser el más grande en el área y donde registramos el 47% de la diversidad del Alto Nanay (37 especies).

En este sitio observamos pocas especies de ambientes de agua turbia del llano amazónico como aquellas del Alto Mazán, y empiezan a aparecer algunas que prefieren hábitats de aguas claras y negras ligeramente torrentosas, entre estas *Jupiaba* y varias especies de bagres heptaptéridos.

Panguana

Este sitio presentó la menor diversidad de todo el inventario. Registramos 57 especies (36% de todo el inventario), que corresponden a 45 géneros, 17 familias y siete órdenes. Characiformes fue el orden más diverso con el 63% (35 especies), seguido de Siluriformes con el 21% (12) y Percifomes con el 5% (3). Los restantes cuatro órdenes suman un 11% (entre 2 y 1 especie por cada uno). La familia Characidae fue la que presentó mayor número de especies (28) y comprendió un 49%, y en segundo lugar Loricariidae (8) con un 14%.

Para este sitio esperábamos encontrar menor diversidad en comparación con Alto Mazán y Alto Nanay porque la variedad, tamaño y cantidad de agua es menor, además de ser el sitio más cercano a las nacientes y la divisoria de aguas. Casi todos los hábitats estudiados correspondieron a quebradas pequeñas dentro del bosque, de aguas moderadamente torrentosas y fondo variable de arena, fango y grava con mediana a escasa profundidad, siendo estos "rápidos" característicos de quebradas de pie de monte andino.

La comunidad de peces del Panguana presenta mayor dominancia de carácidos pequeños (*Knodus, Moenkhausia, Astyanax*), pero también se observó carachamas del género *Ancistrus* y el cíclido *Bujurquina* sp. 2 (Fig. 6D), en casi todas las quebradas que evaluamos. La especie más frecuente en Panguana fue *Knodus* sp. (41% de la abundancia), género de especies todas pequeñas (<7 cm los adultos) que en el Perú son más abundantes en cuencas cercanas a los Andes p. ej., Megantoni (Hidalgo y Quispe 2005), el Bajo Urubamba (Ortega et al 2001), el Pachitea (Ortega et al 2003b), y en otras áreas montañosas como la Sierra del Divisor (Hidalgo y Pezzi 2006).

Para Panguana, 27 especies fueron únicas de todo el inventario entre estas *Astyanax* spp., *Creagrutus* sp. 3, *Creagrutus* sp. 4 y *Hemibrycon* spp., *Astyanacinus multidens* que son especies usualmente frecuentes en el pie de monte andino de similar manera que *Knodus.* Junto con estas especies, fue además frecuente observar grupos del llano amazónico como rayas (*Potamotrygon,* Fig. 6H), cunchis (*Pimelodus ornatus*), pirañas (*Serrasalmus* spp.), palometas (*Myleus*) o lisas (*Leporinus*) que penetraban en quebradas pequeñas sobre fondos de grava y hojarasca de menos de 3 m de ancho y 30 cm de profundidad. La presencia de varias de estas especies en poblaciones relativamente abundantes puede ser un indicador indirecto de gran abundancia de peces en el río Arabela y sus lagunas.

COMPARACIÓN ENTRE SITIOS

La diversidad de peces y biomasa fue decreciendo entre el Alto Mazán hasta Panguana en relación a la disminución de hábitats y cantidad de agua (tamaño de la cuenca), siendo este patrón similar a lo encontrado en otras áreas en Loreto con sistemas de quebradas de bosque de tierra firme y ríos medianos como Ampiyacu (Hidalgo y Olivera 2004) y también siguiendo el gradiente entre andes y llanura amazónica como se ha observado en el

Manu (Ortega 1996), y en Megantoni (Hidalgo y Quispe 2005).

La similitud en la composición de especies entre los tres sitios fue bastante baja, registrando solo 14 especies comunes (*Apistogramma* sp. 1, *Characidium* cf. *zebra*, *Charax* sp., *Chrysobrycon* sp., *Farlowella* sp., *Hoplias malabaricus*, *Knodus* sp., *Limatulichthys griseus*, *Moenkhausia comma*, *Moenkhausia dichroura*, *Moenkhausia oligolepis*, *Phenacogaster* sp., *Potamorrhaphis eigenmanni* y *Tyttocharax* sp.) y que representa menos del 10% de todas las especies del inventario. Que estas especies sean comunes entre los tres sitios pudiera estar relacionado a que son especies de amplia distribución local en la región del Tigre-Napo (con excepción de *Apistogramma* sp. 1 que podría ser única de Cabeceras N-M-A).

De estas especies, *Hoplias malabaricus*, *Knodus* sp., *Limatulichthys griseus*, *Moenkhausia comma*, *Moenkhausia dichroura*, *Moenkhausia oligolepis*, *Phenacogaster* sp., *Potamorrhaphis eigenmanni* y *Tyttocharax* sp. presentan amplia distribución en Perú, pero en abundancias muy variables relacionado al tipo de hábitat. Por ejemplo, *Hoplias malabaricus* es un depredador muy generalista que si bien no tiende a ser abundante en ríos grandes, puede ser frecuente en lagunas o pozas donde suele estar echado sobre el fango o la hojarasca sumergida esperando por posibles presas y es muy resistente a cambios fuertes de las propiedades fisicoquímicas del agua. Por el contrario, el pequeño *Tyttocharax* (quizás uno de los vertebrados más pequeños del neotrópico) habita casi siempre quebradas de agua clara o negra en buenas condiciones de conservación.

En contraste, los porcentajes de especies únicas para cada sitio fueron mayores desde un 38% para el Alto Nanay, 42% para el Alto Mazán y 48% para Panguana. Esto estaría reflejando que existe una fuerte variación en la composición de especies de peces dentro de un área relativamente pequeña de la zona de estudio, y que mostraría que las cabeceras aún siendo pequeñas en elevación (menor de 270 m) y cercanas relativamente unas de otras pueden albergar comunidades de peces diferentes y quizás únicos a cada cabecera de cuenca.

Esto se ha observado ya en otras regiones de cabeceras andinas como Megantoni (Hidalgo y Quispe 2005) y recientemente en la Sierra del Divisor (Hidalgo y Pezzi 2006), coincidiendo con la hipótesis del aislamiento que producen las cabeceras de cuencas (Vari 1998; Vari y Harold 1998).

ESPECIES NUEVAS, RARAS Y/O EXTENSIONES DE RANGO

Estimamos que unas 12 especies pudieran ser nuevos registros para el Perú o quizás nuevas para la ciencia (Apéndice 3). Entre las especies probablemente nuevas tenemos dos bagres heptaptéridos pequeños presentes en las quebradas de fondo arenoso del Alto Nanay (*Cetopsorhamdia*, Fig. 6C) y en los pequeños rápidos de las quebradas en el Panguana (*Pseudocetopsorhamdia*, Fig. 6A). *Bujurquina* sp. 2 (Fig. 6D) de Panguana podría tratarse también de una especie nueva.

En el río Mazán encontramos *Thalassophryne amazonica* (Fig. 6E), especie muy poco común en la amazonía. La familia presenta especies principalmente marinas, siendo esta especie poco representada en colecciones científicas. Esta especie presenta espinas en la región dorsal conectadas a glándulas venenosas por lo que pueden causar fuertes dolores. Recolectamos el bagre heptaptérido *Myoglanis koepckei* (Fig. 6F), descrito originalmente de la parte baja del Nanay (Chang 1999) y del que se conocían los tres especímenes tipo, y los ocho ejemplares registrados en el inventario de Matsés (Hidalgo y Velásquez 2006). Nosotros lo registramos en la cabecera del Nanay, lo cual es el registro más al norte de esta especie.

DISCUSIÓN

La diversidad de peces de Cabeceras N-M-A es muy alta (154 especies) considerando que los hábitats acuáticos son medianos a pequeños, y que grandes lagos y zonas inundables extensas están ausentes. Estas cabeceras no son tan ricas en especies como algunas áreas bajas de la amazonía peruana (Pastaza, 277 especies, Willink et al. 2005; Yavarí, 240, Ortega et al. 2003a; Ampiyacu, 207, Hidalgo y Olivera 2004) pero en la escala global es substancial. Para la cuenca del río

Pucacuro (que limita con las cabeceras del Mazán) se han registrado 148 especies (Sánchez 2001) con similaridad en la composición de las especies de amplia distribución en Loreto. En contraste, las especies que habitan las quebradas de las cabeceras del Panguana y Alto Nanay son diferentes.

En áreas como Cordillera Azul, Cordillera del Cóndor, Cordillera de Vilcabamba, Megantoni y el Alto Madre de Dios, los gradientes de elevación son mucho mayores produciendo que los ríos y quebradas recorran mayor extensión. Esto genera diferencias notorias en las propiedades fisicoquímicas del agua de las partes altas y bajas (principalmente en la temperatura del agua, cantidad de nutrientes y de oxígeno disuelto). En Cabeceras N-M-A los gradientes de estas propiedades no son muy marcados como en los Andes y los resultados de la calidad de agua encajan entre lo esperado para selva baja, sin embargo parece que pueden influir en la preferencia de hábitat de algunas especies.

La fauna de peces de esta región incluye géneros usualmente de pie de monte andino mezcladas con formas del llano amazónico en un área que se encuentra relativamente separada de los Andes. Encontramos una mezcla de especies comunes de amplia distribución y generalistas de hábitat (*Hoplias*, varias especies de *Moenkhausia*, entre otros), especies de la llanura que parecen dispersarse en estas cabeceras (*Potamotrygon*, *Hemigrammus*, *Hyphessobrycon*), y especies usualmente abundantes en pie de monte andino hasta los 1,000 m (algunas especies de *Creagrutus*, *Hemibrycon*, *Knodus* y las especies grandes de *Astyanax* y *Characidium*).

Estas cabeceras serían casi únicas en el Perú desde que la mayoría de nacientes están relacionadas a los andes, como es el caso de los ríos al oeste y suroeste del Marañón-Amazonas. Hacia el norte de este eje, casi todos los ríos más grandes (p. ej., Putumayo, Napo, Tigre, Pastaza) se originan en los andes ecuatorianos.

AMENAZAS

La pérdida de áreas ribereñas y bosque primario conduce a un incremento de la tasa de erosión aumentando la sedimentación en los hábitats acuáticos, en especial aquellos de bosque de tierra firme de las cabeceras. La sedimentación produce cambios en el microhábitat para especies relacionadas al fondo (bénticas) como *Characidium*, *Melanocharacidium*, *Potamotrygon*, y varios pequeños bagres.

Así mismo, el aumento de los sedimentos afecta el asentamiento de larvas de insectos acuáticos (macroinvertebrados bentónicos) relativamente abundantes en las quebradas en los tres sitios, en especial del Panguana (p. ej., Plecoptera, Ephemeroptera, Trichoptera, Megaloptera). Estos macroinvertebrados sirven también de alimento para los peces, y además su mayor presencia y densidad son indicadores de buena calidad de agua, por lo que son utilizados para monitoreos de impactos ambientales en cuerpos de agua.

Otro efecto relacionado a la deforestación es que disminuye la cantidad de material alóctono que proviene de la vegetación circundante y que es muy importante para los peces (artrópodos terrestres, hojas, ramas) por ser fuentes de alimento, refugio y lugares de anidación.

Estos efectos en conjunto pueden llevar a que ocurran cambios a nivel local en la estructura comunitaria por cambios en la red trófica alimenticia y con ello disminución de la diversidad y biomasa de peces. En una escala mayor podría haber disminución de los nutrientes acarreados por los ríos hacia las llanuras inundables afectando estos ecosistemas y disminuyendo su productividad.

Otras amenazas para las comunidades de peces resultan de actividades asociadas a la extracción forestal, como es la pesca excesiva, la aplicación de tóxicos (venenos) y el empleo de dinamita. Estas actividades afectan tremendamente a los peces por ser no selectivas y tener efectos al nivel poblacional (al menos localmente), produciendo mortalidad masiva que reduce la capacidad de recuperación de la población. Para las poblaciones humanas que habitan la zona, este impacto se observa en la disminución del pescado disponible para consumo. Adicionalmente, la actividad pesquera con grandes congeladores aumenta la presión sobre los recursos pudiendo en el mediano a largo plazo reducir los tamaños de captura por debajo del mínimo que la ley peruana permite para las especies comerciales.

La explotación de hidrocarburos es otra amenaza para las comunidades de peces por el alto riesgo de contaminación de las aguas en los hábitats acuáticos. Durante las actividades de exploración y extracción se genera o extrae una gran cantidad de sustancias como el petróleo y derivados, líquidos de perforación con alto contenido de metales pesados, aguas servidas de los campamentos entre otros. Estas sustancias pueden alcanzar los ríos, quebradas y generar impactos fuertes en el corto plazo (muerte) o en el largo plazo (bioacumulación, biomagnificación).

OPORTUNIDADES

Cuidar y proteger un área con una alta diversidad de peces significa una gran oportunidad para la conservación. Esta podría ser una región de interés tanto para estudios científicos como para manejo por parte de las comunidades locales que se encuentran identificadas con los recursos naturales que poseen.

Probablemente algunas cuantas especies de bagres grandes como *Pseudoplatystoma* (doncellas y tigre zúngaros) puedan habitar el Alto Mazán, pero otros géneros como *Brachyplatystoma* (dorados, saltones y otros pocos) no alcanzarían estas áreas, pero están presentes en el Arabela y Curaray (Apéndice 3). Para la conservación de grandes bagres migratorios se requiere de áreas de drenaje mucho más grandes, al menos cuencas enteras, por lo que el área de exclusión resulta muy pequeña. Sin embargo, por los servicios ambientales que brindan las cabeceras, su protección beneficiaría sin duda alguna a las áreas más bajas de las diferentes cuencas estudiadas manteniendo condiciones naturales de calidad de hábitat que son importantes para diversos procesos biológicos de los peces.

Cabeceras con divisoria de aguas bajas rodeadas de llanura amazónica podría sugerir un comportamiento de "isla" para las especies de peces, que eventualmente podrían ser endémicas de esta región, lo cuál se convierte en un excelente oportunidad para investigaciones biogeográficas y evolutivas.

RECOMENDACIONES

- Prohibir la pesca comercial

- Vigilar que no se empleen métodos prohibidos de pesca (tóxicos, dinamita) y a su vez que se respeten las tallas mínimas de captura.

- Muestrear otros hábitats importantes como el río Arabela y lagunas asociadas, que pueden presentar importantes especies de consumo, entre ellas los bagres migratorios y grandes cardúmenes de especies con escamas.

- Seguir muestreando fuera del área de exclusión para determinar el rango de distribución de las especies en otras cabeceras en las mismas cuencas. Esto ayudaría a comprender el rango de distribución de las especies que habitan las partes más cercanas a las cabeceras, comparar con otras cabeceras en la misma cuenca, y verificar si el área podría tratarse de una "isla" o una extensión de los andes ecuatorianos (Fig. 2B).

- Diseñar e implementar un plan de monitoreo e inventario de grandes bagres, para evaluar si estas especies desovan en las cabeceras.

- Monitorear abundancia de peces y pesquería en la región de Cabeceras N-M-A.

ANFIBIOS Y REPTILES

Autores/Participantes: Alessandro Catenazzi y Martín Bustamante

Objetos de Conservación: Población abundante de *Atelopus* sp. (Fig. 7C), especie nueva en este género de ranas arlequines, un género considerado en grave peligro de extinción en todo su rango de distribución; anfibios y reptiles que dependen de quebradas; dos especies potencialmente nuevas para la ciencia: *Atelopus* sp. (Fig. 7C) y *Eleutherodactylus* sp. (Fig. 7A); especies de valor comercial como tortugas (*Geochelone denticulata*) y caimanes (*Caiman crocodilus*), sobre todo en los bosques riparios y cochas del Arabela y Alto Mazán

INTRODUCCIÓN

La región norte de Loreto es poco conocida desde el punto de vista herpetológico, excepto por los trabajos de Duellman y Mendelson (1995) en las cuencas de los ríos Tigre y Corrientes (~120 km al suroeste de Cabeceras Nanay-Mazán-Arabela) y el inventario de anfibios y reptiles en la cuenca del Pucacuro (Rivera et al. 2001). Los demás estudios de la herpetofauna en Loreto se concentran alrededor de Iquitos (Dixon y Soini 1986; Rodríguez y Duellman 1994) y la Reserva Nacional Allpahuayo-Mishana, además de los informes de inventarios rápidos en las regiones de Matsés (Gordo et al. 2006), Yavarí (Rodríguez y Knell 2003), Sierra del Divisor (Barbosa y Rivera 2006) y Ampiyacu, Apayacu, Yaguas, Medio Putumayo (Rodríguez y Knell 2004). Todos los trabajos mencionados reportaron densidades muy altas de especies de anfibios y reptiles.

El inventario en Cabeceras Nanay-Mazán-Arabela (N-M-A) representa una oportunidad para explorar las comunidades en quebradas y bosques cerca de la divisoria de aguas entre cuencas altoamazónicas, el único lugar al oeste de Iquitos donde las cabeceras de afluentes del río Amazonas nacen dentro de Perú y no Ecuador. Estos hábitats no han sido bien estudiados a pesar de su singularidad, y no están incluidos en áreas naturales protegidas de Loreto.

MÉTODOS

Trabajamos del 15 al 30 de agosto de 2006 en tres campamentos en las cuencas de los ríos Alto Mazán, Alto Nanay y la quebrada Panguana (afluente del río Arabela). Buscamos anfibios y reptiles de manera oportunista, durante caminatas lentas por las trochas; búsquedas dirigidas en cochas, quebradas y otros cuerpos de agua; y muestreo de hojarasca en lugares potencialmente favorables (suelos con abundante cobertura por hojarasca, alrededores de árboles con aletas, troncos y brácteas de palmeras). Dedicamos un esfuerzo total de 186 horas-persona, repartidas en 72, 51 y 64 horas-persona en los campamentos del Alto Mazán, Alto Nanay y Panguana respectivamente. La duración de nuestra estadía varió entre los campamentos, siendo de seis días en Alto Mazan, cuatro días en Alto Nanay y cinco días en Panguana.

Registramos el número de individuos e identificación por cada especie observada y/o capturada. Además, reconocimos numerosas especies por el canto y por observaciones de otros investigadores y miembros del equipo logístico. Fotografiamos por lo menos un espécimen de la mayoría de las especies observadas durante el inventario.

Para las especies de identificación dudosa, potencialmente nuevas o nuevos registros, y especies poco representadas en museos, realizamos una colección de referencia (87 especimenes: 76 anfibios y 11 reptiles). Estos especímenes fueron depositados en las colecciones del Museo de Historia Natural de la Universidad Nacional Mayor de San Marcos (Lima) y en el Museo de Zoología de la Pontificia Universidad Católica del Ecuador (Quito).

RIQUEZA Y COMPOSICIÓN

Encontramos un total de 54 especies de anfibios y 39 especies de reptiles. Los anfibios correspondieron a 2 órdenes, 8 familias y 21 géneros, mientras que los reptiles incluyeron tres órdenes, 14 familias y 32 géneros. Las familias más diversas fueron Hylidae, Brachycephalidae y Leptodactylidae entre los anfibios, y Gymnophtalmidae, Colubridae y Polychrotidae entre los reptiles.

La riqueza registrada durante el inventario corresponde aproximadamente al 50% de la diversidad de anfibios y al 40% de la diversidad de reptiles esperada para este lugar. Nuestras estimaciones de la diversidad esperada se basan sobre trabajos realizados en otras localidades amazónicas (Duellman y Mendelson 1995; Rivera et al. 2001). Alcanzamos esta diversidad en tan sólo 15 días efectivos de trabajo de campo, lo cual indicaría una alta diversidad en Cabeceras N-M-A. En general, las comunidades de anfibios y reptiles de Loreto y la Amazonía ecuatoriana destacan por ser las más diversas del mundo.

Las zonas de cabeceras carecen de cuerpos de agua de grandes dimensiones y la distribución de otros cuerpos de agua estancada es más irregular que en bosques de planicie aluvial. Por lo tanto, los anfibios más comunes fueron especies que viven en la hojarasca que no dependen estrechamente de hábitats acuáticos, como los sapos Rhinella [Bufo] "margaritifer," Allobates [Colostethus] trilineatus y Eleutherodactylus ockendeni. Un registro interesante para otra especie de hojarasca fue el hallazgo de un individuo de *Syncope tridactyla* (Fig. 7G): esta especie sólo se conocía de un individuo colectado en la localidad tipo en la cuenca del río Corrientes (Duellman y Mendelson 1995). La mayoría de los hylidos registrados fueron especies riparias o que se reproducen en brazos muertos de ríos y quebradas, como *Hypsiboas boans, H. lanciformis* e *H. geographicus*.

Los reptiles no están limitados por la disponibilidad de hábitats acuáticos para su reproducción. Sin embargo, las especies comunes en este grupo también fueron asociadas a comunidades de hojarasca y de la parte baja de la vegetación del bosque, como fue el caso de *Kentropix pelviceps, Gonatodes humeralis* y *Anolis fuscoauratus* entre las lagartijas, e *Imantodes cenchoa, Xenoxybelis argenteus* y *Leptodeira annulata* entre las culebras. Encontramos algunas especies de culebras relacionadas con ambientes acuáticos en los aguajales, como la coral *Micrurus lemniscatus* y la culebra comedora de huevos de sapos *Drepanoides anomalus*.

El patrón de riqueza de lagartijas pareció reflejar el gradiente de productividad del bosque en los diferentes lugares muestreados, ya que encontramos tan sólo ocho especies en los bosques sobre suelos de arenas marrones (pobres en nutrientes) del Alto Nanay, y hasta 16 especies en los bosques sobre suelos arcillosos ricos en nutrientes de Panguana. Además, observamos cerca de cinco veces más individuos de lagartijas en Panguana que en Alto Nanay.

Encontramos varias especies características de quebradas pequeñas (Fig. 3B) que raramente son registradas en comunidades amazónicas. Observamos varios individuos (machos cantando, masas de huevos viables) de *Cochranella midas* y registramos una población abundante de *Atelopus* sp. (Fig. 7C), la especie del género de ranas más amenazado del Neotrópico.

DIVERSIDAD EN LOS SITIOS

Alto Mazán

Registramos 25 especies de anfibios y 21 de reptiles, de las cuales tres anfibios y un reptil fueron exclusivos para este sitio. Las especies más comunes fueron *Rhinella* [*Bufo*] "margaritifer", *Allobates* [*Colostethus*] *trilineatus*

e *Hypsiboas geographicus* entre los anfibios, y *Gonatodes humeralis, Kentropyx pelviceps* e *Anolis fuscoauratus* entre los reptiles. Como se observó en otros grupos de estudio (vegetación, mamíferos) el número de especies por esfuerzo de captura fue el más bajo de todas las localidades visitadas, posiblemente por la baja diversidad de hábitats que muestreamos. No logramos trabajar en las colinas ubicadas a 300–500 m del río, que hubieran podido albergar otras especies de anfibios y reptiles. En los sitios que muestreamos con poca presencia de colinas, y que asemejan más a bosques de planicie amazónica, gran parte de la diversidad estuvo compuesta por especies asociadas a hábitats acuáticos como cochas, aguajales, ciénegas y pozas temporales. En los aguajales registramos una considerable diversidad de culebras. En la cocha que estaba cerca al campamento observamos varias especies de hylidos e individuos de *Caiman crocodilus*.

Alto Nanay

Fue el sitio con menor esfuerzo de muestreo y con menor número de representantes de la herpetofauna, 40 especies, con 27 anfibios y 13 reptiles. De ellas diez especies de anfibios y cuatro de reptiles fueron encontradas exclusivamente en esta localidad. Las especies más comunes de anfibios fueron *Rhinella* [*Bufo*] *"magaritifer,"* *Allobates* [*Colostethus*] *trilineatus* y *Eleutherodactylus peruvianus*; y los reptiles más comunes *Imantodes cenchoa, Xenoxybelis argenteus* y *Potamites* [*Neusticurus*] *ecpleopus*.

Uno de los hallazgos más importantes en esta localidad fue una población abundante de *Atelopus* sp. (Fig. 7C). Esta especie de rana arlequín, nueva para la ciencia, es una de las pocas que ha sobrevivido un proceso de extinción severo que ha afectado a todo el género en el Neotrópico (La Marca et al. 2005). También fue notable la actividad reproductiva y abundancia de individuos de la ranita de cristal *Cochranella midas* en los riachuelos de esta región. Las ranitas de cristal, al igual que las ranas arlequines, estan desapareciendo en muchas localidades a través de la región neotropical.

Panguana

En Panguana registramos la mayor diversidad, tanto de anfibios (31 especies) como reptiles (26 especies). De ellas 15 anfibios y 11 reptiles fueron exclusivas de esta localidad. Las especies más comunes de anfibios fueron *Eleutherodactylus ockendeni, Allobates [Colostethus] trilineatus* y *Rhinella [Bufo]* "margaritifer"; entre los reptiles más comunes están *Kentropyx pelviceps, Imantodes cenchoa* y *Anolis trachyderma*.

El área de Panguana está dominada por quebradas pequeñas y colinas (hasta 270 msnm) y forma parte de un relieve complejo que se extiende desde el pie de los Andes en el Ecuador. Esperaríamos encontrar especies de Panguana en Alto Mazán y Alto Nanay. Presumimos que las diferencias encontradas entre Panguana y las otras dos comunidades se deben principalmente a su orografía compleja, en la que se favorece la presencia de especies de zonas montañosas que no dependen de agua para su desarrollo embrionario (género *Eleutherodactylus*) y va en detrimento de especies que requieren la acumulación de agua para su reproducción (familias Hylidae y Leptodactylidae).

COMPARACIÓN CON LA HERPETOFAUNA DE LOCALIDADES CERCANAS

Duellman y Mendelson (1995) estudiaron la herpetofauna de las cuencas de los ríos Tigre y Corrientes (aprox. 120 km al suroeste de Cabeceras N-M-A) que tienen características de relieve, con influencia montañosa, similares a las de éste estudio. Para esa zona, Duellman y Mendelson reportaron 68 especies de anfibios y 46 de reptiles, con un esfuerzo de muestreo 66 días-persona entre enero y abril de 1993. Aunque en nuestro estudio empleamos menos tiempo de trabajo (30 días-persona), la acumulación de especies por días de muestreo fue mayor (Fig. 11). El estudio de los ríos Tigre y Corrientes incluyó trampeo de hojarasca, por ello hay una mayor diversidad de especies terrestres, pero en ambos casos los anfibios y reptiles más abundantes fueron especies de hojarasca. Los dos estudios coincidimos en que la diversidad encontrada es aproximadamente la mitad del total esperado para la región.

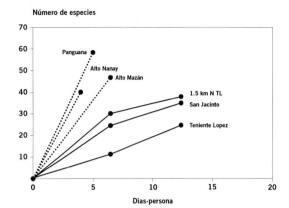

Fig. 11. Curva de acumulación de especies de anfibios y reptiles para 12 días-persona en las tres localidades muestreadas en las cuencas de los ríos Tigre y Corrientes (norte de Teniente López, San Jacinto, Teniente López: Duellman y Mendelson 1995) y para 4–6 días en nuestros campamentos de Cabeceras N-M-A (Alto Mazán, Alto Nanay, Panguana).

Por otro lado, la diversidad de anfibios y reptiles en varios sitios de la cuenca de Pucacuro, que es la divisoria de aguas más cercana a Cabeceras N-M-A, fue intensivamente estudiada por Rivera et al. (2001), en ella encontraron 84 especies de anfibios y 64 de reptiles. La herpetofauna de los bosques de planicie del bajo Nanay, en la Reserva Nacional Allpahuayo-Mishana, también ha sido bien estudiada y se reportan 83 especies de anfibios y 120 de reptiles (Álvarez et al. 2001). Estas dos comunidades muestran que la diversidad en toda la región es muy alta.

ESPECIES NUEVAS, RARAS, Y EXTENSIONES DE RANGO

Un nuevo registro para la región de Loreto fue la ranita de cristal *Cochranella midas*. Esta ranita de cristal fue abundante en las quebradas pequeñas del campamento del Alto Nanay. *Cochranella* (posiblemente la misma especie) también ha sido reportada de Allpahuayo-Mishana y Pucacuro, pero los especimenes no tienen identificación.

En Panguana encontramos un individuo de *Syncope tridactyla* (Fig. 7G). Esta especie fue previamente colectada por Duellman y Mendelson (1995) en la cuenca del río

Corrientes. Cabeceras N-M-A y la cuenca del río Corrientes son los únicos lugares conocidos para esta ranita.

Encontramos cinco individuos de una especie de *Atelopus* (Fig. 7C) nueva para la ciencia a la orilla de una de las quebradas en un tramo de 20 m durante una hora de búsqueda. Esta especie fue reportada previamente de pocos especímenes en Lorocachi, en la provincia de Pastaza, Amazonía ecuatoriana, en zonas cercanas a la frontera con Perú, pero su estado taxonómico aún no está resuelto (Coloma, 1997). Existe además un registro fotográfico del río Apayacu, al sureste de Cabeceras N-M-A (Bartlett y Bartlett 2003).

Varios *Eleutherodactylus* spp. quedaron con identificación provisoria, sin embargo por lo menos una especie fue nueva para la ciencia, claramente distinguible de otras especies del género por su patrón de coloración muy notorio (Fig. 7A).

Además de las especies previamente mencionadas, proveemos registros de especies cuyo límite de distribución sur se encuentra en la zona de estudio, como *Hypsiboas nympha* (tercer reporte publicado de esta especie para la Amazonía peruana), *Osteocephalus cabrerai* (segundo registro publicado para la Amazonía peruana) y *Osteocephalus* cf. *fuscifacies* (especie descrita y conocida previamente para Ecuador, primer registro para el Perú).

AMENAZAS, OPORTUNIDADES Y RECOMENDACIONES

Las actividades relacionadas con la extracción maderera representan la amenaza principal para la herpetofauna. Estas actividades incluyen la tala de árboles, construcción de caminos y uso de tractores y maquinaria pesada, uso de ríos y quebradas como vías de transporte, y una mayor presión de caza. La destrucción y fragmentación de hábitats naturales por deforestación lleva a la pérdida de muchas especies raras asociadas a bosques prístinos, y al reemplazo de estas especies por especies oportunistas de amplia distribución. El uso de maquinaria pesada altera el sistema de drenaje del bosque, y afecta especialmente a las especies que se reproducen en quebradas pequeñas y pozas. Estas especies forman un componente muy importante de la herpetofauna en Cabeceras N-M-A.

El transporte por ríos es una fuente de disturbio para reptiles grandes, sobre todo para las especies vulnerables a la cacería (caimanes y tortugas). Las pequeñas quebradas de cabeceras son ambientes extremadamente sensibles a cambios en la composición química del agua, causados por deforestación o contaminación.

Las actividades de exploración o extracción petrolera son una potencial amenaza. Algunas consecuencias negativas son cambios en los tipos de hábitats y contaminación por desechos de operación y derrames ocasionales. Las zonas de cabeceras en las cuencas de los ríos El Tigre y Corrientes, que tienen orografía y comunidades de anfibios y reptiles similares a las de Cabeceras N-M-A, ya están fuertemente afectadas por derrames de petróleo y aguas saladas.

Cabeceras N-M-A es una oportunidad única para proteger comunidades de anfibios y reptiles entre las más ricas del planeta y poco representadas en áreas naturales protegidas de la cuenca amazónica. Varias especies de anfibios en Cabeceras N-M-A alcanzan el límite suroriental de su rango de distribución geográfica, y no ocurren en otras regiones de Loreto. Estas especies se encuentran en la Amazonía ecuatoriana en áreas de orografía compleja y bosques de colina. Cabeceras N-M-A conservará poblaciones abundantes de especies restringidas a quebradas en bosques de colinas.

Muchas especies en las cabeceras son especialmente vulnerables, sea por su baja densidad poblacional o por su modo de vida. En el caso de especies de baja densidad, como los grandes reptiles, es necesario prohibir la caza comercial y sobreexplotación. Las poblaciones de cabeceras pueden actuar de reservorio desde el cual los reptiles recolonicen áreas que han sido sobreexplotadas. La rana arlequín *Atelopus* sp. (Fig. 7C) es una especie altamente vulnerable que merece esfuerzos de conservación e investigación inmediatos. Es indispensable ampliar nuestro conocimiento sobre la biología y distribución de esta especie, y establecer programas de seguimiento de sus poblaciones.

Nuestra recomendación principal es excluir concesiones forestales y petroleras de Cabeceras N-M-A. Las actividades extractivas causan pérdidas significativas en la diversidad de las comunidades de anfibios y reptiles.

Recomendamos incluir el mayor número y diversidad de hábitats acuáticos, sobre todo cochas y brazos secos de ríos, dentro del área protegida de Cabeceras N-M-A. La inclusión de estos ambientes incrementa de manera significativa el número de especies de anfibios y reptiles. Un factor importante para asegurar la viabilidad de poblaciones de reptiles grandes es la conectividad entre áreas protegidas, por lo cual sugerimos establecer corredores biológicos entre las Cabeceras N-M-A y áreas similares en Loreto y Ecuador, como Güeppi y Yasuní.

AVES

Participantes/Autores: Douglas F. Stotz y Juan Díaz Alván

Objetos de conservación: Una docena de especies de aves restringidas a bosques de arena blanca, hábitats raros en el Perú y la Amazonía; avifauna diversa del bosque de terra firme; aves de caza, p. ej., el Paujil de Salvin (*Crax salvini*), que se encuentran bajo una presión de caza considerable en otras partes de su rango de distribución, especialmente en Loreto; poblaciones aisladas de especies del pie de monte Andino

INTRODUCCIÓN

Loreto es un área extraordinariamente diversa para muchos organismos, incluyendo las aves. Sin embargo, gran parte del noroeste de Loreto permanece poco conocido, debido a que la mayor parte de las investigaciones en aves se han concentrado en áreas cercanas al río Amazonas. Investigamos un área previamente inexplorada al noroeste de Loreto entre los ríos Curaray y Tigre, en Cabeceras Nanay-Mazán-Arabela (N-M-A)(Fig. 2A).

Numerosas áreas nos proporcionaron importantes puntos de referencia para nuestro inventario. En 1993, Álvarez (no pub.) investigó las aves del río Tigre, el mayor tributario hacia el sur del área objeto de nuestra investigación. En 1925, los Ollalas realizaron importantes colectas cercanas a la boca del río Curaray, ~140 km al sureste de nuestro primer sitio de inventario. Sin embargo, algunos de los registros de Ollalas deben ser manejados con precaución debido a que existen ciertas dudas acerca de la confiabilidad de los datos de localidad (T. Schulenberg com. pers.).

Posiblemente el sitio más relevante para una comparación es la bien estudiada Reserva Nacional Allpahuayo-Mishana cercana a la ciudad de Iquitos en la cuenca baja del río Nanay (IIAP 2000, Álvarez 2002). Allpahuayo-Mishana comprende extensas áreas de suelos de arena blanca y una avifauna de especialistas en suelos pobres muy bien documentada. Además, inventarios rápidos recientes en la cuenca del Ampiyacu, Apayacu, Yaguas, y Medio Putumayo (AAYMP) (Stotz y Pequeño 2004) y la propuesta Reserva Comunal Matsés (Stotz y Pequeño 2006) también provén importantes puntos para la comparación. El AAYMP es un área con suelos relativamente ricos al norte del río Amazonas y al este del río Napo, mientras que la propuesta Reserva Comunal Matsés al sur del Amazonas con un amplio rango de fertilidad del suelo, incluye arenas blancas.

MÉTODOS

Nuestro protocolo de muestreo consistió en caminar las trochas, observado y escuchando aves. Nosotros (Stotz y Díaz) realizamos nuestra búsqueda de manera separada a fin de incrementar independientemente el esfuerzo de observación. Generalmente, salíamos del campamento con la primera luz de la mañana, permaneciendo en el campo hasta el medio día, retornando al campamento durante 1–2 horas, y regresando al campo hasta el atardecer. Tratamos de cubrir todos los hábitats posibles dentro del área, aunque la distancia total en cada campamento varió según la distancia de las trochas, el hábitat, y la densidad de aves. Cada observador cubrió generalmente entre 5–10 km por día.

Ambos observadores llevaban grabadora y micrófono para documentar las especies y confirmar sus identificaciones llamando a las aves con su propia voz grabada (playblack). Hicimos registros diarios de la abundancia de las especies, y cada noche compilamos estos registros mediante reuniones de mesa redonda. Las observaciones de otros miembros del equipo de inventario, especialmente de D. Moskovits, suplementaron nuestros registros.

Pasamos cuatro días completos en Alto Mazán y Panguana, y Díaz permaneció un día más en Alto Mazán. En Alto Nanay, tuvimos sólo tres días completos de campo. Stotz y Díaz pasaron ~88 horas observando aves en Alto Mazán, ~67 horas en Alto Nanay, y ~ 83 horas en Panguana.

En el Apéndice 5, estimamos la abundancia relativa utilizando nuestros registros diarios de aves. Debido a que las visitas en cada uno de los sitios de campamento fue corta, nuestras estimaciones son bastante imprecisas, y posiblemente no reflejan la abundancia de aves o su presencia durante otras estaciones. Para estos tres sitios de inventario, usamos tres clases de abundancia. *Común* indica aves que fueron observadas diariamente y en números considerables (en promedio diez o más aves); *Casi común* indica aquellas especies que han sido vistas diariamente, pero representadas por menos de diez aves en promedio. *No común* indica aves que fueron encontradas más de dos veces, pero no fueron vistas diariamente, y *raro* indica aves que fueron observadas sólo una o dos veces, pero individualmente o en pareja.

RESULTADOS

Registramos 372 especies de aves durante el inventario rápido de Cabeceras N-M-A del noroeste de Loreto. Hablando de manera general, este es el número típico de especies que puede registrarse en un inventario rápido de esta duración y número de sitios en la Amazonía occidental. Las aves de bosque que ocurren en las Cabeceras N-M-A representan una asociación muy rica, enriquecida aún más por la variedad de suelos y tipos de bosque que se encuentran en la región. Sin embargo, debido a la ausencia de ríos grandes, de movimiento lento y de cochas (lagos de herradura) importantes en el área de estudio, el número de especies de aves asociadas con vastas extensiones de vegetación ribereña, playas, e islas de río fue escasa y prácticamente ausente. Estimamos el total de avifauna se encuentra entre 480 a 500 especies.

Avifauna en los sitios de investigación

La riqueza de especies de aves varió dramáticamente entre los sitios, correlacionada de manera aproximada con las variaciones en la riqueza del suelo. Registramos 297 especies en Panguana, el sitio con suelos más ricos, 271 especies en Alto Mazán con suelos de riqueza intermedia, y 221 especies en Alto Nanay, el sitio de suelos más pobres.

Alto Nanay

Los suelos pobres dominaban el Alto Nanay y como consecuencia la riqueza de aves y su abundancia fueron bajas, aunque no tan bajas como en el sitio de arenas blancas (Itia Tëbu) estudiado durante el inventario en Matsés (Stotz y Pequeño 2006). La riqueza y abundancia de aves fue mayor cerca al río y declinó hacia las colinas alejándose del río. Lejos del río, las especies de aves asociadas con suelos pobres, especialmente arena blanca, fueron mucho más diversas y abundantes.

Un conjunto bien definido de especies especialistas en bosques de arena blanca y otros suelos extremadamente pobres en el área de Iquitos (Álvarez y Whitney 2003), incluyeron al menos cuatro especies recientemente descritas restringidas a estos bosques en el noreste de Perú. De las 19 especies listadas por Álvarez y Whitney (2003) como asociadas a arena blanca y otros suelos extremadamente pobres del noreste de Perú al norte del Amazonas, registramos 11 en Alto Nanay. Estas incluyeron tres de las cuatro especies recientemente descritas: el Hormiguerito de Gentry (*Herpsilochmus gentryi*, Fig. 8A), el Hormiguero de Allpahuayo (*Percnostola arenarum*, Fig. 8G), y el Tiranuelo de Mishana (*Zimmerius villarejoi*, Fig. 8C), y cinco especies registradas por primera vez muy recientemente en Perú: el Buco Pecho Pardo (*Notharcus ordii*, Fig. 8B), el Tirano Todi de Zimmer (*Hemitriccus minimus*), el Tirano-pigmeo de Casquete (*Lophotriccus galeatus*), el Saltarín de Varillal (*Neopelma chrysocephalum*), y la Cotinga Pomposa (*Xipholena punicea*, Fig. 8F). Estas aves especialistas de suelos pobres son importantes como objetos de conservación para el área (ver abajo, Aves de bosques de suelos pobres).

Incluso aves abundantes en el Alto Nanay fueron generalmente escasas en el bosque comparado con los otros dos sitios, la abundancia y diversidad de aves seguidoras de tropas de hormigas ejército fue más alta en este sitio. Además de tener buenas cantidades de aves seguidoras de hormigas ejército, otras aves hormigueras que no son típicamente seguidoras de hormigas ejército, como el Formicario Capirrojo (*Formicarius colma*), el Batará Murino (*Thamnophilus murinus*), el Hormiguero Carinegro (*Myrmoborus myotherinus*), y el Hormiguero Dorsipunteado (*Hylophylax naevius*), ocurrieron regularmente cerca de las tropas de hormigas en este sitio.

Alto Mazán

El sitio Alto Mazán tenía una avifauna de riqueza moderada, mostrando la mayor diversidad de especies frugívoras en el inventario. Sin embargo, la abundancia promedio de aves en este bosque fue ligeramente menor que para otros sitios amazónicos. Aunque, los suelos no eran notablemente pobres, observamos unas cuantas especies asociadas con suelos pobres, *Herpsilochmus gentryi*, (Fig. 8A), el Mosquero Gargantiamarillo (*Conopias parva*), y el Saltarín Crestinaranja (*Heterocercus aurantiivertex*, Fig. 8D). Todos eran menos abundantes que en el Alto Nanay. Las dos primeras especies estaban presentes en números pequeños, en bosque bastante abierto con un sotobosque dominado por la palmera *Lepidocaryum tenue* (conocida localmente como *irapay*), en las colinas de tamaño moderado bastante alejadas del río. Vimos el *Heterocercus* una vez en un pequeño pantano de palmeras del género *Mauritia* (*aguajal*).

A pesar de la evidencia de cacería en el área, las aves de caza eran por lo general comunes y diversas, con cuatro especies de Cracidae y siete especies de Tinamidae. Esto sugiere que la cacería en esta región se centra principalmente en los mamíferos.

Registros notables de este sitio incluyen un avistamiento de la Garza Zigzag, *Zebrilus undulatus*, de distribución en parche y siempre rara, cerca a un lago de herradura (cocha). El Halcón de Monte Dorsigris, *Micrastur mirandollei*, generalmente bastante raro y sobrepasado en número por otros halcones de bosque, era bastante común en este sitio, con varios individuos siendo oídos diariamente. El único otro halcón de bosque fue un sólo registro de Halcón de Monte Acollarado, *Micrastur semitorquatus*.

Panguana

Panguana fue definitivamente el sitio más diverso. La riqueza de especies y la abundancia de aves, de este lugar fueron mucho mayores que en los otros dos sitios.

Las aves de caza eran comunes. El más notable en abundancia fue el Paují de Salvin, *Crax salvini*, el ave de caza más grande de la región y usualmente escaso y asustadizo. En este sitio las parejas eran relativamente confiadas y podían ser vistas a diario, y en una ocasión fue vista una pareja con un juvenil.

Dos elementos de la avifauna fueron encontrados solamente en Panguana y en ningún otro sitio de estudio: el primero, un grupo de especies asociadas a un enmarañado bosque ribereño; y el segundo, un grupo de especies asociado principalmente al uniforme pie de monte Andino, pero que ocurre localmente en el norte de la Amazonía. Muchas de estas especies ribereñas están ampliamente distribuidas y son comunes, pero un puñado de especies, incluyendo un par de extensiones de rango. El Colisuave Simple, *Thripophaga fusciceps*, tiene distribución en parche en la Amazonía, con un único registro previo al norte del Amazonas y al oeste de Brasil, con unos cuantos registros al este del Ecuador (Ridgely y Greenfield 2001). El Tirano Colilarga, *Colonia colonus*, es típicamente encontrado en tierras bajas de la base de los Andes en la Amazonía nor-occidental, nuestro registro en Panguana extiende su rango hacia el este en aproximadamente 200 km.

Los registros de las especies del pie de monte andino encontradas en Panguana incluyeron cinco especies: la Paloma-perdiz Zafiro (*Geotrygon sapphirina*), el Brillante Gargantinegra (*Heliodoxa schreibersii*), el Batará Hombriblanco (*Thamnophilus aethiops*), el Tororoi Escamoso (*Grallaria guatemalensis*), y el Tirano Todi Negriblanco (*Poecilotriccus capitalis*). Todas estas son especies de bosque de pie de monte primario, pero sus distribuciones abarcan las tierras bajas del noroeste Amazónico. *Grallaria guatemalensis* era conocida previamente en las tierras bajas del Perú solamente por registros a lo largo del río Tigre (Álvarez, no publ.), pero está ampliamente distribuida en las tierras bajas orientales del Ecuador. *Geotrygon sapphirina* está ampliamente distribuida en el este del Ecuador, pero no era conocida previamente de las tierras bajas del Perú al norte del río Amazonas.

DISCUSIÓN

Aves de bosques de suelos pobres

Entre 1997 y 2005, J. Álvarez y sus colegas, descubrieron cuatro especies de aves nuevas para la ciencia y varias otras especies que eran registros nuevos para el Perú gracias a estudios en áreas de arena blanca cercanas a Iquitos (Álvarez y Whitney 2001, 2003; Isler et al, 2002a; Isler et al, 2002b; Whitney y Álvarez 1998, 2005). De esta forma hallaron que en los suelos de arena blanca, estas especies tenían rangos mucho más amplios en la Amazonía, especialmente en la Amazonía nororiental.

De las 19 especies de aves (Álvarez y Whitney 2003) asociadas con suelos pobres, especialmente en arena blanca, encontramos 11. Estas incluyeron tres de las cuatro especies recientemente descritas (*Herpsilochmus gentryi*, *Percnostola arenarum*, y *Zimmerius villarejoi*), cinco especies recientemente agregadas a la avifauna conocida para Perú (*Notharcus ordii*, *Hemitriccus minimus*, *Lophotriccus galeatus*, *Neopelma chrysocephalum*, y *Xipholena punicea*), y tres especies de arena blanca que eran conocidas hace mucho para Perú pero sólo recientemente asociadas a suelos pobres, el Nictibio Rufo (*Nyctibius bracteatus*), el Hormiguero de Zimmer (*Myrmeciza castanea*), y *Conopias parva*. Adicionalmente registramos dos especies relacionadas a suelos pobres, pero no mencionadas por Álvarez y Whitney (2003), el Atrapamosca Parduzco (*Cnemotriccus fuscatus duidae*), y *Heterocercus aurantiivertex*.

Mencionamos ocho especies de suelos pobres, que son conocidas para el noroeste de Loreto (Álvarez y Whitney 2003) que no han sido registradas durante este inventario. Estas son la Perdiz Patigris (*Crypturellus duidae*), la Perdiz Barreada (*Crypturellus casiquiare*), el Nictibio Aliblanco (*Nyctibius leucopterus*), el Chotacabras Colibandeado (*Nyctiprogne leucopyga*), el Hormiguerito de Cherrie (*Myrmotherula cherriei*), el Picochato Cresticanela (*Platyrinchus saturatus*), el Tirano Acanelado (*Neopipo cinnamomea*), y la Perlita de Iquitos (*Polioptila clementsi*). Todas son conocidas para los ríos Bajo Nanay o Tigre. Con excepción de *Polioptila*, el rango de todas estas especies se ubica al este en áreas de suelos pobres al menos hasta el sur de Venezuela.

Álvarez (2002) clasifica a las aves de Allpahuayo-Mishana basándose en su grado de especialización a los bosques de arena blanca, en un rango que va desde facultativa (más comunes en arenas blanca que en otros hábitats) a obligada (siempre en hábitats de arenas blancas). Las especies de suelos pobres del río Alto Nanay se encuentran en la gama de especialistas, con seis de las ocho especies obligadas, seis de las ocho casi-obligadas, y seis de las diez facultativas presentes. Debido a la alta representatividad de aves de hábitats de arena blanca, es muy probable que todas las especies de arena blanca del noroeste de Loreto puedan ser encontradas en el Nanay con estudios adicionales, exceptuando tal vez a la extremadamente rara y restringida *Polioptila clementsi*.

Polioptila clementsi es conocida sólo por una pequeña población. Presenta una distribución muy dispersa en Allpahuayo-Mishana (Whitney y Álvarez 2005), y está ausente en hábitats que aparentemente lucen apropiados. Con sólamente una población conocida y una población total estimadas de 100 individuos, está considerada en Peligro Crítico (BirdLife International 2000). Debido a que esta especie coexiste con muchas otras especies que registramos, es posible que ocurra en los hábitats de suelos pobres del norte de Loreto, y realizar investigaciones en los hábitats apropiados para buscar otras poblaciones de esta especie es de alta prioridad. Sin embargo, ninguna de las otras aves especialistas de arena blanca están consideradas en peligro, *Percnostola arenarum* (Fig. 8G) y *Zimmerius villarejoi* (Fig. 8C) son consideradas Vulnerables (BirdLife International 2006a, 2006b), y *Herpsilochmus gentryi* (Fig. 8A) como Casi Amenazada (BirdLife International 2000).

Las cuatro especies recientemente descritas, como *Myrmeciza castanea* (Fig. 8E) y *Heterocercus aurantiivertex* (Fig. 8D), están restringidas al noroeste de la Amazonía en el Perú y el Ecuador. *Percnostola arenarum* era previamente conocida sólo para Allpahuayo-Mishana y sus inmediaciones, y por registros recientes del río Bajo Morona. *Zimmerius villarejoi* era previamente conocida de Allpahuayo-Mishana y cerca de Tarapoto en San Martín. Las otras especies de aves de suelos pobres fueron observadas hacia el este al menos hasta la Amazonía central, inclusive *Neopelma chrysocephalum* y *Xipholena punicea* (Fig. 8F) habían sido previamente registradas para Perú sólo en Allpahuayo-Mishana.

Comparaciones entre sitios

Los tres sitios comparten 151 especies. En Panguana, el sitio más diverso, encontramos 51 especies no registradas en los otros dos sitios. En Alto Mazán encontramos 33 especies únicas, mientras que el sitio menos diverso, Alto Nanay tenía 23 especies únicas. Las especies únicas para Panguana incluyen 21 especies registradas en un bosque denso, y enmarañado a lo largo de la quebrada Panguana, un tipo de hábitat no encontrado en los otros sitios, y cinco especies asociadas básicamente con el pie de monte de los Andes (discutido arriba). Diez de las especies únicas de Alto Nanay fueron encontradas principalmente en las colinas de suelos pobres y un bosque de dosel relativamente abierto lejos del río, un tipo de hábitat ausente en Panguana y muy pobremente desarrollado en Alto Mazán. Siete de las especies restantes registradas sólo en Alto Nanay fueron especies raras encontradas a lo largo del borde del río. En Alto Mazán, las especies únicas (21) usaban los bordes del río o el río mismo.

La baja diversidad en el Alto Nanay se reflejaba en muchos grupos diferentes de aves, pero el grupo más notable fue el de los frugívoros, especialmente los loros (siete especies comparados con 13 y 14 en Alto Mazán y Panguana respectivamente), las perdices (sólo tres especies en Alto Nanay), y los ictéridos (un sólo avistamiento del Cacique lomiamarillo, *Cacicus cela*, fue el único para esta familia). La falta de aguajales (pantanos con palmera *Mauritia flexuosa*) cercanos al Alto Nanay pueden jugar un rol importante en la ausencia de frugívoros, especialmente entre los grandes loros. Sólo un Guacamayo (Guacamayo Escarlata, *Ara macao*) estuvo presente en Alto Nanay, comparado con cuatro especies en los otros dos sitios. Los picaflores también fueron menos abundantes y diversos en Alto Nanay con sólo siete especies registradas (comparado a las ocho del Alto Mazán y 12 de Panguana) y sólo una especie, la Ninfa Colihorquillada (*Thalurania furcata*), vista más de una o dos veces.

Por el contrario, las aves seguidoras de hormigas estuvieron mejor representadas en Alto Nanay, con los observadores encontrando cada día numerosas tropas de hormigas. En Alto Mazán, sólo una tropa de hormigas ejército con aves seguidoras de hormigas fue vista, mientras que Panguana tuvo una cantidad intermedia de estas aves. En los tres campamentos se obtuvieron buenos números de especies de bandadas mixtas en el sotobosque. Generalmente encontramos aves que son típicamente de bandadas mixtas de dosel del bosque asociadas con bandadas de sotobosque. El tamaño de las bandadas y su abundancia fue mayor en Panguana, y menor, pero casi igual en tamaño promedio y abundancia, que en los otros dos sitios. Este representaba la abundancia total de aves entre los sitios. Las aves fueron notablemente más abundantes en Panguana que en los otros dos sitios. Alto Mazán y Alto Nanay mostraron patrones similares de abundancia para los insectívoros del sotobosque, pero como se nota arriba, Alto Nanay tuvo la menor cantidad de frugívoros y picaflores.

En los tres sitios registramos el recientemente descrito Hormiguerito Dorsipardo, *Myrmotherula fjeldsaai*. Esta especie tiene un rango restringido al Ecuador occidental (al sur del río Napo) y Loreto entre el río Tigre y la boca del río Curaray. Contrariamente a lo que esperábamos encontramos estas especies co-existiendo con el Hormiguerito Gargantipunteada, *Myrmotherula haematonota*, que los reemplaza en el sur y este. En cada sitio, *M. haematonota* sobrepasó en número a *M. fjeldsaai*. Sin embargo, ninguna de estas especies fue particularmente común en los sitios de inventario. Típicamente en las tierras bajas de la Amazonía, una especie de *Myrmotherula* leonada está presente en la mayoría o en todas las bandadas mixtas del bosque. Extrañamente, en Alto Mazán y Alto Nanay la *Myrmotherula* leonada faltaba en la mayoría de las bandadas, mientras que en Panguana, la especie de Hormiguerito Leonado más común fue el Hormiguerito Colirrufo, *Myrmotherula erythrura*, que es ligeramente más grande y se alimenta a mayor altura. Encontramos esta especie en la mayoría de las bandadas.

Comparaciones con otros inventarios rápidos y áreas de Loreto

De manera general, el número de especies de aves encontradas fue muy similar a otros inventarios rápidos de igual duración en Loreto. Encontramos 372 especies, comparado a las 362 en el inventario de AAYMP (Stotz y Pequeño 2004), y las 376 en el inventario de Matsés (Stotz y Pequeño 2006). En el inventario de AAYMP, la diferencia entre los sitios fue menor que entre los sitios de este inventario o en el inventario de Matsés. Esto posiblemente refleje las diferencias en la diversidad de suelos, ya que los suelos en AAYMP aparentemente variaban menos que en los otros dos inventarios.

Tanto el inventario de Matsés como nuestro inventario incluyeron un sitio con suelos pobres. En el sitio de arena blanca del inventario de Matsés (Itia Tëbu), encontramos 187 especies comparadas con las 221 registradas en Alto Nanay. En Itia Tëbu no encontramos los especialistas característicos de la región de Iquitos, y registramos sólamente a los ampliamente distribuidos *Hemitriccus minimus* y *Cnemotriccus fuscatus duidae*, y a *Conopias parva* que es menos restringido por hábitat. En contraste, el Alto Nanay tuvo al menos 13 especies especialistas de suelos pobres. En Itia Tëbu, el único elemento de bosque de arena blanca (*varillal*) consistió de especies ampliamente distribuidas en la Amazonía que están asociadas a una variedad de bosques abiertos y de baja estatura. Estos incluyen al Zafiro Mejilla Blanca *(Hylocharis cyanea)*, la Chotacabra Negruzca (*Caprimulgus nigrescens*), y la Tangara Filiblanca (*Tachyphonus rufus*). Ninguna de estas especies fue hallada en el Alto Nanay.

La Reserva Nacional Allpahuayo-Mishana cercana a Iquitos, Loreto, es el corazón de la avifauna especialista en suelos pobres de Perú y alberga ~475 especies de aves (IIAP 2000). En comparación con nuestro inventario, la mayor riqueza en Allpahuayo-Mishana refleja, tanto una mejor y mayor variedad de hábitats acuáticos así como un trabajo de campo mucho más extenso. Muchas de las especies de suelos pobres que encontramos en Alto Nanay son más abundantes en Allpahuayo-Mishana. Muchas de estas especies están restringidas al *varillal*, el bosque más enano de todos

los hábitats que muestreamos. Además de las aves clásicas de arena blanca, Allpahuayo-Mishana también es hogar de dos especies de hábitats abiertos, *Caprimulgus nigrescens* e *Hylocharis cyanea*, encontradas durante el inventario en Matsés pero no en este inventario. Una tercera especie, el poco conocido Dacnis Ventriblanco, *Dacnis albiventris*, fue registrada en el inventario en Matsés y también es conocido de Allpahuayo-Mishana. A pesar de ser Allpahuayo-Mishana un centro de diversidad para aves de arena blanca, dos de las especies de arena blanca conocidas del noroeste de Loreto, *Myrmotherula cherriei* y *Lophotriccus galeatus* no son conocidas aquí. Nosotros encontramos a *L. galeatus* en Alto Nanay, pero *M. cherriei* permanece conocida para el Perú sólo del río Tigre (Whitney y Álvarez 2003).

Recomendaciones

Protección y Manejo

La avifauna en Cabeceras Nanay-Mazán-Arabela es principalmente de bosque, por lo tanto para proteger las aves de esta región, será crítico mantener las extensas áreas de bosque. Conservar la cobertura boscosa de las colinas que se encuentran alejadas del río es de alta prioridad. Estos bosques que tienen suelos pobres, no son muy altos, y no son apropiados para el desarrollo de la agricultura o extracción maderera. Ellos albergan un conjunto de aves especializadas en "suelos pobres" que incluyen especies de rango restringido y recientemente descritas.

La cacería comercial en la región parece no estar enfocada en las aves, sin embargo algunas de las especies grandes (paujiles, pavas y tal vez algunas perdices grandes) podrían llegar a ser objeto de caza a medida que las poblaciones de mamíferos declinen por la cacería indiscriminada. Debido a la presencia de suelos pobres en la mayor parte de la región estudiada, parece dudoso que la cacería comercial pueda ser sostenible, incluso bajo regulación. Forzosamente urge controlar la caza y fomentar una cacería de subsistencia por parte de los residentes de las comunidades ribereñas. Sin estos controles, podemos esperar que las aves y mamíferos grandes desaparezcan. La posibilidad existe, desde que la explotación de poblaciones de loros pueda seguir aumentando en la región a menos que se implementen medidas de control. Una vez más, las poblaciones de especies grandes (guacamayos, loros del género *Amazona*) parecen ser insuficientes para ser explotadas comercialmente, por lo tanto cualquier forma de explotación deberá ser controlada estrictamente.

Como el acceso al área es por vía fluvial, las comunidades ribereñas juegan un importante papel en proteger el área y monitorear a las personas que ingresan a la región. Trabajando con las comunidades, sería posible controlar la explotación descontrolada de los recursos de las cabeceras, incluyendo las aves de caza y los loros.

Inventarios adicionales

Las áreas de suelos pobres al norte del Amazonas en Loreto necesitan de estudios adicionales. La cuenca del Nanay puede ser la más importante para especies especialistas, aunque algunas especies (i. e., *Herpsilochmus gentryi* y *Myrmeciza castanea*) tengan rangos mas amplios. Las investigaciones sobre la Perlita de Iquitos (*Polioptila clementsi*) deben ser una prioridad, ya que esta especie es conocida por una población de sólamente 100 individuos en Allpahuayo-Mishana. Adicionalmente presentamos otras especies conocidas ampliamente del norte del Perú, como el Hormiguero de Máscara Blanca (*Pithys castanea*), el Saltarín Negro (*Xenopipo atronitens*) y la Tangara Hombrirroja (*Tachyphonus phoenicius*) que no han sido encontradas en el norte de Loreto.

MAMÍFEROS

Autores/Participantes: Adriana Bravo y Jhony Ángel Ríos

Objetos de conservación: Poblaciones abundantes e intactas de mamíferos en las cabeceras del río Arabela, amenazadas en otros lugares en la Amazonía; poblaciones importantes del mono saki ecuatoriano (*Pithecia aequatorialis)*, un primate de distribución restringida que ocurre en el Perú sólamente en la margen izquierda del río Marañón entre los ríos Napo y Tigre; el armadillo gigante (*Priodontes maximus*), considerado Vulnerable (UICN) y Amenazado (CITES); primates que son importantes dispersores de semillas pero amenazados por la cacería comercial, especialmente el maquisapa de vientre blanco (*Ateles belzebuth*) considerado Vulnerable (UICN), el mono choro (*Lagothrix poeppigii*) considerado Casi Amenazado (UICN), y el mono coto (*Alouatta seniculus*); predadores grandes p. ej., otorongo (*Panthera onca*) y puma (*Puma concolor*) que son importantes reguladores de poblaciones presa; la sachavaca o (*Tapirus terrestris*), un importante dispersor de semillas, especialmente de semillas grandes, considerado Vulnerable (CITES, UICN); tres especies de murciélagos (*Artibeus obscurus, Vampyriscus bidens*, and *Diphylla ecaudata*) considerados Bajo Riesgo/Casi Amenazados (IUCN)

INTRODUCCIÓN

La Amazonía Peruana es un centro global de diversidad de mamíferos. Existe información sobre las comunidades de mamíferos en el ámbito regional (Pacheco 2002; Voss y Emmons 1996); sin embargo, información local sobre las comunidades de mamíferos y su distribución es aún limitada, especialmente para el norte del Perú (Emmons 1997). En esta región, pocas áreas han sido estudiadas intensivamente, p. ej., la cuenca del Napo y la Reserva Nacional Pacaya Samiria (Aquino y Encarnación 1994; Aquino et al. 2001; Heymann et al. 2002); pero las comunidades de mamíferos de muchas áreas importantes, incluyendo Cabeceras Nanay-Mazán-Arabela (N-M-A), permanecen desconocidas.

En este capítulo, presentamos los resultados de un inventario en Cabeceras Nanay-Mazán-Arabela, un area ubicad entre los ríos Curaray y Pucacuro cerca de la frontera con Ecuador. Comparamos la riqueza de especies y la abundancia de mamíferos entre tres sitios, destacamos observaciones importantes, identificamos objetos de conservación, y proveemos recomendaciones para su conservación.

MÉTODOS

Entre el 15 y 30 de agosto de 2006, inventariamos los mamíferos en tres localidades: Alto Mazán, Alto Nanay, y Panguana. Usamos observaciones y señales de actividad para evaluar la comunidad de mamíferos medianos y grandes, y usamos redes de neblina para censar murciélagos. No evaluamos la comunidad de mamíferos pequeños no voladores por limitaciones de tiempo.

En cada sitio, caminamos a lo largo de senderos a una velocidad de 0.5–1 km/h por un período de cinco a siete horas empezando a las 7 AM y nuevamente a las 7 PM. Para cada especie registramos (1) fecha y hora, (2) ubicación (nombre del sendero/número y distancia), (3) nombre de la especie, y (4) número de individuos. También registramos señales de actividad secundarias (p. ej., huellas, heces, madrigueras, huecos, o restos de comida) que indican la presencia de mamíferos (Wilson et al. 1996). Para determinar la correspondencia de una señal de actividad con una especie, usamos una combinación de guías de campo (Aquino y Encarnación 1994; Emmons 1997), experiencia personal, y conocimiento local. Además, incorporamos las observaciones de mamíferos de otros miembros del equipo del inventario y asistentes locales. Usando las láminas de una guía de campo (Emmons 1997), entrevistamos personas locales acerca de la presencia de mamíferos medianos y pequeños en el área.

Capturamos murciélagos usando redes de neblina de 6 m, abriendo 18–20 redes a lo largo de los senderos, claros naturales, y claros formados cuando se hicieron los helipuertos. Abrimos las redes por ~6 horas comenzando al ocaso del sol, entre 5:45 y 6:00 PM, que es cuando los murciélagos comienzan a forrajear. Identificamos y liberamos cada murciélago capturado.

RESULTADOS Y DISCUSIÓN

Esperábamos encontrar una comunidad rica de mamíferos en Cabeceras N-M-A. Utilizando mapas publicados sobre la distribución de mamíferos Neotropicales (Aquino y Encarnación 1994; Emmons 1997; Rylands 2002), estimamos 59 especies de mamíferos medianos y grandes para la región. Durante dos semanas, cubrimos 230 km (80 km en Alto Mazán, 70 km en Alto Nanay, y 80 km en Panguana) y registramos 35 (~60%) de las especies esperadas (Apéndice 6). Registramos 12 (80%) de 15 especies de primates esperadas en el área, cuatro (80%) de cinco ungulados, y siete (50%) de 14 carnívoros.

Típicamente, la riqueza de especies de murciélagos es alta en los bosques Neotropicales, y esta área no fue una excepción. En Cabeceras N-M-A, esperábamos ~65 especies para la región (Hice et al. 2004; Ascorra et al. 1993). Con un esfuerzo de captura de 554 red-horas (194, 180 y 180 red-horas en Alto Mazán, Alto Nanay, y Panguana respectivamente), capturamos 20 especies de murciélagos durante siete noches (Apéndice 7), lo cual representa 31% de las especies esperadas, e incluye diez frugívoros, tres nectarívoros, cinco insectívoros, un hematófago y 1 omnívoro.

A continuación presentamos el panorama para cada sitio, seguido por la comparación entre estos sitios y comparaciones con otros inventarios de mamíferos realizados en Loreto.

Alto Mazán

Durante seis días, registramos 26 especies de mamíferos medianos y grandes en Alto Mazán. La cacería comercial era evidente en el área, y los mamíferos, especialmente los monos, parecían temerosos a la presencia humana. A pesar de los impactos de la caza en los mamíferos, observamos diez especies de primates, incluyendo *Pithecia aequatorialis*, especie con rango restringido, y registramos señales de ungulados grandes como la sachavace (*Tapirus terrestris*), sajinos (*Pecari tajacu*), huanganas (*Tayassu pecari*) y el venado colorado (*Mazama americana*), los cuales son sensibles a la cacería.

A pesar que la riqueza de primates y ungulados fue alta, la abundancia de algunas especies fue baja. Por ejemplo, especies sensible a cacería u otras actividades antropogénicas, p. ej., *Alouatta seniculus* y *Lagothrix poeppigii*, fueron menos abundantes que en otros sitios en Amazonía con poca o ninguna evidencia de cacería.

En este sitio, observamos lo que aparentemente podrian ser dos especies de monos sakis, *Pithecia aequatorialis* y *P. monachus*. Observamos las dos especies forrajeando independientemente así como en la misma tropa. Sin embargo, después de regresar del campo, nos dimos cuenta que la taxonomía de *Pithecia* es aún bastante confusa, especialmente el grado de color y patrones de variación en la especie, y el nivel de dimorfismo sexual. No podemos estar seguros si *P. aequatorialis* y *P. monachus* son dos especies válidas y mantienen sus diferencias en simpatría, o si ellas representan morfotipos de la misma especie (Ver Registros Notables, abajo; Fig. 9C).

En Alto Mazán algunos hábitats proveen recursos clave para mamíferos, especialmente los aguajales. Registramos nueve especies de monos, y encontramos huellas de cuatro especies de ungulados (sachavaca, venado, sajinos, y huanganas) en este hábitat.

Con un esfuerzo de captura de 194 red-horas, identificamos siete especies de murciélagos: cuatro frugívoros y tres insectívoros. La riqueza de especies y abundancia fueron más bajas de lo esperado, probablemente por una combinación de baja disponibilidad de frutos en el área y lluvias en la tardes que continuaban hasta el anochecer, tiempo de mayor actividad de los murciélagos.

Alto Nanay

En cuatro días, encontramos 17 especies de mamíferos medianos y grandes en Alto Nanay incluyendo ocho especies de primates y cuatro especies de ungulados. La riqueza de especies registrada en este lugar fue la más baja, y más baja de lo esperado considerando que la cacería parecía casi inexistente en esta área. Sin embargo, la baja riqueza de especies probablemente refleja los suelos pobres, baja productividad, y escasez de frutos en este sitio, más que los impactos humanos.

Nuevamente observamos dos especies que parecen ser *P. aequatorialis* and *P. monachus*. Los registramos forrajeando independientemente, pero también los observamos en grupos mixtos como en Alto Mazán. Hicimos dos observaciones diurnas de *Tapirus terrestris*, el mamífero terrestre más grande de la Amazonía y especie que es vulnerable a la cacería.

Con un esfuerzo de captura total de 180 red-horas, capturamos diez individuos pertenecientes a siete especies de murciélagos. Tuvimos una observación sobre los murciélagos muy interesante. En un sitio dominado por palmeras de *Lepidocaryum tenue* (conocidas localmente como irapay), capturamos cuatro individuos de *Phyllostomus elongatus*, un omnívoro. Además de las capturas, encontramos en las redes varios huecos de gran tamaño presumiblemente hechos por *Phyllostomus hastatus*, otro omnívoro. Ningún murciélago fue capturado consumiendo las frutas de irapay; sin embargo la alta abundancia de estas especies en un área dominada por esta palmera clonal sugiere que estas especies podrían estar alimentándose de los frutos de irapay. Notablemente, en áreas sin irapay no capturamos algún *Phyllostomus hastatus* o *P. elongatus*. Recomendamos más estudios—relevamientos adicionales así como estudio de dieta—para determinar si los murciélagos son agentes dispersores de esta palmera.

Panguana

Este fue el sitio más diverso. En cinco días, encontramos 31 especies de mamíferos medianos y grandes, incluyendo 11 primates, 4 ungulados y 7 carnívoros. Residentes de las comunidades de Flor de Coco y Buena Vista situados a lo largo del río Curaray (~15–20 km de Panguana) practican cacería de subsistencia en esta área. Los niveles de cacería son a pequeña escala, y la comunidad de mamíferos parece estable.

Entre los registros mas resaltantes están la presencia de poblaciones abundantes de especies sensibles a la cacería a gran escala, incluyendo *Alouatta seniculus*, *Ateles belzebuth*, *Lagothrix poeppigii*, *Tayassu pecari* y *Pecari tajacu*, así como registros de dos predadores grandes, *Panthera onca* y *Puma concolor*. Durante nuestros censos diurnos, encontramos huellas frescas de ambos felinos a lo largo de los senderos. Sospechamos que estos dos felinos también ocurren en los otros dos sitios, pero que los suelos arcillosos en Panguana nos permitieron observar las huellas contrario a los suelos arenosos en Alto Mazán y Alto Nanay. Además, las especies presa (p. ej., *Tayassu pecari*) fueron más abundantes en Panguana.

Algunos hábitats presentes en Panguana son muy importantes para los mamíferos. En un solo día, observamos 4–5 grupos de primates en el bosque alto en las colinas. En este hábitat, registramos especies de plantas con abundantes frutas (p. ej., *Ficus*, *Marcgravia* y

Astrocaryum) y tropas grandes de monos alimentándose de ellos. Además, tres piaras grandes de *Tayassu pecari* (~150) y una tropa grande de *Ateles belzebuth* (~20) fueron registradas en el aguajal cerca del río Arabela. Similar a Alto Mazán y Alto Nanay, observamos grupos que parecían ser *Pithecia aequatorialis* y *P. monachus* tanto separados como juntos.

Con un esfuerzo de captura total de 180 red-horas, similar a Alto Mazán y Alto Nanay, identificamos 13 especies de murciélagos, incluyendo siete frugívoros, tres insectívoros, un omnívoro, un nectarívoro, y un hematófago. El alto número de especies frugívoras capturadas en este sitio se explica por la abundancia de frutos de especies de *Ficus* y *Piper*. Nuestra captura más sorprendente fue la de *Diphylla ecaudata* (Fig. 9B), una especie hematófaga que se alimenta de aves y que es raramente capturada en relevamientos de murciélagos. Nuestra captura representa uno de los pocos registros existentes para el departamento de Loreto (Field Museum 2006; Solari com. pers.; Velazco com. pers.).

Comparación entre los sitios del inventario

La mayoría de las especies fueron compartidas entre los sitios; sin embargo, hubo marcadas diferencias en la abundancia y riqueza de mamíferos registrados. De acuerdo con los mapas de distribución de especies, nosotros estábamos esperando el mismo número de especies de mamíferos medianos y grandes en los tres sitios. Sin embargo, la riqueza observada varió de 17 species (Alto Nanay) a 29 (Alto Mazán) y 31 (Panguana). Todas las especies registradas en Alto Nanay fueron registradas en los otros dos sitios, y 25 especies fueron compartidas entre Alto Mazán y Panguana.

Las diferencias en la riqueza de especies observada y abundancia entre sitios pueden estar reflejando una combinación de factores ambientales y antropogénicos. Encontramos evidencia de cacería en los tres sitios, pero con diferencias de intensidad bien marcadas. En Alto Mazán, la cacería comercial fue evidente. Tanto como el grupo de avanzada y el equipo del inventario observaron cazadores que viajaban río arriba en peque-peques y canoas. Una canoa regresó de río arriba con siete huanganas y una pucacunga (*Penelope jacquacu*).

Entrevistas con nuestros asistentes locales confirmaron que la cacería en el área es con fines comerciales y no de subsistencia. Intermediarios (habilitadores) proveen botes, canoas, combustible, armas, balas, y comida a los residentes locales, quienes cazan para conseguir grandes cantidades de carne silvestre (~500 kg). La demanda de carne silvestre en Iquitos es alta, y la carne es completamente disponible en los restaurantes y mercados. También se observó tala ilegal de madera en Alto Mazán, y esto probablemente incrementó la presión de cacería sobre las poblaciones de mamíferos en esta área. Típicamente los madereros ilegales cazan para subsistir; sin embargo, debido a su larga estadía en el bosque, sus demandas de carne silvestre pueden tener un fuerte impacto negativo en las poblaciones locales de mamíferos.

En contraste, las poblaciones de mamíferos del Alto Nanay parecen estar casi enteramente libres de cacería. Esto puede deberse a que quizás ésta es el área más difícil de acceder, siendo esto posible sólo de manera estacional durante las crecidas del río. Además, registramos baja riqueza de especies y baja abundancia de mamíferos en este sitio, haciéndolo menos favorable para cazadores.

La gente local de las comunidades de Flor de Coco y Buena Vista caza en Panguana. Ellos practican cacería a pequeña escala, y son concientes de los efectos negativos de la cacería a gran escala. En Panguana, la presencia de grandes grupos de monos choro, monos coto y maquisapas; grandes piaras de huanganas; numerosas huellas de sajinos, venados, puma, otorongo y sachavaca, sugiere que actualmente la cacería a pequeña escala es compatible con el mantenimiento de comunidades saludables de mamíferos; por lo tanto, un ecosistema saludable.

Registros notables

Hicimos varios registros notables durante el inventario de Cabeceras N-M-A. En cuatro ocasiones, individuos de *Pithecia* (Fig. 9C), con características físicas pertenecientes a *P. aequatorialis* y *P. monachus*, fueron observados juntos en el mismo grupo. Nosotros (autores y D. Moskovits) hicimos estas observaciones en los tres sitios del inventario. Sin embargo, nuestras observaciones son complicadas por conflictos en las descripciones de la taxonomía de estas especies (Hershkovitz 1987; Emmons 1997; Aquino y Encarnación 1994; Heymann com. pers.; Voss com. pers.). No podemos estar seguros si observamos dos especies, o diferentes morfotipos de color de una sola especie. Recomendamos una revisión taxonómica del género basado en colección de nuevos especímenes, un análisis de datos moleculares, y una exhaustiva revisión de los especímenes existentes en los museos.

Panguana fue el único lugar donde observamos *Ateles belzebuth*. Dada la sensibilidad de esta especie a la presión de cacería (Aquino com. pers.), su ausencia de Alto Mazán puede reflejar el impacto de la cacería comercial a gran escala, y la ausencia de *Ateles* de Alto Nanay puede ser debido a la baja disponibilidad de frutos durante nuestro inventario. Sin embargo, no podemos estar seguros de que *Ateles* esté absolutamente ausente de los otros sitios, ya que esta especie puede migrar localmente, y podría ocurrir tanto en Alto Mazán y Alto Nanay durante otra época del año.

Sorprendentemente, no encontramos monos coto, *Alouatta seniculus*, en Alto Nanay, a pesar de tener una fauna intacta y casi ninguna evidencia de cacería. Esta es una especie de distribución amplia, y sospechamos que su ausencia se debe a la baja disponibilidad de frutos en Alto Nanay.

Otro registro notable fue un delfín gris, *Sotalia fluviatilis*, en Alto Mazán en un tributario pequeño (30–35 m de ancho, ~4m de profundidad) del río Mazán. Sospechamos que los bajos niveles del agua en el Alto Nanay y Panguana restringena los delfines de estas áreas, pero que éstos probablemente ocurren a lo largo del río Arabela.

Nuestro registro más interesante para murciélagos fue la captura de *Diphylla ecaudata* (Fig. 9B), una especie hematófaga de distribución amplia pero raramente capturada. Ellos viven en bosque maduro y están especializados en alimentarse de la sangre de aves. El individuo fue capturado en un claro usado como helipuerto en Panguana.

Objetos de conservación

Treinta y dos especies de mamíferos medianos y grandes en Cabeceras N-M-A son objetos de conservación en el ámbito internacional (CITES 2006, IUCN 2006 y nacional (INRENA 2004). Todas estas especies están listadas en los Apéndices 6 y 7. Muchas especies amenazadas en otros lugares, p. ej., *Alouatta seniculus, Ateles belzebuth, Lagothrix poeppigii, Pithecia aequatorialis, Tapirus terrestris*, son abundantes en Panguana, lo que sugiere que esta área podría actuar como refugio para poblaciones de mamíferos que han sido disminuidas en otras partes de Loreto.

Comparación con otros sitios en el norte de Loreto

Nuestro punto más cercano de comparación es la Zona Reservada Pucacuro directamente al suroeste de Cabeceras N-M-A. En un inventario de mamíferos en la cuenca del Pucacuro, Soini et al. (2001) registró 48 especies de mamíferos medianos y grandes. En los relevamientos de Pucacuro, los investigadores evaluaron 35 localidades y 800 km, comparado a nuestro estudio de tres localidades y 240 km. A pesar de la diferencia sustancial en la intensidad de muestreo, nosotros encontramos 73% de las especies registradas en Pucacuro. Doce especies de primates fueron encontradas en ambos sitios, con 11 especies compartidas entre los inventarios. *Pithecia monachus* fue registrado sólo en Cabeceras N-M-A, y *Callimico goeldii* fue encontrado sólo en Pucacuro. Recomendamos relevamientos adicionales en Cabeceras N-M-A, particularmente en áreas con vegetación rala p. ej., bosques de arena blanca o bosques ribereños, donde *C. goeldii* podría ocurrir. Típicamente esta especie ocurre en bajas densidades y puede ser difícil de detectar en cortos periodos de tiempo.

La riqueza de murciélagos en Cabeceras N-M-A fue más alta que en Pucacuro, sin embargo ambas áreas deberían ser inventariadas con más intensidad. Veinte especies de murciélagos fueron capturadas en Cabeceras N-M-A comparado a 11 especies encontradas en Pucacuro.

Un inventario de mamíferos de la cuenca del Nanay (Soini 2000) registró 38 especies de mamíferos medianos y grandes en 53.7 km y cuatro sitios de muestreo.

Once primates fueron registrados, incluyendo *Callicebus torquatus,* una especie que no encontramos en Cabeceras N-M-A. Esta especie pueda estar fuertemente asociada con los bosques de arena blanca llamados *varillales* (Aquino com. pers.), y nosotros sólamente evaluamos dos parches pequeños de varillales en Alto Nanay. Si parches más grandes de varillal ocurrieran en Cabeceras N-M-A, *C. torquatus* podría ocurrir en el área. *Ateles belzebuth* no fue registrado en la cuenca del Nanay, lo que puede deberse a la extinción local de esta especie por cacería a gran escala.

En el inventario rápido de Ampiyacu (Montenegro y Escobedo 2004), un área al norte de la Amazonía Peruana cerca de la frontera con Colombia, 39 especies de mamíferos medianos y grandes fueron registrados. Una vez más, las diferencias más marcadas entre Ampiyacu y Cabeceras N-M-A son las presencia de *Callicebus torquatus* y la ausencia de *Ateles belzebuth* en Ampiyacu. Montenegro y Escobedo (2004) atribuyen la ausencia de *Ateles* a la intensiva presión de cacería. Una riqueza similar de especies fue registrada en Ampiyacu con 21 especies comparado a las 20 especies capturadas en Cabeceras N-M-A, a pesar que el relevamiento de Ampiyacu cubrió 19 días en lugar de 16 como nosotros lo hicimos. En términos de la composición de especies, como en Ampiyacu, 85% de las especies capturadas en Cabeceras N-M-A pertenecían a la familia Phyllostomidae. Sin embargo, sólo seis especies se comparten entre estos dos sitios. Esta diferencia puede deberse simplemente al tiempo limitado de muestreo.

CONCLUSIONES

Cabeceras N-M-A sostiene una comunidad rica y diversa de mamíferos; en dos semanas registramos 35 especies de mamíferos grandes y medianos y 20 especies de murciélagos. Muchas de estas especies juegan un papel muy importante en el bosque, incluyendo dispersores de semillas (sachavacas, maquisapas, monos coto, monos choro, y murciélagos frugívoros), polinizadores (murciélagos nectarívoros), y predadores grandes (otorongos y pumas). Conservar la comunidad de mamíferos es importante para preservar un ecosistema

funcional así como también especies amenazadas o localmente extintas en otras partes de Amazonía.

AMENAZAS Y RECOMENDACIONES

Amenazas

La cacería a gran escala es una amenaza abrumadora especialmente para especies vulnerables y de alto precio. El impacto en las poblaciones de especies es dramático y muchas veces irreversible. Por ejemplo, algunas poblaciones de maquisapas de vientre blanco y huanganas han sido localmente exterminadas en la Amazonía (Peres 1996; Soini et al. 2001; Naughton-Treves et al. 2003; Montenegro y Escobedo 2004). La destrucción de hábitat es también una amenaza potencial. Actividades antropogénicas tales como extracción maderera, minería de oro, agricultura, ganadería, pueden eliminar hábitats críticos para las poblaciones de mamíferos, y esos impactos pueden tener efectos de cascada a otros niveles tróficos.

Recomendaciones

Recomendamos la inmediata protección de Cabeceras N-M-A porque es un área rica en mamíferos, y provee refugio para especies que han sido cazadas hasta la extinción en otros lugares. Para que la protección del área sea exitosa, la gente local debería estar directamente involucrada en la protección y manejo del área. Finalmente, recomendamos un proceso de amplia participación para determinar una zonificación del área, así como establecer un sistema local para monitorear las amenazas y las poblaciones de mamíferos, especialmente especies preferidas por la cacería comercial.

COMUNIDADES HUMANAS: FORTALEZAS SOCIALES Y USO DE RECURSOS

Autores/Participantes: Alaka Wali, Andrea Nogues, Walter Flores, Mario Pariona y Manuel Ramírez Santana

INTRODUCCIÓN

El área de Cabeceras Nanay-Mazán-Arabela abarca las cuencas de los ríos Arabela, Curaray, Mazán, y Nanay.

Entre el 16−28 de agosto de 2006, el equipo social del inventario rápido visitó seis sitios sobre los dos ríos mas cercanos al área; incluyendo las Comunidades Nativas Flor de Coco y Buena Vista en el río Arabela, los caseríos Puerto Alegre, Libertad y Santa Cruz, y la Capital Distrital Mazán sobre el río Mazán. Si bien las comunidades del río Curaray no están directamente vinculadas a los recursos del área Cabeceras N-M-A, constituyen una importante ruta de acceso. Los sitios visitados en esta cuenca incluyen las Comunidades Nativas Bolívar, Shapajal, Soledad y San Rafael; así como la Capital Distrital del Napo, Santa Clotilde. Las poblaciones ubicadas sobre el río Nanay no fueron visitadas dadas ciertas limitaciones logísticas y de tiempo.

Las 11 poblaciones visitadas demuestran características comunes en la Amazonía. Tienden a ser pequeñas, con un promedio de población de 185 habitantes (Apéndice 8). Tanto las poblaciones del río Arabela como las del río Curaray son caracterizadas por su inter-culturalidad entre pobladores nativos de las etnias Arabela y Quichua con inmigrantes de otras partes del Perú o Ecuador. Otro común denominador de las poblaciones en estas dos cuencas es su patrón de migración o asentamiento. En ambos casos, los pobladores nativos históricamente han ocupado el territorio más cerca de las cabeceras de estos ríos, y en las últimas décadas se han asentado aguas abajo, en parte por cambios en su vinculación con las actividades comerciales de la región (Lou 2003). El patrón de asentamiento en el Mazán ha sido diferente debido a la Zona Reservada que fue establecida en 1965 mediante una Resolución del Ministerio de Agricultura para la protección de los recursos hidro-biológicos. Esta Resolución impulsó la emigración de las comunidades originarias, y recién a partir de 1985 comenzó a aumentar nuevamente la población en la cuenca del río Mazán.

Estos patrones de migración y asentamiento están muy vinculados a la historia de asentamiento alrededor de Iquitos. Las grandes olas de extracción fuerte (p. ej., caucho, oro y comercio de pieles de animales selváticos) han impulsado la llegada y asentamiento de gente foránea, generalmente a las orillas de los ríos grandes, lo cual ha llevado al desalojo de las poblaciones nativas de sus territorios ancestrales. Algunos de estos grupos nativos, contactados por misioneros evangélicos, decidieron asentarse y titular sus terrenos a raíz de la Ley # 22175. Otros grupos indígenas que huyeron de los colonizadores y evangélicos decidieron refugiarse en áreas remotas de la selva, y conforman hoy en día los grupos que han sido denominados "indígenas en aislamiento voluntario" en el Perú.

A pesar de estas grandes olas de extracción, la mayoría de la gente de estas tres cuencas ha continuado viviendo a base de una economía de auto-suficiencia acompañada por pequeñas actividades comerciales para satisfacer sus necesidades básicas. Este perfil económico ha sido afectado en la última década por las más recientes olas de actividad comercial, con fuertes aumentos en la extracción de madera, la búsqueda de petróleo, la pesca en grandes cantidades, y la extracción de oro por dragas. Estas actividades extractivas de gran escala están penetrando el área, acelerando el uso no sostenible de sus recursos naturales a través de una integración mayor de esas poblaciones en la economía del mercado.

MÉTODOS

El equipo de científicos sociales realizó talleres informativos sobre el inventario rápido, trabajó con los pobladores locales en la elaboración de mapas de uso de recursos, participó en la vida cotidiana, y realizó entrevistas para recopilar datos demográficos, características sobre las fortalezas y capacidades sociales, y datos económicos de extracción comercial. También hicimos entrevistas en Iquitos con representantes de varias instituciones gubernamentales y no-gubernamentales. Hemos recopilado datos estadísticos y documentos o informes de trabajos previos.

Hemos diseñado los talleres informativos para intercambiar información con los comuneros. Explicamos los motivos, métodos, y resultados esperados del inventario rápido. Solicitamos las perspectivas de los comuneros sobre sus inquietudes, el estado del medioambiente, y su calidad de vida. Visitas a las chacras, participación en las mingas y celebraciones comunales, compartir comidas con familias, y entrevistas intensivas con líderes, autoridades y otros informantes clave son elementos importantes que permiten al equipo conocer la realidad de la vida cotidiana y las fortalezas sociales. Elaboramos mapas de las comunidades y sus zonas y tipos de usos de los recursos naturales para tener una idea de la extensión de territorio aprovechado.

Realizamos un trabajo intensivo en cinco lugares: la C.N. Buena Vista (río Arabela); las CC.NN. Bolívar y San Rafael (río Curaray), y en las capitales distritales de Santa Clotilde y Mazán. Escogimos las comunidades para el trabajo intensivo por criterios de tamaño e importancia en la zona de Cabeceras N-M-A.

Realizamos visitas menos intensivas en la C.N. Flor de Coco (río Arabela), las CC.NN. Shapajal y Soledad (río Curaray), y los caseríos Puerto Alegre y Santa Cruz (río Mazán) para realizar talleres informativos y recopilar información sobre uso de recursos.

Fuimos recibidos con amistad y gran interés en todas las comunidades. Las familias que nos hospedaron en sus casas fueron generosos anfitriones. Todos compartieron sus experiencias y perspectivas con entusiasmo.

DEMOGRAFÍA E INFRAESTRUCTURA EN LAS COMUNIDADES

La zona de las cuencas de Arabela-Curaray es conformada mayormente por los grupos indígenas Arabela y Quichua. En el río Curaray, hay un total de nueve comunidades, con una población de 1,171 personas (Apéndice 8). En el río Arabela hay sólamente dos comunidades, incluyendo Buena Vista (reconocida por el Ministerio de Agricultura), y Flor de Coco. La población total de las dos comunidades es 357 habitantes, según el censo municipal de noviembre de 2005. También en el río Arabela (y otros afluentes en la zona al noroeste del río) hay indicios y reportes de indígenas en aislamiento, conocidos como los "*Pananujuri*" (Ver la sección Breve Panorama de Asentamiento de Comunidades Nativas, abajo).

Todas las comunidades de los ríos Arabela y Curaray cuentan con un colegio primario, y desde 2004, Buena Vista ha tenido también un colegio secundario (Arabela-Castellano). Hay servicios de salud en la mayoría de las comunidades visitadas sobre los ríos Arabela y Curaray, ya sean postas, botiquines, o campañas de vacunación. En las comunidades de San Rafael y Buena Vista, las postas están equipadas con laboratorios y técnicos financiados por el Vicariato de San José del Amazonas, con sede en Santa Clotilde. Hay teléfonos de "radiofonía"en Buena Vista y San Rafael. En otras comunidades hay radiodifusoras que funcionan en ciertas horas diarias.

La cuenca del río Mazán, hoy en día esta poblada por ribereños y mestizos. En el río Mazán hay 10 comunidades con una población total de ~950 personas (Apéndice 8). Todas las comunidades visitadas en el Mazán también tienen colegio primario, y la Comunidad Nativa Libertad también tiene un puesto de salud. No hay radios ni teléfonos en las comunidades del río Mazán.

En las capitales distritales, funciona la luz por cinco horas cada noche y hay agua potable. Los hospitales en ambas capitales reciben pacientes de todas partes de sus regiones pertinentes. En algunas comunidades en las tres cuencas, hay motores de luz o paneles solares.

BREVE PANORAMA DE ASENTAMIENTO DE COMUNIDADES NATIVAS

Los grupos nativos conocidos hoy en día como "Arabela" pueden ser categorizados entre (1) aquellos que fueron evangelizados y eventualmente consiguieron títulos territoriales y (2) aquellos que aun se encuentran en aislamiento dentro del bosque. Ambos grupos pertenecen a la familia etno-lingüística *Záparo*, que tiene como ámbito la zona frontera Ecuador-Perú e históricamente se auto-denominaba *Tapueyocuaca* o *Puyano* hasta que fueron llamados Arabela por los colonizadores españoles. Para ver más información sobre las Comunidades Arabela y Záparo, vea: Fabre 2006, Gordon 2006, Granja 1942, O'Leary 1963, Perú Ecológico 2005, Rich 1999, Simson 1878, and Steward 1948.

El grupo que se estableció en el río Arabela después de 1945, cuando fueron evangelizados, estuvo bajo el control de un patrón cauchero por muchos años. Muchos miembros de este grupo continúan llamándose Arabela hoy en día. Cuando salieron, se vincularon con misioneros del Instituto Lingüístico del Verano, quienes hicieron el estudio más detallado de su idioma y produjeron materiales bilingües (ver Rich 2000).

Entre 1945 y 1980, este grupo sedentario de Arabelas eventualmente perdió elementos de su vestimenta tradicional, artesanías y algunos otros aspectos de su identidad cultural. En 1980, consiguieron la titulación para la Comunidad Nativa Buena Vista cerca de las cabeceras del río Arabela, y eventualmente migraron aguas abajo para tener contacto más directo con actividades del mercado comercial (Lou 2003).

Desde que migraron a su presente ubicación, los Arabela han aumentado su patrón de matrimonio inter-étnico. En Buena Vista y Flor de Coco, comuneros son considerados Arabela aun con sólo una madre o un padre de esta identidad. Con este criterio, 76% y 50% (respectivamente) de la población se considera Arabela. También hay gente Arabela en la comunidad de Shapajal (que está vinculada con Buena Vista por una trocha.)

Desde su asentamiento en el río Arabela, las comunidades Buena Vista y Flor de Coco han mantenido relaciones esporádicas con otros miembros del mismo grupo étnico-lingüístico—tales como los que son denominados por pobladores Arabela locales *"Pananujuri"*, (posiblemente sean los *"Tagaeri"* o los *"Feromenami")* quienes hoy están en aislamiento, y los *Huaorani*. Varios reportes citan las evidencias de la presencia de estos grupos en las cabeceras de los ríos Curaray, Tigre, Arabela y otros fluviales en la zona frontera (Defensoría del Pueblo 2001; Lou 2003; Lucas fecha desconocida; Repsol Exploración Perú 2005).

Aguas abajo, las comunidades del Curaray son reconocidas como Comunidades Nativas Quichuas, y probablemente pertenecen al gran grupo étnico Quechua que se extiende en el río Napo en ambos lados de la frontera Ecuatoriana-Peruana (véase Whitten 1978). Las comunidades del Curaray, según la historia oral de los moradores de mayor edad, empezaron como asentamientos en los años 30s (antes de esto, habían individuales o familias pequeñas viviendo muy dispersas al lado del río), cuando se estableció Santa Clotilde como un fundo alemán. También, fue establecida la Base Militar Curaray, que en la década de 1940 y 1950 era más grande, tenía escuela, y fue un mercado de carne, pescado y otros productos de las comunidades. La mayoría de estas comunidades fueron reconocidas

y tituladas como Comunidades Nativas en la década de 1990 (excepto Shapajal, cuyo caserío ha terminado los trámites por titulación y está esperando aprobación final). Hay vínculos fuertes entre las comunidades de Curaray con Santa Clotilde a través del colegio del Vicariato (todas las comunidades tienen algunas familias con hijos estudiando en Santa Clotilde), y a través de relaciones de parentesco.

FORTALEZAS SOCIALES Y CULTURALES

Las fortalezas de las comunidades visitadas incluyen los patrones sociales y culturales, y las prácticas de uso o manejo de recursos existentes que son compatibles con la Amazonía. Si bien existen algunas fortalezas similares en las tres cuencas, describimos primero las fortalezas de las comunidades nativas de los ríos Arabela y Curaray, y luego las de las comunidades en el río Mazán.

Patrones sociales y culturales

Comunidades Nativas de Arabela y Curaray
Estas comunidades siguen manteniendo algunos patrones sociales que son comunes para las sociedades indígenas amazónicas. Estos patrones forman parte fundamental de la estructura social y orientan las poblaciones hacia una vida más comunal y equitativa y menos "individual" y estratificada.

En todas las comunidades, el trabajo comunal, la *minga*, sigue siendo una practica vital. En las comunidades de Buena Vista y Flor de Coco observamos varias mingas, incluyendo una para la construcción de nuevos techos o viviendas, una para el trabajo de los estudiantes en su huerta escolar, y una familia tenía planificada una minga para limpiar su chacra. Este patrón de hacer trabajos en minga reduce la necesidad de pagar por mano de obra, y fomenta la mantención de un cierto nivel de igualdad económica entre los comuneros.

También, observamos que siguen manteniendo relaciones de "reciprocidad", donde se comparten recursos entre miembros de la comunidad. Por ejemplo, en San Rafael, observamos la caza de diez huanganas por los comuneros. Si bien algunos vendieron la carne a otros en la comunidad (y guardaron también algo para vender a los comerciantes), también repartieron la carne con miembros de sus familias extendidas. Cuando fuimos a visitar una chacra en Buena Vista, igualmente, las señoras que acompañaban para ayudar a la dueña sacaban yuca de su chacra. Esta práctica de compartir recursos se extienden en el ámbito comunal. Por ejemplo, las comunidades que tenían motor de luz o paneles solares frecuentemente tenían televisores comunales, y en las noches, todos se reunián en el local comunal o en el colegio para ver programas o películas. En ninguna de las comunidades visitadas (excepto las capitales distritales) observamos el uso del motor de luz o televisión sólamente por una sola familia. Las prácticas sociales de compartir recursos ayudan a mantener un nivel de consumo relativamente bajo comparado con lo que se necesitaría si todas las familias tuvieran que gastar en forma individual.

Otro patrón social que se mantiene en estas comunidades son vínculos y redes de parentesco tanto dentro de la comunidad como entre comunidades vecinas, por ejemplo entre Buena Vista, Flor de Coco y Shapajal. La población de Buena Vista, por ejemplo, tiene un total de ~278 personas que pertenecen a las cinco familias extendidas. En San Rafael, ~163 pobladores componen seis familias extendidas. Estas redes de parentesco aseguran una cierta cohesión social que facilita la organización de la comunidad. Las redes de parentesco intercomunal facilitan la comunicación y flujo de información. También observamos liderazgo activo en las comunidades, incluyendo asambleas comunales regulares, y procesos participativos de toma de decisiones. Buena Vista y San Rafael también contaban con un sistema de altoparlante para comunicar novedades diarias, avisos y convocatorias.

La comunicación y coordinación entre comunidades también son fomentadas por el sistema de servicio de salud y por el comercio local entre las comunidades de Arabela y Curaray (y todo el distrito del Napo). En el distrito de Santa Clotilde, hay un convenio extraordinario entre el vicariato y el sistema de salud. El hospital del vicariato sirve como sede para la capacitación de técnicos de salud y también provee equipamiento de laboratorio y medicinas para los puestos de salud en las comunidades del Curaray, Arabela y Alto Napo. Esto fortalece el sistema de salud público. Vimos en San Rafael y Buena

Vista puestos de salud abastecidos con medicinas y técnicos bien preparados. El personal médico del hospital de Santa Clotilde también sale frecuentemente para hacer campañas de vacunación o educación en prevención de enfermedades infecciosas. Durante estas campañas, se fomenta un flujo de información entre comunidades. Todas las comunidades conocen bien al personal médico del hospital y del puesto de San Rafael, los cuales se quedan en sus comunidades, o reúnen gente de varias comunidades para proveer sus servicios. Entonces, el sistema de salud es una doble fortaleza, actuando como un vector para establecer vínculos entre las comunidades y a la vez, proveyendo el servicio de salud.

La equidad relativa de género es otra fortaleza que caracteriza a estas comunidades. Las mujeres participan en las asambleas, y tienen cargos en las juntas directivas. Observamos en varias ocasiones a los hombres y las mujeres compartiendo tareas cotidianas (los hombres cuidando niños, las mujeres trabajando en las chacras), un indicador de la menor estratificación de género.

La revitalización del idioma nativo es una importante fortaleza que documentamos en algunas comunidades de los ríos Curaray y Arabela. En Buena Vista, durante de los últimos dos años, la escuela primaria empezó un programa bilingüe para revitalizar el idioma arabela. La escuela cuenta con materiales elaborados por el Instituto Lingüístico del Verano. Además, de los 11 profesores, nueve son bilingües en arabela-castellano, y dos de estos también hablan Quichua. Entre los jóvenes, se observó un interés en recuperar el idioma arabela (vea también Viatori 2005).

Otra fortaleza regional de esta zona es que las comunidades de Curaray están vinculadas con la organización base de la Federación de Comunidades Nativas del Medio Napo, Curaray y Arabela (FECONAMNCUA), que a su vez pertenece a la Organización Regional AIDESEP Iquitos (ORAI), representante regional de la Asociación Indígena para el Desarrollo de la Selva Peruana (AIDESEP), organización nacional que representa a la mayoría de comunidades indígenas amazónicas del Perú. Esto ha permitido las gestiones para la titulación de sus terrenos comunales, y solicitudes para la ampliación (a través de ORAI, brazo técnico de AIDESEP.) Hasta la fecha, ninguna de estas solicitudes ha sido aprobada por el Proyecto Especial de Titulación de Tierras (PETT).

Cuenca del Mazán

Las comunidades ribereñas del río Mazán comparten algunas fortalezas sociales con las comunidades indígenas del Curaray y el Arabela, tal como patrones de trabajo comunal, economía de reciprocidad, liderazgo activo, y equidad de género. Los siglos de intercambios culturales entre poblaciones indígenas y poblaciones mestizas han permitido la formación de patrones culturales y sociales rurales que sostienen la economía de subsistencia y regulan las relaciones entre los comuneros y su medioambiente. Entre las grandes olas de extracción (los periodos de "caída" del mercado), las poblaciones rurales se han alejado del mercado, migrando a zonas más remotas, donde han podido encontrar bosques todavía fértiles y "libres" para auto-abastecer sus necesidades con una mínima interacción con el mercado.

Además de estos patrones comunales, hay una historia de organización y gestión a favor de los derechos económicos del ámbito distrital. Las gestiones empezaron en el año 1985, para contrarrestar abusos percibidos por los comuneros con la administración de la Zona Reservada de la cuenca. Un importante logro de estas gestiones fue el sistema de protección local que se estableció en la Zona Reservada. Cada comunidad tenía un sistema de vigilancia coordinado por la Dirección de Pesquería. Desde entonces, los comuneros han continuado gestionando mediante varias organizaciones de base con el apoyo clave de la Parroquia del Distrito de Mazán para asegurar su modo de vida. Con la categorización de bosques de producción permanente en la región en el 2002, los comuneros de la cuenca del río Mazán percibieron nuevamente que su acceso a los recursos naturales estaría amenazado. Por lo tanto, se organizaron en el año 2003 para formar dos nuevas organizaciones— Asociación Distrital de Pequeños y Medianos Productores y Extractores Forestal es del Mazán (ADIPEMPEFORMA), y el Comité Multisectorial que se ha enfocado en protestas contra la creación de concesiones madereras en la cuenca del río Mazán y a favor del manejo local de los recursos naturales.

Uso de Recursos

En esta sección, analizamos las comunidades visitadas en ambas cuencas. En cuanto a los patrones de uso de recursos naturales, las comunidades todavía practican actividades para asegurar le conservación de sus bosques y sus ríos, pero estas actividades han disminuido con la integración a los mercados comerciales de las zonas urbanas regionales en años recientes. Igual que en otras comunidades indígenas y ribereñas de la Amazonía, la economía de subsistencia es predominante aquí. Eso significa que la gente todavía tiene suficiente bosque y ríos intactos para satisfacer sus necesidades básicas (sin embargo en el Mazán, tienen que salir mucho más lejos-para encontrar animales, viajando hasta 5–6 días en canoa cuando sólamente cinco años atrás, sólo tenían que viajar un día).

La economía de subsistencia está basada en el aprovechamiento de los recursos naturales para el auto-consumo familiar y está complementada por la venta a pequeña escala de productos de caza, pesca y actividades agrícolas en el mercado local. Para el auto-consumo, las familias de estas tres cuencas cultivan yuca y plátano (como productos principales), maíz, pijuayo (*Bactris gasipaes*) así como diferentes frutales (lo cual varía de comunidad a comunidad.) Las chacras tienen un promedio de 0.5–1 ha y cada familia puede tener de 2–5 parcelas en varias formas de purma. Las chacras son semi-diversificadas, predomina un cultivo (generalmente yuca), pero también tienen otros cultivos, como la piña, el pijuayo, la uvilla, etc. Este estilo de horticultura no deforesta a gran escala. Los cultivos forman la base de la dieta cotidiana y están suplementados por la caza y pesca.

Es interesante que la inter-culturalidad fomentada por los matrimonios interétnicos ha impulsado una diversificación en las variedades de cultivos sembrados. Las familias mantienen relaciones con parientes en otras cuencas (p. ej., el Napo), y regresan de visitas con distintas semillas, cortezas y plantones. En Buena Vista y Bolívar observamos siete u ocho variedades de yuca y en Bolívar, también, una familia tenía "mandi" (una variedad de sachapapa, *Colocasia esculenta*), que habían traído de otro lugar.

También, la gente aprovecha el bosque para obtener los materiales básicos para sus casas y algunos artefactos que utilizan en la vida cotidiana (canoas, hamacas, canastas, utensilios, herramientas.) Las aguas de los ríos y quebradas tienen importancia obvia en la economía de subsistencia. Esta base de recursos, necesaria para una buena calidad de vida, esta complementada por mercancías de primera necesidad (machetes, sal, azúcar, kerosene, jabón, cartuchos, ropa, materiales escolares, etc.) y artículos de consumo (pilas, radios, juguetes, etc.).

En el Curaray y Arabela, el vínculo con el mercado es a través de dos o tres comerciantes que llegan en sus botes para comprar o intercambiar pescado salado, carne de monte, fariña de yuca, y en pequeñas cantidades cultivos de las chacras. Este tipo de comercio funciona más como una economía de "trueque," es decir, el comerciante provee la sal para el pescado, las trampas y a veces cartuchos, y los comuneros retribuyen con el pescado salado y la carne de monte, para luego comprar sus necesidades con el saldo. Es difícil cuantificar el tamaño de "venta" del pescado o carne porque es muy fluido y depende de la época, la necesidad familiar, y su suerte en la caza y pesca. Los comerciantes llegan a las comunidades más o menos cada cinco o seis semanas, pero no todas las familias tienen mercancía para vender o intercambiar cada vez.

En Mazán, la economía funciona de una forma diferente porque las comunidades están más cerca de las zonas urbanas de la Capital Distrital e Iquitos mismo. Las comunidades venden productos directamente en la Capital Distrital o en Iquitos, obteniendo un precio un poco mejor, pero a la vez, gastando en el costo del viaje, y a veces la estadía en la ciudad. Otra diferencia entre las comunidades del Mazán y las de las otras dos cuencas es que la gente del Mazán no cuenta con un bosque en tan buenas condiciones. Esta región ha sido más fuertemente afectada por las olas anteriores de extracción, por la actividad continua del comercio de Iquitos, y por las concesiones forestales. Sin embargo, como en las cuencas de los ríos Arabela y Curaray, las comunidades del Mazán todavía cuentan con recursos naturales suficientes para mantener

su propia subsistencia. Como nos ha comentado el técnico del puesto de salud en la comunidad de Libertad, "nadie aquí esta muriendo de hambre—tenemos suficiente."

Otra fortaleza para el uso de recursos naturales es la transmisión del conocimiento relacionado al uso de plantas medicinales. Pudimos observaresto en las tres cuencas, incluyendo en la comunidad de Santa Cruz en el Mazán, donde un curandero estaba haciendo una ceremonia para curar un infante. En San Rafael, dos hermanos de mayor edad eran reconocidos como curanderos y nos dieron una lista de las recetas y plantas que ellos usan. Sin embargo, parece que muchos de estos remedios son conocidos por toda la Amazonía por mucha gente (sangre de grado, uña de gato, ojé, sacha curarina.) En muy pequeña escala existen todavía creencias indígenas de la cosmovisión amazónica que vincula la espiritualidad con animales, plantas y lugares naturales. Por ejemplo, algunos de los mayores de Buena Vista nos contaban que las colpas son sagradas. Cada una tiene un dueño, del cual tienen que sacar el permiso para cazar (Rogalski 2005). Estos conocimientos y creencias ayudan en los procesos de autorregulación del uso de los recursos.

Finalmente, una fortaleza importante en las tres cuencas es la existencia de gestiones locales para controlar actividades de sobre-extracción, como es la pesca a gran escala y la tala de madera ilegal. En las comunidades de Buena Vista y Flor de Coco por ejemplo, los comuneros han decidido controlar el acceso al río Arabela en el último año. Toda persona que transita tiene que pedir el permiso a estas dos comunidades y explicar el motivo de su entrada. Están prohibiendo la entrada a los congeladores y madereros. En Shapajal, han puesto letreros en las entradas de las cochas, avisando a los congeladores que no entren. En otras comunidades, tales como Soledad y San Rafael, han denunciado a los madereros ilegales ante las autoridades correspondientes (como el Comandante de la Base Militar del Curaray y en las oficinas de INRENA en Santa Clotilde y Mazán.) Todas las comunidades visitadas en Curaray y Arabela han pedido la ampliación de sus áreas tituladas para poder controlar y manejar mejor los recursos naturales. En Santa Clotilde, se ha creado un comité multisectorial para concertar esfuerzos para poder así controlar las actividades comerciales extractivistas. También, en Santa Clotilde, los Padres del Vicariato han hecho varias denuncias públicas sobre las condiciones inhumanas que existen en los campamentos madereros, evidenciadas por trabajadores heridos (sin seguro social), incluyendo niños, que han buscado atención médica en este hospital.

En el río Mazán, ocho comunidades están haciendo trámites para tener bosques locales—dos con el apoyo de INRENA (Puerto Alegre y Corazón de Jesús) y seis con el apoyo de la Municipalidad (14 de Julio, Santa Cruz, 1ro de Julio, Libertad, San José y Visto Buena). Durante nuestra visita, los comuneros que están solicitando bosques locales comentaron que quieren "implementar actividades de protección, hacer manejo del bosque y del agua, regularizar a los madereros locales para que no seamos ilegales, dar valor agregado a la madera, patentar nuestras recetas de uso de plantas medicinales, y tener acceso al mercado."

Todas estas gestiones son indicadores de la voluntad y capacidad de la mayoría de los comuneros de buscar alternativas para el mejor manejo de los ricos recursos que todavía existen en esta región cerca de Cabeceras N-M-A.

AMENAZAS

Los pobladores han destacado durante el inventario rápido que su base de subsistencia está amenazada principalmente por la extracción de peces en grandes cantidades en las cochas. Las grandes embarcaciones equipadas con sistemas de refrigeración, conocidas como "congeladoras," pescan con trampas grandes, veneno, y a veces dinamita para matar peces no sólo en los ríos principales sino también en las cochas. Los pobladores perciben que no pueden competir y que una importante base de su subsistencia disminuye. Paralelamente, los pobladores han visto un marcado aumento en la tala de árboles, lo que a su vez disminuye recursos maderables, no maderables y de fauna. Si bien en las cuencas de Curaray y Arabela, algunos comuneros están involucrados en la tala comercial de madera, la mayoría todavía no ha entrado en esta actividad. En el río Mazán, hay cada vez más gente local que está incursionando

en la extracción de madera, lo cual provoca en ellos una serie de retos reconocidos (Ver gráfico proceso de extracción de madera).

La potencial intervención petrolera en la región es una amenaza que hemos notado, pero que los pobladores del río Arabela aun no perciben. La Compañía Petrolera Española-Argentina REPSOL ha entrado en negociaciones con varias comunidades para ver qué tipo de "apoyo" éstas le pueden brindar. Sin embargo, estas negociaciones no proveen a los comuneros información relacionada a los procesos, derechos, estudios de caso, etc., para realmente entrar en negociaciones informadas.

Finalmente, las dragas de oro están también contaminando los ríos. Muchos han expresado inquietudes por el aumento de dragas de oro, sobre todo en el alto Curaray y Alto Napo, pero también en el Alto Mazán.

El efecto cumulativo de estas amenazas no sólo pone en riesgo el bienestar de los recursos naturales, sino también la calidad de vida de los pobladores locales y regionales (Iquitos), mediante el deterioro de los servicios ambientales, como agua o peces.

RECOMENDACIONES

Además de las recomendaciones generales, el equipo social tiene recomendaciones más específicas, que apuntan al apoyo de gestiones a favor del bienestar de las poblaciones locales y sus recursos naturales. Primero, apoyamos las solicitudes de ampliación territorial de las Comunidades Nativas de los ríos Curaray y Arabela. Las solicitudes están en varias etapas de procesamiento, pero por falta de recursos tanto en las comunidades como en ORAI/AIDESEP para dar seguimiento a los trámites, estas solicitudes no se han concretado. La ampliación de esos territorios apoyará la gestión comunal para proteger los recursos hidrológicos y terrestres, por lo tanto requieren seguimiento para su aprobación. Recomendamos que la ampliación sea acompañada por apoyo técnico en la elaboración de planes de manejo y zonificación de las áreas tituladas.

Segundo, recomendamos que la propuesta de ORAI/AIDESEP para la creación de la Reserva Territorial Napo Tigre para el grupo indígena Pananujuri o Tagaeri en aislamiento voluntario sea evaluada en vista de la inminente amenaza que pueda causar la actividad petrolera sobre esta población. Hay una superposición del área propuesta con el Lote 39 cedido para exploración / explotación petrolera a REPSOL-YPF que ya está trabajando en el lote sin una clara definición del ámbito de los Pananujuri o Tagaeri, quienes son vulnerables a los peligros de contacto, como enfermedades o conflictos.

Tercero, recomendamos fortalecer el Comité Multisectorial del Mazán y ADIPEMPEFORMA para que estos puedan seguir consolidando sus planes de manejo de recursos naturales y microempresas comunales con la visión de incorporar un manejo comunal en toda la cuenca. El Instituto de Investigación de la Amazonía Peruana (IIAP) ha elaborado algunas propuestas, lo cual puede formar la base para este tipo de gestión.

Finalmente, recomendamos que el nuevo proyecto de conservación regional de Loreto (PROCREL) incorpore gestiones en estas tres cuencas, buscando nuevas formas de fomentar participación y liderazgo en áreas protegidas del ámbito local. Las comunidades, sus organizaciones y las organizaciones e instituciones distritales tienen capacidades y fortalezas para llevar a cabo el manejo.

ENGLISH CONTENTS

(for Color Plates, see pages 21–32)

PARTICIPANTS

FIELD TEAM

Martin Bustamante (*amphibians and reptiles*)
Pontifica Universidad Catolica de Ecuador
Quito, Ecuador
mrbustamante@puce.edu.ec

Adriana Bravo (*mammals*)
Louisiana State University
Baton Rouge, LA, USA
abravo1@paws.lsu.edu

Álvaro del Campo (*field logistics*)
Centro de Conservación, Investigación y
Manejo de Áreas Naturales (CIMA)
Tarapoto, Peru
adelcampo@fieldmuseum.org

Alessandro Catenazzi (*amphibians and reptiles*)
Florida Internacional University
Miami, FL, USA
acaten01@fiu.edu

Nállarett Dávila Cardozo (*plants*)
Universidad Nacional de la Amazonía Peruana
Iquitos, Peru
arijuna15@hotmail.com

Roger Conislla (*transportation logistics*)
Policia Nacional del Perú, Lima, Peru

Juan Díaz Alvan (*birds*)
Instituto de Investigaciones de la Amazonía Peruana (IIAP)
Iquitos, Peru
j.diazalvan@lycos.com

Walter Flores (*social inventory*)
Gobierno Regional de Loreto
Iquitos, Peru

Robin B. Foster (*plants*)
Environmental and Conservation Programs
The Field Museum, Chicago, IL, USA
rfoster@fieldmuseum.org

Max H. Hidalgo (*fishes*)
Museo de Historia Natural Universidad Nacional Mayor de San Marcos
Lima, Peru
maxhhidalgo@yahoo.com

Dario Hurtado (*coordinator, transportion logistics*)
Policia Nacional del Perú, Lima, Peru

Italo Mesones (*plants, field logistics*)
Universidad Nacional de la Amazonía Peruana
Iquitos, Peru
italoacuy@yahoo.es

Debra K. Moskovits (*coordinator*)
Environmental and Conservation Programs
The Field Museum, Chicago, IL, USA
dmoskovits@fieldmuseum.org

Andrea Nogués (*social inventory*)
Center for Cultural Understanding and Change
The Field Museum, Chicago, IL, USA
anogues@fieldmuseum.org

Gabriela Nuñez Iturri (*plants*)
University of Illinois-Chicago
Chicago, IL, USA
gabinunezi@yahoo.com

Mario Pariona (*social logistics*)
Environmental and Conservation Programs
The Field Museum, Chicago, IL, USA
mpariona@fieldmuseum.org

Manuel Ramirez Santana (*social inventory*)
Organización Regional de AIDESEP-Iquitos (ORAI)
Iquitos, Peru

Marcos Ramírez (*field logistics*)
Centro de Conservación, Investigación y
Manejo de Áreas Naturales (CIMA)
Tarapoto, Peru
mramirez@cima.org.pe

Jhony Rios (*mammals*)
Universidad Nacional de la Amazonía Peruana
Iquitos, Peru
j_rios76@yahoo.com

Oscar Roca (*transport logistics*)
Policia Nacional del Perú, Lima, Peru

Robert Stallard (*geology*)
Smithsonian Tropical Research Institute
Panama City, Panama
stallard@colorado.edu

Douglas F. Stotz (*birds*)
Environmental and Conservation Programs
The Field Museum, Chicago, IL, USA
dstotz@fieldmuseum.org

Corine Vriesendorp (*plants*)
Environmental and Conservation Programs
The Field Museum, Chicago, IL, USA
cvriesendorp@fieldmuseum.org

Tyana Wachter (*general logistics*)
Environmental and Conservation Programs
The Field Museum, Chicago, IL, USA
twachter@fieldmuseum.org

Alaka Wali (*social inventory*)
Center for Cultural Understanding and Change
The Field Museum, Chicago, IL, USA
awali@fieldmuseum.org

Phillip Willink (*fishes*)
Department of Zoology
The Field Museum, Chicago, IL, USA
pwillink@fieldmuseum.org

COLLABORATORS

Asociación Interétnica de Desarrollo de la Selva Peruana (AIDESEP)
Lima, Peru

Centro para el Desarrollo del Indígena Amazónico (CEDIA)
Lima, Peru

Centro Pastoral
Iquitos, Peru

Ejercito Peruano (EP)
Base #29, Cururay, Peru

Fuerza Area del Perú (FAP)
Iquitos, Peru

Gerencia del Subregion de Napo
Santa Clotilde, Peru

Hotel Doral Inn
Iquitos, Peru

Instituto de Investigaciones de la Amazonía Peruana (IIAP)
Iquitos, Peru

Parroquia Catolica de Santa Rosa
Mazan, Peru

Parroquia Nuestra Señora de la Asunción
Santa Clotilde, Peru

Policia Nacional del Perú (PNP)
Lima, Peru

INSTITUTIONAL PROFILES

The Field Museum

The Field Museum is a collections-based research and educational institution devoted to natural and cultural diversity. Combining the fields of Anthropology, Botany, Geology, Zoology, and Conservation Biology, museum scientists research issues in evolution, environmental biology, and cultural anthropology. Environmental and Conservation Programs (ECP) is the branch of the museum dedicated to translating science into action that creates and supports lasting conservation. Another branch, the Center for Cultural Understanding and Change, works closely with ECP to ensure that local communities are involved in conservation in positive ways that build on their existing strengths. With losses of natural diversity accelerating worldwide, ECP's mission is to direct the museum's resources—scientific expertise, worldwide collections, innovative education programs—to the immediate needs of conservation at local, national, and international levels.

The Field Museum
1400 S. Lake Shore Drive
Chicago, IL 60605-2496 U.S.A.
312.922.9410 tel
www.fieldmuseum.org

Gobierno Regional de Loreto (GOREL)

The Regional Government of Loreto (GOREL) is a judiciary entity representing the will of the public. It has political, economic and administrative autonomy and receives a designated budget as established in Article 191 of the Peruvian Constitution and Article 2 of Law 27867. The scope of its jurisdiction is delineated by the current boundaries of the department of Loreto and its headquarters are in the city of Iquitos.

GOREL's mission is to govern democratically and achieve an integrated development in the region, in agreement with national, sectorial, and regional policies. Together with other public institutions and private investments, GOREL implements and promotes programs, projects, and action towards the goal of generating economic well-being and to improve the living standards of the population.

Gobierno Regional de Loreto
Av. Abelardo Quiñónez km 1.5
Iquitos, Peru
51.65.267010/266969 tel
51.65.267013 fax
www.regionloreto.gob.pe

Organizacion Regional AIDESEP-Iquitos (ORAI)

The Regional Organization AIDESEP-Iquitos (ORAI) is registered publicly in Iquitos, Loreto. This institution consists of 13 indigenous federations, and represents 16 ethnic groups located along the Putumayo, Algodón, Ampiyacu, Amazonas, Nanay, Tigre, Corrientes, Marañón, Samiria, Ucayali, Yavarí, and Tapiche Rivers in the Loreto region.

The mission of ORAI is to ensure communal rights, to protect indigenous lands, and to promote an autonomous economic development based on the values and traditional knowledge that characterize indigenous society. In addition, ORAI works on gender issues, developing activities that promote more balanced roles and motivate the participation of women in the communal organization. ORAI actively participates in land titling of native communities, as well as in working groups with governmental institutions and the civil society for the development and conservation of the natural resources in the Loreto region.

Organizacion Regional AIDESEP-Iquitos (ORAI)
Avenida del Ejército 1718
Iquitos, Peru
51.65.265045 tel
51.65.265140 fax
orai2005@terra.com.pe

Herbario Amazonense de la Universidad Nacional de la Amazonía Peruana

The Herbario Amazonense (AMAZ) is situated in Iquitos, Peru, and forms part of the Universidad Nacional de la Amazonía Peruana (UNAP). It was founded in 1972 as an educational and research institution focused on the flora of the Peruvian Amazon. In addition to housing collections from several countries, the bulk of the collections showcase representative specimens of the Amazonian flora of Peru, considered one of the most diverse floras on the planet. These collections serve as a valuable resource for understanding the classification, distribution, phenology, and habitat preferences of plants in the Pteridophyta, Gymnospermae, and Angiospermae. Local and international students, docents, and researchers use these collections to teach, study, identify, and research the flora, and in this way the Herbario Amazonense contributes to the conservation of the diverse Amazonian flora.

Herbarium Amazonense (AMAZ)
Esquina Pevas con Nanay s/n
Iquitos, Peru
51.65.222649 tel
herbarium@dnet.com

Museo de Historia Natural de la
Universidad Nacional Mayor de San Marcos

Founded in 1918, the Museo de Historia Natural is the
principal source of information on the Peruvian flora and fauna.
Its permanent exhibits are visited each year by 50,000 students,
while its scientific collections—housing a million and a half plant,
bird, mammal, fish, amphibian, reptile, fossil, and mineral
specimens—are an invaluable resource for hundreds of Peruvian
and foreign researchers. The museum's mission is to be a center of
conservation, education and research on Peru's biodiversity,
highlighting the fact that Peru is one of the most biologically diverse
countries on the planet, and that its economic progress depends on
the conservation and sustainable use of its natural riches.
The museum is part of the Universidad Nacional Mayor de
San Marcos, founded in 1551.

Museo de Historia Natural de la
    Universidad Nacional Mayor de San Marcos
Avenida Arenales 1256
Lince, Lima 11, Peru
51.1.471.0117 tel
www.museohn.unmsm.edu.pe

ACKNOWLEDGMENTS

Our inventories are a massive collaborative effort, and we extend our deepest gratitude to everyone who helped us make the inventory in Nanay-Mazán-Arabela a great success. This was our fourth inventory in Loreto, and our first collaboration directly with Loreto's regional government (GOREL). We deeply thank Nélida Barbagelata for inviting us to do the inventory and for her profound commitment to conservation in Loreto. Similarly, we are extremely grateful to José "Pepe" Álvarez for his tireless conservation efforts in Peru, and his work in launching the regional conservation program in Loreto. Without Nélida, Pepe, and GOREL, this inventory would have been impossible.

Within GOREL, we extend our thanks to then-President Robinson Rivadeneyra and Vice-President Mariela Van Heurck. We were honored to be part of the historic agreement signed by GOREL and The Field Museum in Iquitos in early August 2006, and we are impressed with the current GOREL administration, especially the commitment Iván Vásquez and Víctor Montreuil have shown to the regional conservation initiatives. The work in Loreto will almost certainly inspire other regions in Peru and South America.

Logistically, this inventory was an enormous challenge. Our deepest gratitude goes to the Peruvian National Police (PNP), and especially Coronel Dario "Apache" Hurtado, Suboficial Roger "Checoni" Conislla, and Comandante Oscar "Orca" Roca. Over the last five years, the PNP has been instrumental in our inventories in Peru, getting us to remote corners in their helicopters. We also received generous help from the Ejército Peruano. We extend our deepest thanks to General Miranda and Mayor Pimentel from Lima, and Comandante Alva and Mayor Nacarino in Curaray, who went above and beyond to help us in our transportation needs.

Our advance team had to overcome several obstacles. Ítalo Mesones, Álvaro del Campo, and Marcos Ramírez led different teams into the field and established three campsites and trail systems. The teams rallied hard to pull the inventory together, and it is thanks to their dedication and hard work that the biological and social teams were able to be effective in the field. Ítalo Mesones deserves special recognition for persevering against incredible odds and establishing not one, but two full campsites and getting us exactly where we needed to be to visit the drainage divide and explore the highest reaches of the headwaters.

Our advance team included a terrific group of local assistants from numerous nearby communities, including Nuevo Tipishca, Nuevo Yarina, Santa Maria, Santa Clotilde, Muchavista, Buena Vista, San Rafael, Flor de Coco, and one soldier from the Curaray army base. We are enormously grateful to all of them for their hard work and good spirits, and extend our heartfelt gratitude to everyone in the advance team: Germán Macanilla Figueira, Segundo Bienvenido Tapullima Vasquez, José Valencia Tapullima, Robert Sinacay Inuma, Lauro Moreno Cumari, Mario Rodríguez Siquihua, Arbes Rodríguez Siquihua, Evison Tihuay Dahua, Rolando Lanza Sinarahua, Martín Mashucuri Aranda, Juan Mayer García Tamani, José Cliper Papa Dahua, Abel Cumari Aruna, Henry Sifuentes Peréz, Ronald Tapuy Macarnilla, Eduardo Figueroa Coquinche, José María Figueroa Coquinche, Antonio Figueroa Coquinche, Gepson Angulo Mosquera, Abel Cumari Aruna, Uxton García Tamani, Saúl Perdomo Rosero, Rodolfo Padilla Armas, Virgilio Rosero Tapullima, Ángel Rodriguez Correa, Nixon Vigay Yumbo, and Jesús Huansi Vásquez. We give special thanks to our cook, Adela Rodríguez Galla.

In Iquitos, Tyana Wachter took on the overwhelmingly difficult role of coordinating everyone's movements from afar. She worked non-stop to overcome a seemingly endless string of communication difficulties, unfavorable weather conditions, and logistical pitfalls. Her good cheer never wavered, and we are forever grateful to Tyana! In Chicago, we relied on the wonderful problem-solving abilities of Rob McMillan and Brandy Pawlak. In Lima we continued to have terrific support from the staff at Centro de Conservación, Investigación y Manejo de Áreas Naturales (CIMA), especially Tatiana Pequeño, Jorge Luis Martinez, Manuel Alvarez, Jorge Aliaga, Yessenia Huaman, and Lucia Ruiz.

In Iquitos, we received tremendous support from many people and organizations. The Doral Inn helped us at every turn. The Centro Pastoral provided us with a great place to write, and allowed us to be very productive in Iquitos. We thank all at the Instituto del Bien Común (IBC), especially Aldo Villanueva Zaravia and Carolina de la Rosa Tincopa. We extend our deepest thanks to General Alfredo Murgueytio of the Ejército del Perú in Iquitos for his help. We also thank the Policía Nacional del Perú in Iquitos for allowing us to use their radio, and for supporting us in many ways. A special thanks goes to CEDIA, especially Melcy Rivera Chávez, for their amazing help with logistics and for generously loaning us their boat.

ACKNOWLEDGMENTS

We are grateful to many people in GOREL for helping us with logistics and arranging river transport, especially Cesar Ruiz and Felix Grandes. We thank Detzer Flores Mozombite from GOREL for taking one part of the biological team to Curaray by boat and for transporting the social team to all of the communities. We also are grateful to Jorge Perez from ORAI for helping us make arrangements for the social team to visit the communities.

We are profoundly grateful to Capitán Vargas and Orlando Soplin from the Fuerza Aérea del Perú, Grupo 42 for their help with the twin otter. For providing the float planes we thank Ivan Ferreyra Lima of North American Float Planes and Jorge Pinedo Lozano of Alas del Oriente.

Before the inventory began, we had an unexpected georeferencing crisis. We could not have solved this problem without the technical support of Hannah Anderson, Futurity Inc, and Roxana Otárola Prado and Willy Llactayo of CIMA. We are deeply grateful for all of their help and hard work. Without them we would not have had accurate maps in the field.

The herpetologists would like to acknowledge Carlos Rivera for providing helpful information on the herpetofauna of Pucacuro, and the museums at the Pontificia Universidad Católica de Ecuador and the Universidad Nacional Mayor San Marcos for providing a home for the specimens.

The ornithologists are grateful to Pepe Álvarez for helpful discussions on the white-sand avifauna.

The botanical team would like to thank Juan Ruiz and Mery Nancy Arevalo, the director of the Herbario Amazonense, for their ongoing support of our work and for allowing us to dry our specimens and use the herbarium. For help in Chicago with specimens, we thank Nancy Hensold and Tyana Wachter. We are very grateful to the taxonomists who helped us identify specimens, especially E. Christenson and P. Harding (Orchidaceae), L. Kawasaki and B. Holst (Myrtaceae), R. Ortiz-Gentry (Menispermaceae), and H. van der Werff (*Tachigali*).

The ichthyology team is deeply grateful to H. Ortega for revising their chapter, and F. Bockmann and S. Weitzman for assisting with fish identifications.

The mammalogists extend a special thanks to E. W. Heymann, R. S. Voss, S. Solari, and P. M. Velazco for invaluable comments on their report, and to R. Aquino for providing information on primate identifications and range distributions in Peru.

First and foremost, the social inventory team is grateful to the residents of the eleven communities we visited for their generous hospitality and willingness to share their knowledge and experiences with us. We also thank the members of the sub-sector of the Regional Government in Santa Clotilde for their logistical support during the inventory, including the use of their motor boat. We thank the Fathers of the Santa Clotilde Vicariate for their warm hospitality and their insights on the region's economic and political context. We are grateful to the Parroquia of Santa Rosa de Mazán for housing us at the parrish, for accompanying us on our visits to the Mazán communities, and for facilitating contacts with members of AIDEPEMPROFORMA. Abel and Norma Chávez of AIDEPEMPROFORMA accompanied us on our visits and patiently shared the history of their organization's efforts. In Iquitos we received great assistance from the Regional Government's technical departments as well as the Defensoría del Pueblo, the National Statistics Institute, and the Ministry of Agriculture.

Everyone on the inventory team is grateful to Dr. Vicente Vásquez. When we came out of the field, several members of the team came down with dengue and malaria, and he helped diagnose their illnesses and reassured us all with his bedside manner. Tyana Wachter served as an endlessly giving nurse to all who needed help.

We extend special gratitude to the Peruvian Natural Resource Institute (INRENA) for their long-term support of our inventories and for granting collecting and export permits.

We deeply thank Álvaro del Campo, Doug Stotz, Brandy Pawlak, and Tyana Wachter for editing and proofreading parts of the manuscript. And as always, we thank Jim Costello and his team for designing the report and handling all our last minute changes.

Finally, we extend our gratitude to the Gordon and Betty Moore Foundation for financial support of the inventory.

The goal of rapid biological and social inventories is to catalyze effective action for conservation in threatened regions of high biological diversity and uniqueness.

Approach

During rapid biological inventories, scientific teams focus primarily on groups of organisms that indicate habitat type and condition and that can be surveyed quickly and accurately. These inventories do not attempt to produce an exhaustive list of species or higher taxa. Rather, the rapid surveys (1) identify the important biological communities in the site or region of interest, and (2) determine whether these communities are of outstanding quality and significance in a regional or global context.

During social asset inventories, scientists and local communities collaborate to identify patterns of social organization and opportunities for capacity building. The teams use participant observation and semi-structured interviews to evaluate quickly the assets of these communities that can serve as points of engagement for long-term participation in conservation.

In-country scientists are central to the field teams. The experience of local experts is crucial for understanding areas with little or no history of scientific exploration. After the inventories, protection of natural communities and engagement of social networks rely on initiatives from host-country scientists and conservationists.

Once these rapid inventories have been completed (typically within a month), the teams relay the survey information to local and international decisionmakers who set priorities and guide conservation action in the host country.

Dates of Field Work	Biological Team:	15–30 August 2006
	Social Team:	15–29 August 2006

Region

Province of Loreto, northwestern Peruvian Amazon, near the border with Ecuador. Nanay-Mazán-Arabela (N-M-A) Headwaters lie south of the Curaray and Arabela rivers and north of the Tigre and Pucacuro rivers. A mosaic of land-uses surrounds the area: the Pucacuro Reserve Zone to the south and southwest, the proposed Territorial Reserve Napo-Tigre to the west, the proposed Comunal Reserve Napo-Curaray to the north, and forestry concessions to the east.

Fig. i. Map of the region showing original and current proposals for Nanay-Mazán-Arabela Headwaters.

All of the data and summaries for the biological inventory reflect the original proposal of 136,005 ha (Fig. 2A, i); therefore, the biological results represent a conservative measure of the diversity in the current proposal of 747,855 ha (Fig. 2A). The social inventory results are relevant for both proposals, irrespective of their size.

Inventories	**Biological focus:** Geology, hydrology, vascular plants, fishes, reptiles and amphibians, birds, large mammals, and bats.

Biological focus: Geology, hydrology, vascular plants, fishes, reptiles and amphibians, birds, large mammals, and bats.

The biological team visited 3 sites, one in each watershed (Mazán, Nanay, Arabela).

- Mazán: Alto Mazán, 15–20 August 2006
- Nanay: Alto Nanay, 21–24 August 2006
- Arabela: Panguana, 25–30 August 2006

Social focus: Cultural and social assets including organizational strengths and resource use and management.

The social team visited 11 communities in three watersheds (Arabela, Curaray, Mazán).

- Arabela (2 communities): Flor de Coco and Buena Vista, 18–19 August 2006

- Curaray (5 communities): Bolivar, San Rafael, Santa Clotilde, Shapajal, and Soledad, 16–17 and 20–24 August 2006

- Mazán (4 communities): Puerto Alegre, Santa Cruz, Libertad, and Mazán, 29 August 2006

Principal biological results

N-M-A Headwaters are spectacularly diverse (Table 1). Habitats vary broadly across the landscape, and range from white sand patches to hilly areas that represent the eastern most extension of the Ecuadorian Andes. The highest of these hills (270 m) is a drainage divide for three regionally important rivers: Nanay, Mazán, and Arabela. Below we summarize the biological highlights.

Table 1. Species richness in each inventory site for all organisms surveyed; total richness across inventory sites; and richness estimates for the Nanay-Mazán-Arabela Headwaters region.

Organismal group	Alto Mazán	Alto Nanay	Panguana	Inventory total	Regional richness
Plants	600	800	1000	1200	3000–3500
Fishes	92	78	56	154	240
Amphibians	25	26	31	53	80–100
Reptiles	20	12	26	36	60–80
Birds	271	221	297	372	500
Large Mammals*	29	17	31	35	59

* Bats (20 species found during the inventory) not included.

**Principal biological
results**
(continued)

Geology and Hydrology: Three formations (Pevas, Unit B, Unit C) meet in the N-M-A Headwaters region, creating a rich geological mosaic. Natural erosion is extensive along river and stream edges. Any artificial increase in erosion (deforestation, mining, intensive agriculture, oil extraction) would result in a catastrophic impact with heavy sedimentation throughout the watershed.

Vegetation: Vegetation varies broadly across the region, from stunted trees growing on white sands to tall forests growing on clay hills. In the Arabela headwaters, we found floodplain species growing on hilltops (Fig. 5E), an odd locale for species that colonize open areas. We speculate that these pioneer species may have colonized hilltops after agriculture was abandoned 400–500 years ago. Natural disturbances (tree-fall gaps, erosion) appear to be more common here than elsewhere in Amazonia.

Plants: Botanists found ~1,200 species, including 3 new plant species for Peru, and 5 species almost certainly new to science. Valuable timber species are nearly absent from the region. However, lesser-known timber species are abundant, and if markets for these species expand, the resulting deforestation would be immense (60% of forest cover).

Fishes: The region's 154 species include fishes that are new to science or new for Peru (13), rare or range-restricted (6), valuable as ornamentals (10), or important in local food markets (5). Headwater areas are a critical source of nutrients for downstream aquatic communities; any disturbance upstream will cascade through the food web.

Amphibians and Reptiles: Herpetologists registered 53 species of amphibians, including 2 species new to science, 3 rare species, and an abundant population of an *Atelopus* frog (Fig. 7C) critically threatened elsewhere. Reptiles were similarly diverse (36 species) and included a new record for Loreto and a species potentially new to science. Local drought and sedimentation, provoked by deforestation, would reduce stream quality and availability and severely impact the majority of the herpetofauna.

Birds: The region's diverse bird community (372 species) is dominated by terra firme species. Highlights include a specialist avifauna (12 species) associated with rare, white-sand habitats, and 6 foothill species typically associated with the Andes. Guans (*Penelope* and *Crax*) are abundant, suggesting the area provides an important refuge for game birds.

Mammals: Regional primate diversity (11 species) is high, and includes a range-restricted species of monk-saki (*Pithecia*, Fig. 9C). Currently, commercial hunting threatens mammal populations in the upper Mazán River, as evidenced by hunting parties traveling along the river (Fig. 4C), lower mammal densities at this site, and apprehensive behavior in observed animals. In contrast, the upper reaches of the Nanay and Arabela rivers appear to provide an important refuge for local fauna. Human settlements along the Mazán, Arabela, and Curaray rivers are small communities (70–300 inhabitants) with a subsistence lifestyle that relies on forest resources, small-scale agriculture, and local commerce (Fig. 10D). We found great social strengths and responsible natural resource use within these human communities, providing promising avenues for local management and conservation (Table 2).

Table 2. Overview of social assets and natural resource use in 11 communities visited during the social inventory in the Mazán, Arabela, and Curaray watersheds.

Watersheds	Mazán	Arabela	Curaray
Communities	Puerto Alegre Libertad Santa Cruz Mazán	CN* Buena Vista CN Flor de Coco CN Soledad CN San Rafael Santa Clotilde	CN Shapajal CN Bolívar
Overview	■ A self-sufficient lifestyle predominates, largely compatible with environmental conservation. ■ However, the last decade has seen greatly increased integration into commercial markets (timber as well as others) by native communities in the Arabela and Curaray rivers as well as the *ribereño* (riverine) communities along the Mazán River.		
Social assets	■ A work ethic based on communal values ■ Barter economy ■ Organizations dedicated to management of natural resources ■ Links between parish and communities that facilitate communication and management ■ Family networks that support social cohesion ■ River-based flows of information, commerce, and health care among communities ■ Revitalization of cultural identity (including indigenous languages)		
Natural resource use	■ Subsistence economy with relatively low levels of extraction ■ Small semi-diversified agricultural plots (on average, 0.5–1 ha) ■ Medicinal plant knowledge and use ■ Some communities regulate commercial extractive use by outsiders		

Note: Communities on the Nanay River, although not visited during the social inventory, are involved in integrated management efforts in collaboration with the Instituto de Investigaciones de la Amazonía Peruana (IIAP) in Iquitos. The collaborative work along the Nanay would provide a model for working with local communities in the rest of the region.

*CN = Comunidad Nativa

Principal threats

Although N-M-A Headwaters is in a remote corner of Peru, rivers provide access to the entire area. Without a coherent plan for local conservation and management of the area, the biological and human communities will become increasingly threatened (Figs. 4A–C).

Biological communities are threatened by:

01 **Commercial activities that increase erosion.** Deforestation created by extractive industries (timber, oil, mining), coupled with the already high natural levels of erosion in N-M-A Headwaters, would drastically increase river sedimentation within the entire watershed.

02 **Intensive commercial hunting and fishing.** Unregulated, large-scale hunting and fishing is not sustainable in the long term. Demand in Iquitos overwhelmingly drives the bushmeat trade.

03 **Contamination.** Mining and oil operations pose an enormous threat to water quality for local residents and local fauna, especially fishes.

Human communities are threatened by:

01 **Commercial activities that create social upheaval.** Historically, commercial resource extraction in Amazonia (e.g., rubber, gold, oil) follows a boom and bust cycle. These cycles destabilize local social networks and accelerate cultural erosion.

02 **Incomplete information during negotiations with commercial interests.** Communities are uninformed about their rights vis-à-vis commercial industries interested in extracting resources from their territories. Often, this leads to skewed decision-making. Moreover, commercial industries will negotiate directly with individuals in rural and indigenous communities, creating internal conflict and division.

03 **Excessive extraction.** Commercial hunting and fishing deplete game species that local people depend on for subsistence.

04 **Lack of a regional land-use plan.** N-M-A Headwaters harbor great biological diversity and are surrounded by communities motivated to conserve this diversity and their own livelihoods. However, oil concessions cover most of Loreto, including N-M-A Headwaters. A land-use plan would balance the importance of preserving biological and cultural diversity with the demand for large-scale resource extraction. These issues must be resolved at a regional scale.

Antecedents and current status	In March 2004, Loreto's regional government (Gobierno Regional de Loreto, GOREL) excluded 24 timber concessions from the Mazán headwaters (Regional Ordinance 003-2004-CR/GRL; 136,005 ha, Fig. 2A). In March 2006, GOREL invited The Field Museum to lead a rapid biological and social inventory to provide technical support for protecting this fragile region. All of the biological results reflect the original proposal of 136,005 ha (Fig. i).

After the inventory in August 2006, the team presented preliminary results to GOREL in Iquitos. Based on the inventory results, GOREL proposed to protect the entire N-M-A Headwaters—including the Nanay headwaters—within the new regional conservation system managed by a new program (Programa de Conservación, Gestión, y Uso Sostenible de la Biodiversidad Biológica de la Región Loreto, PROCREL). The proposal (747,855 ha, Fig. 2A) is now awaiting review and approval by the Board of Ministers (Consejo de Ministros). |
| **Principal recommendations for protection and management** | 01 **Establish a Regional Conservation Area (Área de Conservación Regional) of 747,855 ha that includes the upper Nanay River (Fig. 2A).** The area should be implemented and managed by PROCREL, and coordinated with the adjacent protected area (Zona Reservada Pucacuro) and adjacent, proposed protected areas (Reserva Territorial Napo-Tigre, Reserva Comunal Napo-Curaray).

02 **Restrict intensive commercial use in the fragile N-M-A Headwaters.**

03 **Support the proposed Nanay-Pucacuro Corridor.** The proposed Regional Conservation Area Nanay-Mazán-Arabela is a key piece of this corridor.

04 **Fully integrate local residents and appropriate local organizations in the protection of the area.**

05 **Create a buffer zone for the proposed Regional Conservation Area.**

06 **Create a zoning plan for the proposed Regional Conservation Area and its buffer zone.**

07 **Implement capacity-building, environmental education, and communication programs for local residents.** |
| **Long-term conservation benefits** | 01 **Guaranteed water quality and supply** for rural and urban populations (including Iquitos)

02 **Integrity of the river network** (Nanay, Mazán, Napo) that supports regional transit and commerce

03 **Protection of fundamental resources** (waterways, forests) that are critical to maintaining stable fish populations (including economically valuable species) |

Long-term conservation
benefits
(continued)

04 **Established refuge** in Loreto, to mitigate fauna and flora depletion elsewhere

05 **Ensured well-being of communities** along the Nanay, Mazán, Arabela, and Curaray rivers in their subsistence lifestyles

Why Nanay-Mazán-Arabela Headwaters?

Close to the border with Ecuador, a group of headwater streams originate along a small divide in the lowlands. These headwaters give rise to three of the most important rivers in Loreto—the Arabela, Mazán, and Nanay—and provide clean water for the more than 400,000 residents of the capital city of Iquitos. This is the area (747,855 ha) we call "Nanay-Mazán-Arabela Headwaters."

The three watersheds are characterized by distinct geologies, with elements of the ancient Pevas formation occurring alongside Andean formations. The geological diversity begets a tremendous biological diversity that ranges from stunted forest growing on white sands to tall, rich forests growing on clay hills, and includes rare and range-restricted species as well as species better known from the Andes.

The headwaters form part of the proposed biological corridor Nanay-Pucacuro, an area harboring spectacular biodiversity and rich in endemic species. In its entirety, this corridor protects a representative sample of Loreto's diversity, ensures habitat connectivity for migratory species or species with large home ranges, provides a refuge for flora and fauna threatened in areas with more intensive use in Loreto, and engenders source populations of flora and fauna for adjacent areas where resources are used more intensively by local residents.

Local indigenous and riverine populations rely on a barter economy with small-scale extraction of natural resources. Several organizations already exist that promote sustainability and limit excessive extraction by outsiders. With appropriate guidelines, current levels of use could be compatible with conservation of the area.

In the Arabela River and its tributaries, there is substantial evidence of indigenous people living in voluntary isolation. These people represent essential elements of the cultural patrimony of Peru, and their populations are extremely sensitive to disturbance and disease.

N-M-A Headwaters is highly susceptible to disturbances, with its soils currently experiencing nearly continuous natural erosion. Any activity that increases erosion rates would drastically increase river sedimentation, destroying aquatic habitats and fisheries, and damaging water quality within the entire watershed.

The headwaters of nearly all other important rivers in Loreto originate in Ecuador or Colombia, such that decisions in these countries dictate the fate of most of Loreto's watersheds. In contrast, the headwaters of the Nanay, Mazán, and Arabela rivers originate in Peru, creating a singular opportunity for the *Gobierno Regional de Loreto* (GOREL) to manage the area in an integrated manner, ensuring the sustainability of water, timber, and fish resources in the watershed, and the well-being of the region.

Conservation Targets

The following species, forest types, and ecosystems are of particular conservation concern in Nanay-Mazán-Arabela Headwaters. Some are important because they are threatened or rare elsewhere in Peru or in Amazonia; others are unique to this area of Amazonia, key to ecosystem function, important to the local economy, or important for effective long-term management.

Biological and Geological Communities	▪ Complex geology and associated poor-to-rich soils developed within the only large headwater region north of the Amazon and outside of the Andes
	▪ A unique combination of soils and elevations over 200 m that resemble Andean foothills, but are isolated from the Andes by intervening valleys and at least 300 km
	▪ A mosaic of poor, intermediate, and rich soils that span a nearly complete gradient of soil fertilities and that represent habitats not protected within national (SINANPE) or regional protected areas
	▪ Aquatic habitats, especially streams including the headwaters themselves, that provide reproductive sites and food resources for fauna (e.g., frogs and fishes)
Vascular Plants	▪ The westernmost extent of the poor-soil Central Amazonian flora
	▪ Tiny populations of valuable timber species (e.g., *Cedrela fissilis* and *C. odorata*, Meliaceae; *Cedrelinga cateniformis*, Fabaceae) logged at unsustainable levels elsewhere in Amazonia
	▪ Large populations of timber species of lesser value (*Virola* spp., Myristicaceae; various species of Lecythidaceae, Lauraceae, and Fabaceae; *Calophyllum brasiliense*, Clusiaceae; *Simarouba amara*,

Vascular Plants (continued)	Simaroubaceae) that are increasingly exploited as higher value timber species become extinct
	▪ 5–10 plant species potentially new to science
Fishes	▪ Communities of species adapted to the headwaters, sensitive to the effects of deforestation, and probably endemic to the region (*Creagrutus, Imparfinis, Characidium, Hemibrycon, Bujurquina*)
	▪ Species that are probably new to science (*Imparfinis, Cetopsorhamdia, Bujurquina*)
	▪ Species of high value in the ornamental fish trade (*Monocirrhus, Nannostomus, Hemigrammus, Hyphessobrycon, Otocinclus, Apistogramma, Crenicara*)
Reptiles and Amphibians	▪ An abundant population of *Atelopus* sp. (Fig. 7C), a new species within the harlequin frog genus, a genus considered threatened by extinction throughout its geographic range
	▪ Two frogs that are new to science, the *Atelopus* sp. and an *Eleutherodactylus* sp. (Fig. 7A).
	▪ Species with commercial value such as turtles (*Geochelone denticulata*) and caimans (*Caiman crocodilus*), especially in riparian forests and oxbow lakes along the upper reaches of the Arabela and Mazan rivers
Birds	▪ A dozen bird species restricted to white-sand forests, which are rare habitats within Peru and Amazonia
	▪ Game birds, e.g., Salvin's Curassow (*Crax salvini*), under considerable hunting pressure in other parts of their range, especially in Loreto
	▪ Populations of foothill species, isolated from the Andes

Mammals	•	Abundant, intact populations of mammals, especially in the Arabela headwaters, threatened elsewhere in Amazonia
	•	Substantial populations of equatorial saki monkey (*Pithecia aequatorialis*, Fig. 9C), a range-restricted primate occurring in Peru only on the left bank of the Marañón River between the Napo and Tigre rivers
	•	Populations of primates that are important seed dispersers but threatened by commercial hunting, especially the white-bellied spider monkey (*Ateles belzebuth*) listed as Vulnerable (IUCN), the red howler monkey (*Alouatta seniculus*), and the common woolly monkey (*Lagothrix poeppigii*)
	•	Populations of giant armadillo (*Priodontes maximus*), listed as Vulnerable (IUCN) and Threatened (CITES)
	•	Top predators, e.g., jaguar (*Panthera onca*) and puma (*Puma concolor*), that are important in regulating prey populations
	•	Populations of Brazilian tapir (*Tapirus terrestris*), an important dispersal agent, especially of large seeds, listed as Vulnerable (CITES, IUCN)
	•	Three bat species (*Artibeus obscurus, Vampyriscus bidens*, and *Diphylla ecaudata*, Fig. 9B) considered Lower Risk/Near Threatened (IUCN)
Human Communities	•	Indigenous populations living in voluntarily isolation in the headwaters of the Arabela River
	•	Social behaviors and patterns (e.g., communal work, barter economy) that can buffer villagers from the uncertainties inherent in living in isolated parts of the Amazon
	•	Villagers practicing a self-sufficient lifestyle that is compatible with environmental conservation

RECOMMENDATIONS

Below we highlight a series of recommendations to secure effective conservation of the area and ensure the integrity of the watersheds in the long-term.

Protection and management

01 **Establish a Regional Conservation Area of 747,855 ha that includes the upper Nanay drainage (Fig.2A).** The Nanay is an important river for Loreto, especially Iquitos, and like other key rivers in Loreto, it provides a source of food, water, and transport. Currently, the Nanay headwaters have no formal protection. The Regional Government of Loreto achieved tremendous success with two ordinances—prohibiting dredging machinery and restricting commercial fishing. A similarly successful project was led by the Instituto de Investigación de la Amazonía Peruana (IIAP) in the mid- and lower Nanay where, with legal and technical support, the local residents are organized and recuperating their natural resources. The headwaters of the Nanay should be protected to ensure the continued success of existing projects and the quality of life of residents in the entire watershed. The regional conservation proposal captures the intent of an earlier initiative by IIAP to create a Communal Reserve in the mid- and upper Nanay, now reformulated to protect the headwaters.

02 **Categorize the Regional Conservation Area as "Área de Protección Ambiental Cabeceras Nanay-Mazán-Arabela," managed by PROCREL.** In Loreto, PROCREL represents a tremendous opportunity for regional conservation and is likely the most appropriate entity to manage the area. To guarantee the long-term benefits of these watersheds for Loreto, activities in the region should be carefully zoned and limited to subsistence practices by adjacent communities and uncontacted indigenous people. Management of this new conservation area should be coordinated with neighboring areas: the Zona Reservada Pucacuro, the proposed Reserva Territorial Napo-Tigre, and the proposed Reserva Comunal Napo-Curaray.

03 **Restrict intensive commercial use in Nanay-Mazán-Arabela Headwaters.** The headwaters, which provide essential ecosystem services to a large part of Loreto and supply water to Iquitos, are extremely fragile. The area's soft substrates and steep gradients are subjected to an almost continuous natural erosion, making the headwaters extremely vulnerable to any activity that increases the rate of erosion—timber extraction, oil extraction, mining, or large-scale agriculture. Excluding the timber concessions from the region is critical; however, this alone is not sufficient to protect the headwaters. If other intensive use is permitted in the area, the increase in erosion will trigger heavy sedimentation in the three watersheds, resulting in economic, biological, and social losses for Loreto.

Protection and
Management
(continued)

04 **Strengthen the proposed corridor Nanay-Pucacuro. The "Nanay-Mazán-Arabela Headwaters Area of Environmental Protection" is part of this corridor.** The corridor will protect the richest biological communities on Earth, unite the megadiverse forests of Peru and Ecuador, and conserve the characteristic richness of Loreto.

05 **Determine the roles of the principal actors in each of the three watersheds, once the Regional Conservation Area is established and under management by PROCREL.** Successful protection of the area will depend on a concerted and united effort by everyone, and should play to existing strengths found in neighboring communities, local authorities, and the national and regional institutions protecting the area. The key actors include GOREL, via PROCREL; local communities, via their management committees and their relevant organizations and representatives in each watershed; local governments, via the relevant legal norms; indigenous federations and *campesino* organizations; and other supporting entities (e.g., forest management committees, NGOs, state institutions).

06 **Involve local people in protection of the area, and strengthen and regulate existing initiatives in the region.** Managing a protected area is much more effective when local residents are integral participants. In Nanay-Mazán-Arabela Headwaters, the role of local people is even more critical because rivers provide such easy access to the region. In the Nanay and Arabela rivers, there are successful local initiatives to control entry into the area by outsiders. We recommend strengthening and regulating these activities and exporting these initiatives to all of the vulnerable entry points in the region. In addition, we recommend empowering local communities in the three watersheds by training voluntary park guards to eradicate illegal hunting, fishing, and logging in their watersheds, and by creating entry fees for outsiders visiting the region.

07 **Establish zoning for uses of varying intensitites in the Regional Conservation Area and its buffer zone, in accordance with the fragility of the soils and ecosystems.** Sustainable use of the area will ensure the well-being of both the uncontacted indigenous people living within N-M-A Headwaters and the communities that live outside of its borders. To ensure successful integrated management and sustainable use of the area, the buffer zone should include part of the Curaray watershed.

08 **Design and implement training, environmental education, and awareness programs.** In the region there is a lack of information about various topics, including the environmental impact of resource extraction in such a fragile area, and how to mitigate these impacts to restore the area. Technical assistance, training,

environmental education, and awareness are key elements in allowing local communities to make informed management decisions about their watersheds.

09 **Avoid promoting agricultural and livestock programs and prevent invasion by exotic species, as the headwaters are incredibly fragile.** In particular, buffaloes cause enormous damage, destroying habitats and disrupting watersheds.

Further inventory	01	**Map the geology of the region.** There are no previous descriptions of the area's geology. We recommend conducting additional inventories that measure stream water chemistry, describe major landforms, characterize soils, and evaluate water quality. The results can be integrated into a preliminary geological map.
	02	**Continue basic plant and animal surveys, focusing on other seasons and other sites.** Survey priorities include the hills inland from the Mazan River, the high terraces and low hills dominated by dead Tachigali trees (easily visible from the air, Fig. 3D), the Arabela River and associated lakes, and the flat region in the Tigre basin, south of Panguana and to the west of the Nanay. For amphibians, reptiles, and fishes, it will be important to do additional surveys during the wet season from October to March.
	03	**Conduct longer inventories that can focus on small mammals and bats.** Mammal diversity is highest in smaller-bodied taxa such as rodents and bats, and our inventory was not long enough to adequately sample these groups.
	04	**Inventory white-sand areas in the upper Nanay basin.** White-sand areas are rare habitats with low diversity overall, but high levels of endemism. Additional surveys should focus on plant and bird communities. One priority is searching for populations of *Polioptila clementsii*, an endemic bird known only from several dozen breeding pairs in white-sand habitats in the Reserva Nacional Allpahuayo-Mishana near Iquitos.
Research	01	**Evaluate the impact of local fishing and hunting on game populations (fish, birds, mammals).** Use participatory research methods to work with community members and determine which species are most commonly captured, the relative abundances of these species, and the sites most often used for hunting. These data will provide a baseline for long-term monitoring and local management decisions.
	02	**Investigate whether large catfishes spawning in the headwaters.** These data will be critical elements in any regional plans for conserving and managing the most important fish resources.
	03	**Conduct studies on *Pithecia* monkeys in N-M-A Headwaters.** We are not certain whether we observed one species with great variation in pelage, or two

Research
(continued)

species (Fig. 9C). We recommend a revision of the genus, based on the collection of new specimens, behavioral observations, molecular analyses, and a detailed revision of existing museum specimens.

04 **Investigate the archeology of the Panguana region.** Floodplain trees growing on hilltops in Panguana (Fig. 5E) suggest that people may have cleared the rich-soil hills for small-scale agriculture in the last 400-500 years. There may be ceramics or other evidence corroborating past human presence.

Monitor and/or Survey

01 **Establish baseline data on water quality, sedimentation loads, and erosion rates.** Headwater areas are critical for preserving the water quality in the region. Increases in sedimentation and contamination can place local residents at risk, and these data will alert scientists and decision-makers to emerging threats.

02 **Create a practical monitoring plan that measures progress towards conservation goals established in the management plan for the region.** Integral participation of local communities is critical in the design, implementation, and revision of the management plan.

03 **Document illegal incursions into the area.** Priorities include understanding the magnitude of commercial hunting and illegal logging in the area, especially along the Mazan River.

04 **Monitor populations of *Atelopus* frogs, a new species found in Alto Nanay (Fig. 7C).** Currently, Alto Nanay harbors an abundant population. However, other frogs in the genus are experiencing a severe extinction crisis, and it will be important to track the fate of the Alto Nanay population, as well as any additional populations identified in the N-M-A Headwaters.

Technical Report

OVERVIEW AND INVENTORY SITES

Authors: Corine Vriesendorp and Robert Stallard

Most—but not all—Amazonian headwaters begin high in the Andes. In the department of Loreto in northwestern Peru, a group of headwater streams originates along a small divide in the lowlands. From 270 meters above sea level springs a network of streams that flow into the Nanay, Mazán, and Arabela rivers and ultimately feed the Amazon River near Iquitos.

Although these three rivers figure among the most important waterways in the region, the headwater streams are threatened. Forestry concessions (some active, some proposed) cover the entire Mazán watershed, beginning at the mouth of the Mazán, extending to its source near the Ecuadorian border, and overlapping completely with the drainage divide where the headwater streams originate. Oil concessions now overlap the entire region.

In March of 2004, the Regional Government of Loreto (GOREL) moved to exclude 24 proposed forestry concessions from the upper reaches of the Mazán (136,058 ha; Regional Ordinance 003–2004–CR/GRL). After a series of discussions in 2005, in March of 2006 GOREL invited The Field Museum to inventory the area and provide technical support for protecting the fragile headwater ecosystems. In December 2006, based on the results from the inventory, GOREL expanded the proposed protected area beyond the excluded forestry concessions to include a greater part of the Nanay watershed. The entire area is now known as **Nanay-Mazán-Arabela (N-M-A) Headwaters** (747,855 ha, Fig. 2A).

N-M-A Headwaters is bounded loosely by the Arabela and Curaray rivers to the northeast and the Pucacuro and Tigre rivers to the southwest (Fig. 2A). A mosaic of land uses surrounds the proposed protected area. There are forestry concessions to the southeast, a proposed indigenous area (Reserva Territorial Napo-Tigre) to the northwest, and a protected area (Zona Reservada Pucacuro) to the southwest (Fig. 2A).

The banks of the Curaray are lined with villages and indigenous communities, as are the lower stretches of the Mazán, and the middle and lower stretches of the Nanay (Fig. 2A). There are also two communities along the lower Arabela River at its junction with the Curaray. Officially, no villages exist within N-M-A Headwaters.

However, in the upper reaches of the Arabela, both within N-M-A Headwaters and farther to the northwest within the proposed Reserva Territorial Napo-Tigre, there are consistent reports of indigenous people living in voluntary isolation.

During the rapid biological and social inventory of N-M-A Headwaters in August 2006, the social team surveyed communities along the Curaray and the lower reaches of the Mazán and Arabela rivers, while the biological team focused on three sites in the upper reaches of the Mazán, Nanay, and Arabela watersheds (Fig. 2A). Below we give a brief description of the sites visited by both teams.

INVENTORY SITES VISITED BY THE BIOLOGICAL TEAM

Scanning satellite images of the headwaters of the Nanay, Mazán and Arabela rivers, we chose sites that represented both headwater areas and a broad diversity of habitats. A trail-cutting team entered the field in advance of the biological team and established campsites and trails in the highest reaches of each river.

For logistical reasons, our first two inventory sites along the Mazán and Nanay rivers were established within the headwaters, but lower than originally planned because forest cover was too dense for helicopter access and water levels too low for river access. Our third site lies within the heart of the headwaters area. Here the advance team traveled by boat up the Panguana stream (Arabela headwaters) and then hiked to the headwater divide. We provide greater detail on the geology, hydrology, soils, and vegetation of each site in the technical report. Below we describe each site briefly.

Alto Mazán (15–20 August 2006;
02°35'10" S, 74°29'33" W, 120–170 m)
We established our camp on one of the few riverside terraces along the headwaters of the Mazán River. This stretch of the river is susceptible to flash flooding; our first attempts to establish camp were washed away by a 4 m rise in water levels. The Mazán has a strong current and measured 30–32 m across during our stay.

A large tributary (Quebrada Grande, ~10 m wide) joins the Mazán channel just downriver from our camp. Both the Quebrada Grande and the Mazán are turbid, entrenched waterways with active natural erosion and limited active floodplains. Inland from the river, the landscape is covered in poorly drained terraces and gently rolling, low hills (~20 m).

We did not survey much of the hill forest. The bulk of our 17.8 km of trails were concentrated in the complex of hummocky swamps, small streams, and ephemeral pools that dominates the forest along the river edge. Across the river from our campsite, we surveyed a small, blackwater oxbow lake and a *Mauritia* palm swamp.

Flooding, slumping slopes, and erosion-prone soils combine to create a landscape dominated by natural disturbance (i.e., extensive light gaps, small landslides). Soils are variable on scales of tens of meters, and contain some rounded quartz and rare rocks that likely originated in the Ecuadorian Andes. The small streams that flow between the low hills are very dilute and acid.

Despite being 180 km from Iquitos, we found ample evidence of human presence. Every day we observed one or two canoes or small boats (*peque-peques*) of hunters traveling up the Mazán. One boat descended past our camp carrying seven collared peccaries and a large game bird (Spix's Guan, known locally as *pucacunga*) to sell in Iquitos. Near our camp we observed remnants of a temporary hunting camp (1–2 years old), as well as a network of hunting trails.

Illegal logging was also evident. The advance team encountered an active logging camp 7 km upriver from our inventory site. Although the area falls within legal timber concessions, the loggers admitted not to be the concessionaires and to be extracting wood illegally.

Alto Nanay (21–24 August 2006;
02°48'23" S, 74°49'31" W, 140–210 m)
Our second camp was on a floodplain terrace overlooking the white-sand beaches of the Agua Blanca, a tributary of the Nanay River. Agua Blanca is ~18 m wide, 201 km from Iquitos, and likely not navigable year-round. As in Alto Mazán, water levels rose rapidly after daily rains, sometimes nearly 1 m in 12 hours.

On satellite images, the Nanay drainage is a different color and texture than other drainages in Loreto, reflecting a distinct underlying geology and poorer overall fertility. This was the only site we visited that had white-sand vegetation (known locally as *varillales*), a rare Amazonian habitat of extremely poor soils and a specialized flora and fauna.

We explored 25.4 km of trails on both sides of the river, traversing a large floodplain terrace with mostly brown-sand soils around our camp, an extensive clay-rich swamp next to the floodplain, as well as a complex of steep (~30°) hills that are packed close together and dominate the inland landscape. Two small patches (0.3 ha) of white-sand vegetation grow on a flatter area that abuts the steep hills. No oxbow lakes have formed in the area, but there are small pools created during flooding and rain events (known locally as *tipishcas*).

Outside of clay-rich inundated areas, brown sands and brown silty clays are the prevalent soils. Slopes and hilltops have very thick 10–20 cm root mats, are marked by a spongy forest floor, and are covered in dense leaf litter. Streams are mostly clearwaters and less dilute and turbid than in Alto Mazán. Despite the steep hills there is less physical erosion in the Nanay than in the Mazán, suggesting more resistant soils.

None of our guides from Nuevo Yarina on the Curaray River had ever visited this site. We found a small camp that appears to be 3–4 years old, and several trees (some Lauraceae, *moena*) that had been felled by chainsaw but left in the forest. About 200 m upriver from the camp, a much more valuable timber tree—a large *tornillo* (*Cedrelinga cateniformes*)—was left untouched. The intact fauna, especially the primate populations, suggests that hunting may be almost nonexistent at this site.

Panguana (26–30 August 2006; 02°08'13" S, 75°08'58" W, 160–270 m)

Our third camp was established on a hill 20 m above the floodplain of the Panguana stream, deep within the area of excluded concessions. The Panguana traces a heavily meandering path to the Arabela River, and our campsite was about midway between its source and the mouth.

A ridge—a mere 270 m asl—forms the divide between the Arabela River, and on the other side, the Nanay and Mazán rivers.

We explored 18.5 km of trails, including a 12-km transect from the drainage divide to the Arabela, which descended a series of gently sloping hills and flat terraces into a large *Mauritia* palm swamp, or *aguajal*, 500 m from the river. A satellite camp was established 2.5 km from the Arabela, where the herpetological team spent a night to sample the aguajal and nearby areas.

Despite being closer to Iquitos, Peru (275 km) than Puyo, Ecuador (330 km), geologically this site is heavily influenced by the Ecuadorian Andes. The terrain is complex, with several types of 'bedrock' including hard shale that is sufficiently cracked to be eroding. Older sandy layers with embedded pebbles and cobbles cover a few areas. Some of the cobbles are so big (~1,600 cm^3) that only a large river could have deposited them. In addition, we found abundant quartz, some volcanic deposits (obsidian), fossil bivalves, and even one hard pebble that appears to be petrified wood.

The deposits underlie a landscape of gently sloping hills, terraces, and episodically inundated swampy areas. The large emergent trees growing on the hills are surprisingly mostly floodplain species. These include high densities of *Ceiba pentandra*, *Dipteryx*, *Terminalia oblonga*, and many others. The hills have a humus layer typically associated with richer soils, and may have been ideal sites for small agricultural plots more than 400 years ago. Our working hypothesis is that the floodplain trees colonized the ridges once the small settlements or subsistence plots were abandoned.

Rapid and ongoing erosion is evident nearly everywhere, from the rapidly deepening streams with steep, entrenched banks, to the extensive patches of liana tangles growing up in previously eroded areas. Streams exhibited low to intermediate conductivities overall, but spanned a broad range over small spatial scales, from low conductivities near the drainage divide (12:S cm^{-1}) to higher conductivities (80) a mere 150 m from the divide.

Our local assistants were from Buena Vista and Flor de Coco, the only communities along the Arabela River. They regularly hunt in this area, especially for white-lipped peccaries. The plentiful and diverse fauna at this site underscores the difference between subsistence hunting practiced by local communities, and the depleted mammal fauna and large-scale commercial hunting we observed in the Alto Mazán.

INVENTORY SITES VISITED
BY THE SOCIAL TEAM

While the biological team was in the field, the social team surveyed 11 communities along the Mazán, Arabela, and Curaray rivers (Fig. 2A). Because of time constraints, the team did not visit communities along the Nanay River.

To the north, along the Arabela River, we worked in Buena Vista and Flor de Coco. People in these two communities belong to the Arabela indigenous group, and operate independently of existing indigenous federations. To the northeast, along the Curaray River, we visited five communities. Four are communities of Quichua people that form part of the FECONAMNCUA (Federación de Communidades Nativas de Medio Napo, Curaray y Arabela) indigenous federation, and one, Santa Clotilde, the district capital of the Napo region, is a *mestizo* community. The Quichua native communities are Bolívar, Shapajal, Soledad, and San Rafael. To the southeast, along the Mazán River, we visited three mestizo communities, Libertad, Puerto Alegre and Santa Cruz, and the district capital, Mazán.

In addition to the community surveys, the social team also carried out semi-structured interviews with government authorities, including mayors and INRENA officials, as well as civil organizations, including church groups active in environmental issues, youth groups, and environmental organizations.

We discuss these communities, as well as the others in the region that we did not visit, in more detail in "Human Communities: Social Assets and Resource Use." For summary information on communities in the vicinity of Nanay-Mazán-Arabela Headwaters, please see Appendices 8 and 9.

GEOLOGY, HYDROLOGY, AND SOILS

Author/Participant: Robert F. Stallard

Conservation targets: Complex geology and associated (poor-to-rich) soils developed within the only large headwater region north of the Amazon and outside of the Andes; soils and some of the bedrock that are easily eroded; a combination of soils and elevations over 200 m that resemble Andean foothills, but are isolated from the Andes by distance and intervening valleys

INTRODUCTION

There are no published studies of the geology or the soils of Nanay-Mazán-Arabela (N-M-A) Headwaters and surrounding areas. A broader look at the region's geology and landscape is given in Appendix 1. We encounter virtually the same geologic/geomorphic units in the N-M-A region as are found in the well-studied region around Iquitos and Nauta. From old to young (see Appendix 1), these are:

- The Pevas Formation, with blue, often fossil-rich sediments, rolling hills, intermediate soils, and higher-conductivity waters

- Unit B, with yellow-brown sediments, some gravel, rolling hills, intermediate soils, and low-conductivity waters

- Unit C, with yellow-brown sediments, abundance of gravel, steep hills, poor soils, and low-conductivity clear and acid black waters

- Quartz-sand unit, with sands, flat-topped, very poor soils, and acid black waters

- Terraces, with flat surfaces, some with flood-plain features, not presently flooded, swamps, many water types

- Floodplain, with flat surfaces, currently flooded, floodplain features, swamps, and many water types

Central to the geologic history represented by these six units is a huge sediment-accumulation surface that formed during the uplift of the Eastern Cordillera of the Andes (Fig. 2B). The Pevas Formation was deposited before this time, while Unit B, Unit C, and the sands that became the white-sand units were deposited during this time. Following this uplift much of the region was eroded and filled to form a flat planation surface (a land surface in which the hills have been eroded down and the valleys filled up to create a plain)(Coltorti and Ollier 2000). Some of the white sands probably formed on this surface. The more recent, ongoing uplift of the Andes tilted this surface to the east, and rivers have eroded much of it. The terraces and floodplains postdate this tilting.

Erosion of the old surface left isolated hills whose summits align with the old surface. These summits can potentially isolate plant and animal populations, and where they are flat, which is rarer still, they provide the setting for the white-sand soils and the associated organisms (islands within islands). The highest hilltops in the inventory of N-M-A Headwaters (at the Alto Mazán and Panguana sites) appear to align with this surface as do the white-sand areas (known locally as *varillales*) along the lower Nanay River and white-sands near the Gálvez-Blanco Divide in eastern Loreto (Stallard 2005a, b). Because the present study is closer to the Andes, the hill summits are taller and create environmental conditions not found at the more distant hilltops at the lower Nanay or the Gálvez-Blanco Divide near the Brazilian border.

METHODS

The various geologic/geomorphic units can be differentiated, and their nutrient quality assessed, using a range of characteristics, including topographic form, soil texture and color, water conductivity, color, pH, and geology.

Soils, topography, and disturbance

Along selected trails at each camp, I assessed soil color visually, with Munsell soil color charts (Munsell Color Company 1954), and soil texture by touch (see Appendix 1B, Vriesendorp et al. 2005). Because the soil was generally covered by leaf litter and often a root mat, I used a small soil auger to retrieve samples. I also noted activities of bioturbating organisms (such as cicadas, earth worms, leaf-cutting ants, and mammals), frequency of treefalls involving roots, presence of rapid-erosion indicators (head cuts, bank failures, landslides), the importance of overland-flow indicators (rills, vegetation wrapped around stems indicating surface flow), evidence for flooding (sediment deposited on fallen tree trunks, extensive gley soils), absence or degree of development of root mat, and indicators of poor to very poor soils.

In addition to looking at soils, I also made an attempt to qualitatively describe hill slopes and large-scale disturbances. For hill slopes, this included (1) an estimate of topographic relief, (2) spacing of hills, (3) flatness of summits, (4) presence of terraces, and (5) evidence of bedrock control. The major types of natural disturbance expected for western lowland Amazonia are extensive blowdowns (Etter and Botero 1990; Duivenvoorden 1996; Foster and Terborgh 1998), small landslides (Etter and Botero 1990; Duivenvoorden 1996), channel migrations by alluvial rivers (Kalliola and Puhakka 1993), and rapid tectonic uplift or subsidence that changes hydrology (Dumont 1993).

Rivers and streams

I assessed all bodies of water along the trail systems visually and via measurements of acidity and conductivity. Visual characterization of streams included (1) water type (white, clear, black), (2) approximate width, (3) approximate flow volume, (4) channel type (straight, meandering, swamp, braided), (5) height of banks, (6) evidence for overbank flow, (7) presence of terraces, and (8) evidence of bedrock control of the channel morphology. Low conductivities (<10 :S cm^{-1}) indicate very dilute waters and low nutrient status. Acid waters (pH <5) are also very dilute and lacking in nutrients, but have higher conductivities from the organic acids in the water. For waters with a pH >5 in the western Amazon Basin, higher conductivities (>30 :S cm^{-1}) often indicate the presence of unstable minerals, such as calcite ($CaCO_3$), aragonite ($CaCO_3$), and pyrite (FeS_2). In the general region around N-M-A Headwaters, these minerals are abundant in some layers of the Pevas Formation.

To measure pH, I used an ISFET-ORION Model 610 Portable System with a solid-state Orion pHuture pH/ Temperature Systems electrode. For conductivity, I used an Amber Science Model 2052 digital conductivity meter with a platinum conductivity dip cell. The use of pH and conductivity to classify surface waters in a systematic way is uncommon, in part because conductivity is an aggregate measurement of a wide variety of dissolved ions. However, graphs of pH vs. conductivity (see Winkler, 1980) are a useful way to classify water samples taken across a region into associations that provide insights about surface geology (Stallard and Edmond 1983, 1987; Stallard 1985, 1988, 2005a, b; Stallard et al. 1990).

RESULTS

Site descriptions

I present the results of this study in the order sites were visited.

Alto Mazán

This site is located in a region of low rolling hills on the right bank of the Mazán River across the river from a small blackwater oxbow lake (cocha). The gentle rolling hills are generally low, less than 30 m, with flat swampy areas in-between. Because streams that flow through some of the flat areas are entrenched, they are best described as low terraces. Root mats were common, but not thick, an indicator of poor to intermediate soils. The substrate appeared to be mostly yellow to brown mudstones, sandy mudstones, and sands. A few gravel-rich layers contributed pebbles (mostly quartz, minor rock fragments) to the streams. In the lower slope of one hill and in a stream bed, I found layers of blue clay overlain by a dark, sandy, blue clay with fossil leaf fragments, followed by a sand and gravel layer. Both of these sites had soil slumps. This may be a prograding coastal sequence of the type described for the uppermost Pevas Formation by Vonhof et al. (2003).

The two main rivers at the site, the Mazán River and the Quebrada Grande, are entrenched in their channels and have very small floodplains, evidenced by small blackwater lakes nearby. The former floodplain forms a swampy terrace along both rivers where the camp was built. I found no evidence that this terrace now floods. Both rivers are quite turbid, indicating considerable physical erosion, and both rivers had bank failures visible from the trails. Smaller streams became turbid after rains indicating active erosion of uplands. The streams also

had conductivities near 8 :S cm⁻¹. I did not see many head cuts, the upstream end of an entrenched channel on a stream where actively cutting new banks. Streams entrench when there is a relative drop in the elevation of the channel into which they feed, either because the land has risen or the river downstream has dropped. In the case of the Mazán River, the Napo River controls base level. In turn, the Mazán River controls the level for its tributaries. The smaller streams near the camp were not as turbid as the Mazán River or the Quebrada Grande. Combined with the development of incipient floodplain on these larger rivers, this may indicate that the main cycle of entrenchment, while still active, has now passed well upstream of the study site.

The combination of gentle hills underlain by yellow to brown sediments, poor to intermediate soils, and turbid low-conductivity streams, all indicate that Unit B dominates the landscape (Appendix 1). The outcrops of the Pevas Formation are low in the landscape, and these seem to be layers that lack the unstable minerals that would raise the conductivity of stream water. This is a landscape composed of easily eroded substrates, and erosion, reflected in the turbidity of the rivers, is quite active. Loss of forest cover and the destruction of the root mat, by deforestation or agriculture, would greatly increase erosion on this landscape.

Alto Nanay

This site is located in a region of steep hills on the left bank of the Agua Blanca, a principal tributary to the Nanay River. The substrate is a mix of compacted yellow-brown mudstones, sandstones, and minor conglomerates. These hills are typically high, 30 to 50 m, with steep slopes, deep valleys (some of which have swampy, U-shaped bottoms). The hills with narrow tops tended to have soils of yellow-brown clays and thin root mats, while hills with broader, flatter tops have yellow-brown, sandy clay soils and thick root mats, sometimes 10–20 cm. Root mats were common, and often thick, an indicator of poor to very poor soils. They were thinnest on the clay soils, and thickest on the hummocky areas.

The hill nearest the camp on the opposite side of the river had two extensive flatter upland areas at different elevations. These flat areas had well developed white quartz sand soils and distinctive white-sand vegetation (*varillal*). The white quartz sand areas were partially bordered by areas of thick (20–40 cm or more) hummocky root mat over yellow-brown, sandy clay soils. The main rivers appeared to be slightly entrenched, and the camp was built on a young, low terrace into which the tributaries were also entrenched. Beyond this terrace, there was a step up to a higher terrace with a hematite-cemented sandstone and conglomerate. This harder rock appears to control the base level of streams upslope rather than the level of the Agua Blanca. I visited another large tributary 3.5 km directly west of camp, and its bank, lower terrace, cemented ledge, and upper terrace were arrayed in the same ways as the Agua Blanca.

The two main rivers at this site, the Agua Blanca and the large tributary, are somewhat entrenched but both are forming floodplains as evidenced by numerous small *cochas* (oxbow lakes). None of the rivers at the site are turbid, even after major rains. There were no active head cuts, and the one small landslide that I found was years old and covered with medium-sized trees. Banks fail on both tributaries, and both had extensive treefalls into the channel. The banks appear to be sand, however, and failure would contribute more to bed load than to suspended load or turbidity. Physical erosion appears to be minor. Most of the streams also had conductivities between 4–6 :S cm⁻¹, while blackwater streams associated with swampy areas on the terraces had conductivity of about 12 :S cm⁻¹, because of their acidity. These conductivity values indicate very low dissolved solids and rather poor soils. I did not find any streams draining the white quartz sands. Stream beds were mostly sand, with some gravel (quartz and rock fragments) at lower elevations and some clay bottoms at the highest. I was on the trail during a huge storm, and the root mat absorbed most of the water. There was no overland flow, and streams rose slowly.

The combination of high, steep hills underlain by yellow to brown sediments, poor to very poor soils, and clear low-conductivity streams, all indicate that Unit C dominates this landscape (Appendix 1). The cemented sandstone and conglomerate may be the basal conglomerate for this unit. The presence of white quartz sand on flatter upland areas at different elevations is consistent with their active formation on this landscape, as was seen more dramatically during the Matsés inventory for the site on the Gálvez-Blanco Divide (see Itia Tëbu site, Stallard 2005a, b). Although both physical and chemical erosion rates are quite low, slopes are steep and loss of forest cover and root mat would likely promote both gullying and landslides, thereby dramatically increasing physical erosion.

Panguana

The Panguana is a small tributary of the Arabela River. Trails created a complete transect from its divide with the Tigre river drainage all the way to the Arabela River. The divide is a narrow ridge of steep hills that are clearly visible on radar topographic imagery (Fig. 2A). The highest summits appear to be aligned with the old Pliocene alluvial plain described earlier. Elsewhere in the catchment, the hills are lower rolling hills, generally less than 30 m, steeper and more developed than those at Alto Mazán but considerable less steep and high, except at the divide, than those of Alto Nanay. Closer to the Arabela River, the hills became lower and more gentle, finally giving way to a low flat terrace with a large *Mauritia* palm swamp (known as an *aguajal*). Often areas between hills were flat and swampy. Terraces were numerous and at a full range of elevations; even the highest ridge had three terrace levels. Most streams were entrenched and head cuts were numerous, with several per kilometer along all trails. The only obvious active floodplain was on the Arabela.

Away from the divide, I found the rocks of the Pevas Formation in all the large- and medium-sized rivers. These include numerous outcrops and boulders of mudstone, some which contained abundant mollusk fossils. Larger pieces of mudstone formed part of the river gravel and finer pieces formed part of the sand. All of the rivers that had headwaters near the divide had large quantities of gravel and cobbles of chert (hard, durable, microcrystalline quartz typically formed in sedimentary settings with the help of groundwater), rock fragments, and quartz, the suite of rock types that characterize the basal conglomerate of Unit C. In addition to these rock types, I found one rounded piece of obsidian, a volcanic glass that could only come from the Andean volcanoes. Smaller streams that had headwaters away from the divide often did not have hard-rock pebbles, and a few lacked mudstone pebbles, especially at higher elevations in the lower hills.

The channel in the lower middle Panguana, about one third of the way between the Arabela and the divide, had banks and bed of a harder mudstone. It is likely that the erosion of this mudstone controls the base level for the region upstream. The mudstone is quite fractured and would not sustain a major hillslope, but the blocks are too large to be moved by the flow of the Panguana, which instead must cut through them. Root mats were absent except in two areas, one in the higher elevations near the divide and the other on the lowest terrace. Where present, they were not thick, indicating that these are areas of poorer soil.

There is a wide range of water types at this site, reflecting the varied geology and soils. Rivers showed a range of turbidity. Clear waters included water draining swamps and streams that were not entrenched. Streams with beds of quartz sand and hard gravel without abundant mudstone pieces had slight turbidity. Larger streams with abundant mudstone pieces in the sand and gravel also had turbid waters, more so after rains. Small streams that were turbid after rain became clear two or three days later.

Conductivity also showed a large range of variation. Streams close to one another had similar values, perhaps indicating the effect of shared substrate and soils. I found the lowest conductivities, 10–13 μS cm^{-1}, in swamp waters that were somewhat acid, black waters, presumably rain-fed and in streams close to the divide. I found conductivity values from 50–80 μS cm^{-1} in streams close to the divide, but farther away from the divide, and in lower hills, than the low-conductivity streams. The trail system crossed into the Tigre River basin sufficiently far to show this pattern on both sides of the divide. Most of the remaining streams in the upper half of the Panguana catchment had conductivities in the range of 20–50 μS cm^{-1}. Higher conductivities indicate

the presence of reactive minerals in the Pevas sediments in this part of the Panguana catchment. Most of the streams in the lower half of the Panguana catchment had conductivities in the range of 13–20 μS cm^{-1}, which appears to be associated with the hard mudstone, just described. This mudstone must lack abundant reactive minerals. The Arabela River had a conductivity of about 15 μS cm^{-1}, indicating that the reactive minerals seen in the upper Panguana catchment are not abundant in most of the Arabela Basin.

The generation of so many head cuts could be a significant factor for forest disturbance in the Panguana catchment. The entrenchment associated with head cut development often proceeds in pulses. The head cut typically erodes until it is stopped by a particularly large tree root. The head cut does not proceed until the root dies or is undermined. The head cut then advances rapidly, often toppling the tree that blocked its growth, as well as any trees that it undermines until it is again blocked.

The varied landforms, stream chemistry, and soil quality indicate that most of the sedimentary units found in the Iquitos area are present in the Panguana catchment and adjacent Arabela River. The widespread presence of exposed Pevas Formation and Pevas mudstone pieces in most rivers indicates that the Pevas Formation is the primary substrate at lower elevations. Unit B may be present in hilltops, but all streams had higher conductivities than at Alto Mazán. Thus Unit B may be thinner or absent. The steep slopes, root mat, and the low conductivity waters near the divide argue for this to be Unit C. The hard-rock clasts (any single, physically transported grain of rock, no matter the size, within a sedimentary rock) were both larger (the largest found was rounded, 20 x 10 x 8 cm) and more abundant than at Alto Nanay. This would be consistent with being closer to the Andean source, but it may also reflect larger paleo-channels in this region. Terraces were numerous in the Panguana catchment, on the other side of the divide in the Tigre catchment, and as a big terrace along the Arabela. The lower Panguana also had a large terrace that could be either attributed to the Panguana or the Arabela. Finally, the Arabela has an active floodplain with numerous meanders.

This is a landscape that appears to be eroding rapidly and would be subject to considerable erosion if forests were cleared. There is no root mat to block initial effects of deforestation, even if done in a selective manner, and erosion should be immediate and dramatic. Entrenchment would accelerate as trees with roots that block head cuts are removed, and the fairly impermeable soils would be subject to intense overland flow, and rill formation.

DISCUSSION

The geology of N-M-A Headwaters shows that the geologic units of the Iquitos region extend towards the Andes. The biggest change is that the fine gravels near Iquitos become coarse gravels and cobbles. We observed white sand formation in Alto Nanay. From the Matsés inventory (Vriensendorp et al. 2006), we see this same suite of geologic units continuing as far as the Blanco and Yaquerana rivers in eastern Loreto.

All these landscapes are fragile and subject to accelerated erosion. The Pevas Formation and Unit B would experience an acceleration of erosion processes, while Unit C settings would likely have landslides, which are rare at present (I saw only one), drastically increasing erosion rates compared to the low rates at present. Quartz sand soils are especially vulnerable, sand is easily eroded, and once the hydrologic barriers break that promote white-sand formation and sustain white-sand communities, they will disappear.

PARTICIPATORY RESEARCH

Stream-water chemistry, geologic observation, landform description, soil characterization, and simple water-quality measurements are adequate to map this landscape using the characteristics in Appendix 1. With the purchase of soil-color charts and an inexpensive coring tool, soils and underlying material exposed in stream channels can be easily mapped in a way that is sufficient to characterize much of this landscape. The mapping would involve extracting a soil plug and recording (1) location, (2) presence and thickness of root mat, (3) color and texture of core top, (4) color and texture of texture of core bottom, (5) steam type, (6) channel

shape, (7) hill form, and (8) description of bank and bed material [Pevas/ not Pevas, pebbles/no pebbles]. The only instrumentation required is a GPS for measuring location in regions without suitable maps and suitable pH and conductivity meters (which are costly to purchase and maintain) for characterizing stream water.

In this general region, the landscape between the Arabela and the Cururay has taller hills that appear to have flat tops. In terms of priorities, to the south of the Panguana, and to the west of the Nanay, within the Tigre Basin, is a sloping flat region that looks quite interesting.

FLORA AND VEGETATION

Authors/Participants: Corine Vriesendorp, Nállarett Dávila, Robin Foster and Gabriela Nuñez Iturri

Conservation targets: Small populations of valuable timber species (e.g., *Cedrela fissilis* and *C. odorata*, Meliaceae; *Cedrelinga cateniformis*, Fabaceae s.l.) logged at unsustainable levels elsewhere in Amazonia; large populations of timber species of lesser value (*Virola* spp., Myristicaceae; various species of Lecythidaceae, Lauraceae, and Fabaceae s.l.; *Calophyllum brasiliense*, Clusiaceae; *Simarouba amara*, Simaroubaceae) that are increasingly exploited for timber as higher value timber species become extinct; a mosaic of poor, intermediate, and rich soils that span a nearly complete gradient of soil fertilities and that represent habitats not protected within national (SINANPE) or regional protected areas; the westernmost extent of the poor-soil Central Amazonian flora; 5–10 species potentially new to science

INTRODUCTION

Nanay-Mazán-Arabela (N-M-A) Headwaters lie within an area in Ecuador and Peru that contains the most diverse plant communities in the world (ter Steege et al. 2006). Prior to our inventory, botanists had not visited the area. Three areas with relatively well-known floras—Yasuní National Park in northeastern Ecuador (Valencia et al. 2004), the biological reserves near Iquitos in northern Peru (Vásquez-Martínez 1997), and Manu National Park in southeastern Peru (Foster 1990; Gentry and Terborgh 1990)—provide the best points of reference for understanding the flora and vegetation of N-M-A Headwaters.

METHODS

During a rapid inventory the botanical team characterizes the diversity of vegetation types in an area, covering as much ground as possible. We focus on the most common and dominant elements of the flora, while keeping an eye out for rare or new species. Our catalogue of the plant diversity in the area reflects collections of plant species in fruit or flower, sterile collections of interesting or unknown species, and unvouchered observations of well-known, widespread species and genera in Amazonia.

We made several quantitative measures of plant diversity including six transects of understory trees (1–10 cm DBH): three in Alto Mazán, two in Alto Nanay, one in Panguana. In a patch of white-sand at Alto Nanay, we measured all stems (>5 cm DBH) in a 0.1 ha plot. In a variety of habitats at each site, N. Dávila recorded the richness of 100 of the largest trees (individuals >40 cm DBH), using a combination of binoculars, bark characteristics, and fallen leaves to identify individuals to species.

In the field, R. Foster took ~900 photographs of plants. These photographs are being organized into a preliminary photographic guide to the plants of the region, and will be freely available at *http://fm2.fieldmuseum.org/plantguides/*.

Plant specimens from the inventory are housed in the Herbario Amazonense (AMAZ) of the Universidad Nacional de la Amazonía Peruana in Iquitos, Peru. Duplicate specimens have been sent to the Museo de Historia Natural (USM) in Lima, Peru, and triplicates to The Field Museum (F) in Chicago, USA.

FLORISTIC RICHNESS AND COMPOSITION

During our 16 days in the field, we distinguished ~1,100 plant species. We recorded ~500 unvouchered common species and collected ~600 specimens (Appendix 2). We estimate a regional flora of 3,000–3,500 species. Other rapid inventories in lowland Amazonia have recorded 1,000–1,500 species in similar time frames using similar methods (along the Yavarí River, Pitman et al. 2003; along the Apayacu, Ampiyacu, and Yaguas rivers, Vriesendorp et al. 2004; between the Yaquerana and Blanco rivers in the Matsés region, Fine et al. 2006;

in the Zona Reservada Sierra del Divisor, Vriesendorp et al. 2006). We did not sample several major habitat types within N-M-A Headwaters, including the large *Mauritia* palm swamps (*aguajales*) along the major rivers (Mazán, Curaray, Arabela), the hills inland from the Mazán River, or the high terraces and low hills dominated by *Tachigali* (Fabaceae s.l.) trees, easily visible from the air because of a recent reproductive event.

Across our inventory sites the majority of soils had intermediate to poor fertilities, although some richer clays are distributed patchily across the landscape. Because soil fertility was heterogenous across the area, different families were most diverse at a single site, e.g., Chrysobalanaceae at Alto Mazán, Vochysiaceae and Melastomataceae at Alto Nanay, and Meliaceae, Burseraceae, Euphorbiaceae, Piperaceae, and Pteridophyta at Panguana. A few families were diverse at all three sites, including Annonaceae, Lauraceae, Menispermaceae, Myristicaceae, Fabaceae s.l., and Sapotaceae. Palm diversity at all three sites ranged from average at Alto Mazán (22 spp.) and Alto Nanay (25) to low at Panguana (18).

At the generic level, richness of *Matisia*, *Eschweilera*, *Rudgea*, *Psychotria*, *Tachigali*, and *Machaerium* was high at all three sites. Certain genera were especially rich at one site, e.g., *Guatteria* in Alto Mazán, *Micropholis* in Alto Nanay and *Ficus*, *Paullinia* and *Inga* in Panguana. Species of *Parkia*, *Brownea*, *Gloeospermum*, and *Dilkea* were surprisingly abundant at all three sites, although not particularly species rich.

VEGETATION TYPES AND HABITAT DIVERSITY

We surveyed three sites, each in a separate watershed and each with a different underlying geology. Across these sites, roughly from east to west, we observed several strong gradients. Humidity, epiphyte diversity, and overall plant diversity increased from Alto Mazán to Alto Nanay to Panguana. Similarly the *supay chacras*, or "devil's gardens," increased in size and diversity across sites. Supay chacras are open areas dominated by plants with ant mutualisms, almost always including *Duroia hirsuta* (Rubiaceae) and *Cordia nodosa* (Boraginaceae).

High levels of natural disturbance characterize all sites, although the causes may vary among sites.

Several regional floras appear to intersect within N-M-A Headwaters, including the diverse flora growing on intermediate to poor soils in Yasuní, Ecuador; the low diversity flora from the poor soils of reserves near Iquitos, Peru; and the intermediate diversity flora that grows on rich floodplain soils in Manu, Peru. For each site, we describe the unique combinations of these floras and the gross habitat types we visited, highlighting site-to-site variation wherever possible.

Alto Mazán

Our trails were concentrated in areas near the river, where we sampled the forest of the floodplain, both annually flooded and rarely flooded forest on low terraces, including patches of high, closed-canopy forest. In addition, we surveyed one of the low hills that dominate areas away from the river, a blackwater lake, and a small *Mauritia* palm swamp. Soils were mainly sandy loams and clays in the inundated areas, with sandier soils on the terraces, and clay on the hill. High levels of natural disturbance mark the landscape, including small landslides on the hills and streambanks, open swamps with tree dieback, and frequent treefalls, creating highly irregular canopy cover. Emergent trees measured 35–45 m. Plant communities were a mix of rich- and poor-soil specialists, including species well known from Yasuní, Ecuador to the west, and from brown-sand areas around Iquitos to the east. Except for Annonaceae, very few species were flowering or fruiting.

Several typical floodplain species were present, e.g., *Manilkara inundata* (Sapotaceae), *Calophyllum brasiliense* (Clusiaceae), *Pachira* sp. (Bombacaceae), *Mabea* spp. (Euphorbiaceae), *Acacia* sp. (Fabaceae s.l.), while some of the more characteristic floodplain species such as *Ceiba pentandra*, *C. samauma*, and *Ficus insipida* were missing. Mixed in with these species was a flora more typical of poorer soils, including *Eschweilera* spp. (Lecythidaceae), *Licania* spp. (Chrysobalanaceae), and *Micrandra spruceana* (Euphorbiaceae). This mix of species reflects small-scale differences in soil fertility. Both inundated areas—floodplain and swamp—

had hummocky terrain, where a few meters might separate *Miconia tomentosa* (Melastomataceae) growing on a raised area of sandier soil from *Mauritia flexuosa* (Arecaceae) growing in water-logged clay soils.

In all habitats except the swamps and frequently flooded forest, much of the understory was dominated by *Lepidocaryum tenue*, an understory palm known locally as *irapay*. These large patches of clonal palms (*irapayales*) depress local diversity, and tend to be concentrated on lower hill slopes or well-drained (often sandy) areas. Another almost ubiquitous species was the small filmy-fern, *Trichomanes hostmannianum*.

As a quick measure of understory diversity (outside of the irapayales), we established three transects of 100 individuals (1–10 cm DBH): one on a low terrace with low irapay densities, one on a high terrace, and one in a seasonally inundated area along the Mazán River. Richness in these transects was moderately high, with 68, 77, and 63 species respectively.

On the low terrace, the most common species were a *Dilkea* (Passifloraceae) and two species of *Iryanthera* (Myristicaceae), and the most common families were Lauraceae (7 species), Fabaceae s.l. (6), Burseraceae (5), and Euphorbiaceae (5). We found the highest diversity on the high terrace with 77 species. This transect was dominated by *Rinorea lindeniana* (Violaceae), *Brownea grandiceps* (Fabaceae s.l.), and *Senefeldera inclinata* (Euphorbiaceae), and the richest families were Annonaceae (10 species), Fabaceae s.l. (8), and Euphorbiaceae (6). In the inundated transect the common species were *Rinorea lindeniana*, the *Iryanthera* and *Dilkea* from the first transect, and a *Matisia* sp. (Bombacaceae). Here the dominant families were Fabaceae s.l. (9), Annonaceae (6), Myristicaceae (5), and Lecythidaceae (5). Within the three transects (300 individuals) we found a total of 177 species in 36 families, with only 10% of the species shared among transects.

In addition, we surveyed the tree composition in a 100-stem transect (individuals >40 cm DBH) and registered 70 species. The most common trees included three Fabaceae s.l.—a *Tachigali* sp. whose leaves have a golden underside, *Parkia multijuga*, and a *Dipteryx* sp.—as well as one Lecythidaceae, *Eschweilera* sp.

Alto Nanay

This site most closely resembles areas near Iquitos, though with much higher hills, and likely represents the westernmost extent of the poor-soil Central Amazonian flora. Species overlap exists with Yasuní, although Yasuní has no white-sand flora and may receive more rainfall than any of our inventory sites within the N-M-A Headwaters. Very few species were flowering and fruiting, similar to Alto Mazán.

In Alto Nanay we sampled a sandy floodplain, a large swamp, steep hills that are closely packed together, and a couple of patches of pure white-quartz sand near the base of the hills. This site, too, is marked by disturbance, but treefalls occur mainly in valleys created by the steep hills where the terrain is unstable. Tree canopies were lower overall compared to the other two sites, measuring 25–35 m, with an occasional emergent of 45 m.

Hilltop floras varied from moderately diverse tall forest to shorter low-diversity assemblages with thin stems. Although the low-diversity communities appeared structurally similar to the white-sand vegetation known locally as *varillales*, most high hilltops were underlain by clays and brown (not white) sands, and white-sand specialist plants were not present. Several hilltops were covered in stems of *Marmaroxylon basijugum* (Fabaceae s.l.) draped in a thin-stemmed *Chusquea* bamboo. In Yasuní this *Marmaroxylon* is also most abundant on hilltops, but within a much more diverse plant community. Many other hilltops, on clay, had a distinct understory of the long-leaved stemless palm, *Attalea insignis*.

Surveys of 100 canopy trees registered 74 species, a moderately rich overstory community compared to other Amazonian sites. The most important plant families were Fabaceae s.l., Chrysobalanaceae, Sapotaceae, and Vochysiaceae, and the most common species were *Tachigali* spp., *Parkia* spp., *Hymenaea* spp. (Fabaceae s.l.); *Licania* sp. (Chrysobalanaceae), *Micropholis* spp. and *Pouteria* spp. (Sapotaceae), as well as a remarkably abundant group of Vochysiaceae: *Erisma* spp., *Qualea paraensis*, *Q. trichanthera*, and *Vochysia* sp. The largest trees we observed were *Goupia glabra* (Celastraceae), *Parkia multijuga* (Fabaceae s.l.), *Anaueria brasiliensis* (Lauraceae), *Huberodendron swietenioides*

(Bombacaceae), and *Cariniana decandra* (Lecythidaceae). We did not observe a true floodplain flora, instead the riverside was dominated by species common in open areas, e.g., *Acacia* sp., *Cecropia* sp. (Cecropiaceae), and *Cespedezia spathulata* (Ochnaceae).

Our trails crossed two small areas (0.5 ha) of white-sand vegetation growing on flat areas near the base of the steep hills. These patches were too small to distinguish on the satellite image, however, we imagine that similar habitats are distributed patchily within the upper Nanay drainage. In a 0.1 ha sample of white-sand vegetation, we recorded 113 individuals (DBH >5 cm), representing 66 species within 22 families. We did not register some of the common white-sand specialists typical of areas near Iquitos, such as *Pachira brevipes* (Bombacaceae), *Dicymbe amazonica* (Fabaceae s.l.), *Caraipa* spp. (Clusiaceae), or species that we registered commonly in the vast white-sand areas near the Blanco river (Fine et al. 2006) such as *Platycarpum orinocensis* (Rubiaceae) or *Mauritia carana* (Arecaceae). The most common plant was *Macrolobium microcalyx* (Fabaceae s.l.), a species that dominated the sandstone hilltops in the Ojo de Contaya and Divisor sites during the Sierra del Divisor inventory in southeastern Loreto (Vriesendorp et al. 2006). Other common species in these varillales included the white-sand specialists *Emmotum floribundum* (Icacinaceae), *Macoubea guianensis* (Apocynaceae), *Ladenbergia* sp., *Remijia* sp., and *Pagamea* spp. (Rubiaceae), *Salpinga* sp. (Melastomataceae), *Trichomanes crispum* (Pteridophyta), *Odontonema* sp. (Apocynaceae), and *Ocotea aciphylla* (Lauraceae).

We again evaluated understory diversity, in two transects each with 100 individuals (1–10 cm DBH). One transect was situated along a low terrace adjacent to the Nanay River; this area may inundate periodically. We found 76 species within 34 families, dominated by Sapotaceae (8), Chrysobalanaceae (6), Myristicaceae (6), and Melastomataceae (6). Common species were either poor-soil species, e.g., *Iryanthera* cf. *elliptica*, *Marmaroxylum basijugum*, or disturbance-loving species, e.g., *Miconia* sp. (Melastomataceae). In our second transect, in tall forest on a flat-topped hill, we registered the highest transect diversity of the inventory, 83 species within 30 families. The more common species were *Eschweilera* sp., *Memora cladotricha* (Bisnoniaceae), and a different *Miconia* sp., with dominant families Annonaceae (8 species), Sapotaceae (8), and Lauraceae (7). Within the two transects (200 individuals) we found 141 species and 41 families.

The palm *Oenocarpus batahua* (known locally as *hunguraui*) was abundant in the low terraces at the Alto Nanay. In a 1-ha transect (1,000 m x 10 m), we counted 85 individuals over 3 m tall.

Panguana

Forests in Panguana include many species representative of better-known Amazonian floras (e.g., Manu and Yasuní) that grow on intermediate to rich soils. Compared to Alto Mazán and Alto Nanay, clay soils predominate here, soils are more heterogeneous overall, and the flora is extremely diverse. Habitats range from steep ridges that form the drainage divide, high round-topped hills, flat-topped terraces, a large *aguajal*, extensive and frequently inundated bottomlands by the Panguana stream and its tributaries, and disturbed areas between hills, covered in extensive liana tangles. Many more species were fruiting or flowering in Panguana compared to the other inventory sites, especially large-fruited species important for mammal and large bird populations.

Our most remarkable observation at this site was a floodplain flora—giant *Ficus insipida* and *Poulsenia armata* (Moraceae), *Terminalia oblonga* (Combretaceae), *Ceiba pentandra* and *C. samauma* (Bombacaceae, Fig. 5E), *Couroupita guianensis* (Lecythydaceae), *Sterculia apetala* (Sterculiaceae), *Parkia nitida* and *Dipteryx sp.*(Fabiaceae s.l.)—growing on the tops of the hills! These species need open areas, free of root competition, with plentiful light to regenerate, suggesting the hilltops were cleared in the last 400–500 years. Given the rich soils and humus layer, our working hypothesis is that the hilltops probably supported small-scale agricultural plots prior to the arrival of the Spanish, similar to other non-swampy areas with fertile soils in the Amazon (Mann 2005), and these giant trees are the remnants of first-generation tree colonization of abandoned fields.

Canopy tree composition was markedly different at this site compared to Alto Mazán and Alto Nanay, and canopies were higher on average (40–50 m). We registered 76 species in 100 individuals, with genera and species typical of richer soils, including *Inga* spp., (Fabaceae s.l.); *Brosimum* spp., *Pseudolmedia* spp., *Batocarpus amazonicus* (Moraceae); and *Guarea* spp. (Meliaceae). The abundant open areas were often colonized by *Cecropia sciadophylla* and *Pourouma* spp. (Cecropiaceae), and *Huertea glandulosa* (Staphyleaceae). Typically, in later secondary forests we observed *Coccoloba* spp. (Polygonaceae), *Inga* spp., *Tachigali* sp., *Sapium marmieri* (Euphorbiacae), *Ficus* spp., and *Brosimum* spp. For emergent trees, *Parkia multijuga*, *P. nitida*, and *Dialium guianense* (Fabaceae s.l.) were among the most common species.

We surveyed one understory transect of 100 individuals on the high hills and terraces at this site, where the overstory was dominated by floodplain species. We registered 81 species within 26 families, the more common species were a *Brownea* sp. (Fabaceae s.l., an understory tree with beautiful red flowers), and 2 spp. of Lauraceae. The dominant families were Fabaceae s.l. (8), Rubiaceae (8), Annonaceae (5), and Moraceae (5).

EXTREME PATCHINESS

At all three sites we observed patchiness (local homogeneity) of two different kinds: common species that almost always are clumped wherever they occur in Amazonia, and species rare elsewhere that were unexpectedly common in this region. Species that commonly form patches include *Lepidocaryum tenue*, *Rinorea lindeniana*, *R. viridifolia*, and several species of Rubiaceae (*Rudgea, Coussarea*); these species were locally abundant at one or more of our sites. Rare species included *Ampelozizyphus amazonicus* (Rhamnaceae) and *Anisophyllea guianensis* (Anisophyllaceae), both locally extremely abundant in Alto Nanay, sometimes covering entire hillsides. In Panguana, an area 20 x 20 m was covered almost entirely in *Rinorea guianensis* (Violaceae), a rare subcanopy tree.

NEW SPECIES, RARITIES, AND RANGE EXTENSIONS

Neotropical plant distributions remain poorly understood. Because of the proximity of N-M-A Headwaters to Ecuador (and because the area had never been previously visited by botanists), several of our collections are new records for Peru. These include *Touroulia amazonica* (Quiinaceae, Fig. 5I), a tree with distinctive lobed leaves known from Brazil, and an unnamed *Quararibea* with bullate, chartaceous leaves known from only a couple of individuals in Yasuní (Valencia et al. 2004). Perhaps our most remarkable record is an unusual herb with deeply lobed leaves from Panguana, *Tacca parkeri* (Fig. 5F), in the Taccaceae, a new family for Peru. We suspect that, as specialists examine fertile collections from the inventory, new records for Peru will continue to accumulate.

Some records have already been confirmed as new species. These include a *Calyptranthes* (Myrtaceae, Fig. 5C) with winged stems and tiny flower buds (B. Holst and L. Kawasaki, pers. com.), as well as an *Anomospermum* (Menispermaceae, Fig. 5B) with pendant yellow fruits (R. Gentry-Ortiz, pers. com.). Both of these new species were growing in the understory at Panguana.

Several other species are notable records. In Panguana we collected *Ruellia chartacea* (Acanthaceae, Fig. 5H), known from the Andean foothills in Ecuador, Colombia, and Peru. It is only rarely collected this far out into the upper Amazon basin.

In Alto Nanay we found abundant populations of *Wettinia drudeii* (Arecaceae, Fig. 5G), a poorly known palm restricted to northern Peru, eastern Ecuador, and southern Colombia. Vegetatively, this species closely resembles *Iriartella stenocarpa*, a better-known poor-soil specialist, and botanists may be overlooking *W. drudei* in poor soil sites.

In Alto Nanay we found a canopy tree, *Tachigali* sp., with brilliant leaves, many leaflets, and no domatia. The taxonomy of this genus remains unresolved, but we have never seen this species before and it may be new to science. Another canopy tree, a *Dipteryx* sp. (Fabaceae s.l.), had miniature leaves compared to the species we know from other sites, and does not resemble any of the

Dipteryx reported from the Reserva Ducke in Brazil (Ribeiro et al. 1999).

We found fallen flowers and leaves of two *Dimorphandra* species (Fabaceae s.l.), a canopy tree. Four species are known from Peru, but virtually never collected, so our collections represent a significant increase in collections for Peruvian herbaria.

In Alto Mazán we found populations of an understory plant with sterile characters (leaves, stipules) that suggest *Naucleopsis ulei* (Moraceae). However, individuals were flowering and fruiting at 2-m heights, rather than the 10 m heights typical of *N. ulei* and with much smaller flowers and fruits. Our record represents *Naucleopsis humilis*, a species we were not familiar with until this inventory, and one that is likely often overlooked.

We found a terrestrial bromeliad, *Pitcairnia* (Fig. 5D), with a large spicate inflorescence and yellow flowers at Panguana. We suspect this species may be new, and found only a single population. Also at Panguana, we found *Ficus acreana*, a new record for Peru, previously known only from Brazil and Ecuador. We registered the same *Ficus* in Sierra del Divisor along the Brazilian border (Vriesendorp et al. 2006), suggesting that the species may be more broadly distributed in Loreto.

OPPORTUNITIES, THREATS, AND RECOMMENDATIONS

For plant communities in N-M-A Headwaters, timber concessions and related deforestation currently pose the greatest threat. The most valuable timber species—*Cedrela fissilis*, *Cedrela odorata*, *Cedrelinga cateniformis*—occur at extremely low densities. We did not observe any mahogany, *Swietenia macrophylla* (Meliaceae) during the inventory, and given the absence of a pronounced dry season, we suspect that this species does not occur here.

However, less valuable timber species (e.g., *Eschweilera* spp., *Virola* spp., various species of Lauraceae and Fabaceae s.l., *Simarouba amara*, Simaroubaceae; *Minquartia guianensis*, Olacaceae; *Calophyllum brasiliensis*, Clusiaceae) make up much of the forest in this region. If these species became an important part of the timber market and large-scale areas were cleared, the impact would be devastating. Vegetation plays a critical role in securing the loose soils that dominate this area, and clearcutting would promote increased erosion and heavy sedimentation.

We recommend immediate protection of the N-M-A Headwaters, and urge that other headwater areas in Loreto that overlap with forestry concessions (e.g., the Orosa and Maniti rivers in the Yavarí watershed) be formally protected.

FISHES

Authors/Participants: Philip W. Willink and Max H. Hidalgo

Conservation Targets: Communities of species adapted to the headwaters, sensitive to the effects of deforestation, and probably endemic to the region (*Creagrutus, Pseudocetopsorhamdia, Characidium, Hemibrycon, Bujurquina*); species probably new to science (*Pseudocetopsorhamdia, Cetopsorhamdia, Bujurquina*); species of high value in the ornamental fish trade (*Monocirrhus, Nannostomus, Hemigrammus, Hyphessobrycon, Otocinclus, Apistogramma, Crenicara*)

INTRODUCTION

Nanay-Mazán-Arabela Headwaters are unique among Peruvian headwaters with a drainage divide below 300 m. They are located north of the Marañón-Amazonas, close to the border with Ecuador, and separated from the Andes by more than 300 km. These headwaters in the lowland forest are divided amongst the tributaries of the Napo, Tigre, and Amazonas rivers. There are well-known studies of fishes in nearby basins, such as the Pucacuro (Sánchez 2001), Corrientes (UNAP 1997), and Pastaza (Willink et al. 2005). However, no ichthyologists previously had visited the N-M-A Headwaters region. The principal objectives of the present study are to inventory the fishes that inhabit this region and determine the conservation status of its fish communities.

METHODS

Fieldwork

During 13 days of fieldwork, we sampled aquatic habitats in three sites. We collected fishes during the day with assistance from a local guide. We hiked to all sites, with the exception of two in Alto Mazán where we paddled a kayak to sample a short distance along the Mazán River and to sample a blackwater lagoon in front of the base camp. We evaluated 20 sampling stations during the entire inventory, with six or seven stations per site. The geographic coordinates of each sampling point and basic characteristics of the aquatic environment are summarized in Appendix 3.

Of the 20 sampling points, 14 were lotic habitats (e.g., rivers and streams), and 6 were lentic habitats, including a blackwater lagoon, a *Mauritia* palm swamp known as an *aguajal* (in Alto Mazán), and four temporary small ponds and stream backwaters with still waters (Alto Mazán and Alto Nanay). In Panguana all sampled habitats were lotic. The streams and small ponds varied in water type (black, clear, and white), while the principal rivers (e.g., the Mazán) were white water.

Collection and identification

We collected fishes using four different types of fishing gear: three nets between 3 and 10 m in length, 1.5 to 2 m in height, and with a mesh size of 3 to 5 mm, and a castnet. We conducted numerous hauls with the nets along the shore and throws with the castnet, covering a sampling area of ~11,000 m² (Appendix 3). Additionally, the local guides in each camp used fishing lines and hooks to capture some species.

Fishes were immediately placed into 10% formalin for 24 hours, then preserved in 70% alcohol. We identified specimens each day in camp. Collections were deposited in the Museo de Historia Natural in Lima, and in The Field Museum of Natural History in Chicago, USA. Some of the identifications in the field were not to the level of species, and instead were categorized as "morphospecies" (e.g., *Hemigrammus* sp. 1). These species need a more detailed examination in the laboratory. This same methodology has been applied in other rapid inventories, e.g., Yavarí (Ortega et al. 2003a) and Ampiyacu (Hidalgo y Olivera 2004).

RICHNESS AND COMPOSITION

In 13 days we recorded (collections and observations) 4,897 individuals corresponding to 154 species, 86 genera, 30 families, and nine orders (Appendix 3). We consider this high diversity for a headwater region. The order Characiformes (fishes with scales but without spines in the fins) harbored the most species (92) and represented 60% of our records. The Siluriformes (catfishes) represented 23% of the diversity (36 species), Perciformes (fishes with spines in the fins) 8% (13 species), and Gymnotiformes (electric fishes) 3% (5 species). Beloniformes (needlefishes), Cyprinodontiformes (annual fishes), Myliobatiformes (stingrays), Batrachoidiformes (toadfishes), and Clupeiformes (herrings and anchovies) were 1% each (1 or 2 species).

At the family level, Characidae (tetras, piranhas, and others) was the best represented, with 41% (63 species). This pattern also predominates in other areas of Amazonian Loreto (Ampiyacu, Yavarí, Matsés, and Pastaza). Among the genera with the most frequently observed species in N-M-A Headwaters, we found *Moenkhausia* (11 species), *Hemigrammus* (10), *Hyphessobrycon* (6), *Creagrutus* (5), *Astyanax* (3), and *Jupiaba* (3). Together, these accounted for 60% of the species of Characidae.

Another family, Loricariidae (armored catfishes), represented 10% (15 species). Within Loricariidae, the genus *Hypostomus* had the greatest number of species (4). Cichlidae (cichlids) was moderately represented with 8% (12 species). Crenuchidae, with 6% (9 species), was best represented by the genus *Characidium*, with 4 species.

The majority of species (approximately 70%) were of small adult body size (no more than 15 cm in length) and principally within Characidae and Loricariidae. These species are adapted to the small headwater tributaries of terra-firma forests. In some cases, these species are unique to the region (*Astyanacinus, Astyanax, Creagrutus, Hemibrycon,* and *Characidium*). A few species were medium to large in body size. No migratory catfishes

(such as *doncella, tigre zúngaro,* and *dorado*) were recorded during the rapid biological inventory. However, these species, in addition to other important species for local peoples (e.g., fishes with scales and other catfishes), are present in the Curaray and Arabela rivers, based on information compiled during the rapid social inventory (Appendix 3).

DIVERSITY WITHIN THE SITES

Based on fish richness in the biological inventory (154 species in 20 sampling stations), we estimate that 240 species are present in the entire N-M-A Headwaters (using EstimateS, Colwell 2005). The richness is notable because the area represents a relatively small region that harbors the headwaters of three distinct watersheds (Nanay, Mazán, Arabela) and we sampled the region rapidly. The surface area (approximately 136,000 ha) is only 6.7% that of Pacaya-Samiria, yet it contains a similar number of species (J. Albert, pers. comm.). The diversity represents 28% of the Peruvian continental ichthyofauna recognized to date (Ortega and Vari 1986; Chang and Ortega 1995).

Alto Mazán

This site was the most diverse of the inventory. We recorded 92 species (60% of the inventory total) corresponding to 62 genera, 26 families, and eight orders. Most of the diversity was within Characiformes with 62% (57 species), followed by Siluriformes with 20% (18 species), Perciformes with 9% (8 species), and Gymnotiformes with 5% (5 species). The other four orders were represented by 1 species each (Appendix 3B).

For Alto Mazán, the most diverse family was Characidae with 42% (39 species), followed by Loricariidae with 10% (9 species), and Cichlidae and Crenuchidae with 8% (7 species) each. Among the Characidae, small species of the genera *Moenkhausia, Hemigrammus,* and *Hyphessobrycon* were the most common in the majority of sampled habitats.

The Alto Mazán fish community is composed of species typical of the Amazonian lowlands, and had higher diversity than the two other inventory sites, Alto Nanay and Panguana. The diversity difference reflects the greater numbers of habitat types, water volume, and water types in Alto Mazán (Appendix 3). Thirty-nine species were collected only at this site. For example, *Anchoviella* and *Thalassophryne* were only encountered in the white waters of the Mazán River, while *Boulengerella* was found only in the blackwater lagoon. These habitats were not found at the other two sites. Other species, like *Myleus* and the majority of *Hemigrammus*, *Hyphessobrycon*, and *Moenkhausia*, are representative of Amazonian lowland fauna.

We did not record large catfishes (e.g., *Pseudoplatystoma* spp. and *Zungaro*) or large, scaled fishes (e.g., *Prochilodus*, *Brycon*, *Mylossoma*, *Plagioscion*, and *Cichla*). These species could be in Alto Mazán, and have been observed in nearby basins like Pucacuro (Sánchez 2001) and others with similar characteristics (e.g., Ampiyacu River, Hidalgo and Olivera 2004).

Alto Nanay

This site was second in diversity in the inventory. We recorded 78 species (51% of the inventory total) corresponding to 54 genera, 19 families, and 6 orders. Most of the diversity was in Characiformes with 64% (50 species), followed by Siluriformes with 21% (16 species), and Perciformes with 10% (8 species). Combined, the other three orders accounted for 5% (4 species).

Similar to Alto Mazán, Characidae had the highest number of species with 41% (32 species). The Alto Nanay fish community was dominated by small, characid species of the genera *Moenkhausia*, *Hemigrammus*, and *Hyphessobrycon* that lived in the large tributary of the Nanay River (the Agua Blanca), and the smaller streams within the forest. The clear to slightly turbid waters of all the habitats favor species with showy colors, some of which were unique to this site, such as *Nannostomus mortenthaleri* (Fig. 6B), *Hyphessobrycon loretoensis*, and *Crenicara punctulatum*. These ornamental fishes are prized in the pet trade.

Moenkhausia cf. *cotinho* and *Knodus* sp. were the most abundant species. They were frequently encountered in the streams of Alto Nanay and constituted almost

50% of fish abundance. For this site, 30 species were unique to the entire inventory. These included *Cetopsorhamdia* sp. (Fig. 6C), *Myoglanis koepckei* (Fig. 6F), *Leporinus* sp. A, *Curimatella* sp., *Creagrutus* cf. *pila*, and *Corydoras* cf. *sychri*. Agua Blanca was the most important habitat because it was the largest waterway and harbored 47% of the Alto Nanay diversity (37 species).

At this site, we observed few species typically found in the turbid water habitats of the Amazonian lowlands, such as those we saw in Alto Mazán. However, we began recording some species, e.g., *Jupiaba* and various heptapterid catfishes, that prefer swift flowing habitats with clear and black water.

Panguana

This site represented the lowest diversity in the inventory. We recorded 57 species (36% of the inventory) corresponding to 45 genera, 17 families, and seven orders. Characiformes was the most diverse order with 63% (35 species), followed by Siluriformes with 21% (12 species), and Perciformes with 5% (3 species). The other four orders accounted for the remaining 11% (with either 1 or 2 species per order). The family Characidae had the highest number of species (28) representing 49% of total richness. Loricariidae was in second place with 14% (8 species).

We encountered the lowest diversity at this site in comparison to Alto Mazán and Alto Nanay because the variety and size of aquatic habitats, and quantity of water were smaller. This site is closest to the headwater origins and drainage divides. Our sampling sites were small streams within the forest, with moderately swift currents, stream bottoms variably composed of sand, mud, and gravel, and with moderate to shallow depths. These characteristics resemble those of "rapids" in Andean foothill streams.

The fish community of Panguana was dominated by small characids (*Knodus*, *Moenkhausia*, and *Astyanax*), but we also observed armored catfishes of the genus *Ancistrus* and the cichlid *Bujurquina* sp. 2 (Fig. 6D) in all of the sampled streams. The most common species in Panguana was *Knodus* sp. (41% of the abundance). The species within this genus are all small (<7 cm as adults) and in Peru are most abundant in watersheds close to the Andes e.g., Megantoni (Hidalgo and Quispe 2005), Bajo Urubamba (Ortega et al. 2001), Pachitea (Ortega et al. 2003b), and other mountainous areas like Sierra del Divisor (Hidalgo and Pezzi da Silva 2006).

In Panguana, 27 species were unique to the entire inventory, e.g., *Astyanax* spp., *Creagrutus* sp. 3, *Creagrutus* sp. 4, *Hemibrycon* spp., and *Astyanacinus multidens*. These are species usually encountered in the Andean foothills similar to *Knodus*. Together with these species we observed groups from the Amazonian lowlands, like stingrays (*Potamotrygon*, Fig. 6H), catfishes (*Pimelodus ornatus*), piranhas and relatives (*Serrasalmus* spp. and *Myleus*), and large characids (*Leporinus*). These species are present far into the headwaters, reaching small streams with bottoms of gravel and leaves, less than 3 m in width, and less than 30 cm in depth. The relative abundance of such a variety of these lowland species could reflect great fish abundance in the Arabela River and its lagoons.

COMPARISON AMONG SITES

The diversity of fishes and biomass decreased from Alto Mazán to Panguana in relation to the decrease in habitat diversity and quantity of water (size of the watershed). Similar patterns occur in other areas of Loreto. Examples include systems with streams draining terra firme forests and medium-sized rivers, like the Ampiyacu (Hidalgo and Olivera 2004), as well as those flowing from the Andes to Amazonian lowlands, as observed in Manu (Ortega 1996) and Megantoni (Hidalgo and Quispe 2005).

The similarity in species composition among the three sites was low, with only 14 species in common (*Apistogramma* sp. 1, *Characidium* cf. *zebra*, *Charax* sp., *Chrysobrycon* sp., *Farlowella* sp., *Hoplias malabaricus*, *Knodus* sp., *Limatulichthys griseus*, *Moenkhausia comma*, *M. dichroura*, *M. oligolepis*, *Phenacogaster* sp., *Potamorrhaphis eigenmanni*, and *Tyttocharax* sp.). This represents less than 10% of the species total for the inventory. The fact that these taxa are shared among the three sites indicates that there are local species widely distributed throughout the Tigre-Napo region (with the

exception of *Apistogramma* sp. 1, which may be unique to the N-M-A Headwaters).

Of these species, *Hoplias malabaricus*, *Knodus* sp., *Limatulichthys griseus*, *Moenkhausia comma*, *M. dichroura*, *M. oligolepis*, *Phenacogaster* sp., *Potamorrhaphis eigenmanni*, and *Tyttocharax* sp. are widely distributed throughout Peru, but their abundances vary with habitat. For example, *Hoplias malabaricus* is a generalist predator that is not very abundant in large rivers, but is frequently encountered in lagoons or small ponds with mud or leaf bottoms, where it waits for possible prey. *H. malabaricus* is very resistant to significant changes in the physiochemical properties of water. On the other hand, the tiny *Tyttocharax* (which is one of the smallest vertebrates in the Neotropics) inhabits only clear or blackwater streams of high water quality.

The percentage of species unique to each site was high, ranging from 38% for Alto Nanay to 42% for Alto Mazán and 48% for Panguana. This indicates broad variation in fish species composition within a relatively small study area at relatively low elevation (less than 270 m asl). Especially notable is that each inventory site appears to house different fish communities that may be unique to each basin's headwaters.

This has been observed in other regions of Andean headwaters, including Megantoni (Hidalgo and Quispe 2005) and recently in the Sierra del Divisor (Hidalgo and Pezzi da Silva 2006). This is consistent with the hypothesis that headwater regions are isolating mechanisms (Vari 1998, Vari and Harold 1998).

NEW SPECIES, RARE SPECIES, AND/OR RANGE EXTENSIONS

We estimate that 12 species are new records for Peru or new to science (Appendix 3). Among the potentially new species are two small heptapterid catfishes found in streams with sand bottoms in Alto Nanay (*Cetopsorhamdia*, Fig. 6C) and in the riffles of the streams in Panguana (*Pseudocetopsorhamdia*, Fig. 6A). *Bujurquina* sp. 2 (Fig. 6D) from Panguana may also be a new species.

In the Mazán River, we encountered *Thalassophryne amazonica* (Fig. 6E), a species that is not very common in

Amazonia. The family is principally marine. This species is poorly represented in scientific collections. It has spines in the dorsal region that are connected to venom glands that can cause intense pain. We recorded a heptapterid catfish, *Myoglanis koepckei* (Fig. 6F), described originally from the lower part of the Nanay (Chang 1999). It was initially known from the three type specimens. Eight examples were collected in the Matsés inventory (Hidalgo and Velásquez 2006). We collected it in the headwaters of the Nanay, which is now the northernmost record for the distribution of this species.

DISCUSSION

The diversity of fishes in N-M-A Headwaters is very high (154 species) considering that the aquatic habitats present are medium-sized to small, and that large lakes and extensive flooded zones are absent. These headwaters are not as rich in species as some lower elevation areas of the Peruvian Amazon (Pastaza, 277 species, Willink et al. 2005; Yavarí, 240 species, Ortega et al. 2003a; Ampiyacu, 207 species, Hidalgo y Olivera 2004). However, on a global scale, the area harbors substantial significant species richness. An inventory of the Pucacuro River watershed, which borders N-M-A Headwaters, reported 148 species (Sánchez 2001), mainly species widely distributed throughout Loreto. In contrast, the species that live in the headwater streams of Panguana and Alto Nanay are different.

In the Cordillera Azul, Cordillera del Cóndor, Cordillera de Vilcabamba, Megantoni, and the Alto Madre de Dios, the elevational gradients are much more pronounced, which causes rivers and streams to cover greater distances. This creates significant differences in the physiochemical properties of the water between high and low elevations, principally in regard to the temperature of the water, quantity of nutrients, and amount of dissolved oxygen. In N-M-A Headwaters region, these characteristics do not vary as markedly as in the Andes. The water quality measures fall within what is expected for lowland forests, yet the differences seem to be large enough to influence the habitat preferences of some species.

The fish fauna includes genera usually found in the Andean foothills mixed with forms from the Amazonian lowlands, in an area that is isolated from the Andes. We encountered a mixture of common species with wide distributions and general habitat preferences (*Hoplias* and various species of *Moenkhausia,* among others), lowland species that seem to have dispersed into these headwaters (*Potamotrygon, Hemigrammus,* and *Hyphessobrycon*), and species usually abundant in the Andean foothills up to 1,000 m elevation (some species of *Creagrutus, Hemibrycon, Knodus,* and large species of *Astyanax* and *Characidium*).

These headwaters are unique in Peru because the majority of other headwaters begin along the slopes of the Andes, as is the case with the rivers to the west and southwest of the Marañón-Amazonas. To the north of this area, all the largest rivers (e.g., Putumayo, Napo, Tigre, Pastaza) originate in the Ecuadorian Andes.

THREATS

Deforestation of riparian areas and upland primary forest increases erosion and leads to subsequent sedimentation of aquatic habitats, especially in the terra firme forests of the headwaters. Sedimentation produces changes in microhabitats for species living along stream or river bottoms (benthic species), such as *Characidium, Melanocharacidium, Potamotrygon,* and various small catfishes.

Similarly, increases in sedimentation affects aquatic insect larvae (benthic macroinvertebrates), which were relatively abundant in the streams of the three sites, especially in Panguana (e.g., Plecoptera, Ephemeroptera, Trichoptera, and Megaloptera). These macroinvertebrates serve as food for fishes. Their presence and abundance indicates high water quality, which is why they are used to monitor environmental impacts in aquatic habitats.

Another related effect of deforestation is reduction of allochthonous material provided by the surrounding vegetation (leaves, sticks, terrestrial insects falling into the water). This material is critical for many fishes, as it is as source of food, refuge, and nesting sites.

In combination, these effects would produce local changes in community structure by changing food web structure, diversity and fish biomass. On a larger scale, fewer nutrients would travel downstream via rivers into the floodplain, thereby also affecting those ecosystems and decreasing their productivity.

Other threats to the fish community are large-scale extractive activities, such as overfishing (e.g., using poison or dynamite to harvest fishes). These activities are not selective and have a tremendous impact on the fishes at the population level (at least locally) by producing mass mortality and creating near-impossible odds for population recovery. For humans who inhabit the impacted area, there are fewer fishes available for consumption. Additionally, fishing with large boats with refrigeration capabilities increases the pressure on resources in the medium- to long-term by reducing populations to sizes below the minimum-size permitted by Peruvian law for commercial species.

Petroleum exploitation represents another threat to the fish communities because of the high contamination risk for aquatic habitats. Oil exploration and extraction generates petroleum, derivatives, and drilling liquids with a high content of heavy metals that contaminate nearby waters. These substances can overwhelm rivers and streams, generating strong impacts both in the short-term (death) and long-term (bioaccumulation, biomagnification).

OPPORTUNITIES

N-M-A Headwaters represents a great opportunity to conserve an area with high fish diversity. This region is interesting for scientific study as well as an important management priority for the local human communities.

Probably a few species of large catfishes, such as *Pseudoplatystoma* (doncellas and tigre zúngaros) inhabit Alto Mazán. Other genera, like *Brachyplatystoma* (dorados, saltones, and a few others), do not reach these areas, but they are present in the Arabela and Curaray (Appendix 3). The entire drainage needs to be protected to conserve large migratory catfishes. However, from an environmental perspective, the health and protection of the headwaters is beneficial to the entire area downstream.

Headwaters with drainage divides within lowland Amazon likely create isolated habitat "islands" for fish species, especially those that appear to be endemic to the region. This creates an excellent opportunity for biogeographic and evolutionary studies.

RECOMMENDATIONS

- Prohibit commercial fishing.

- Enforce prohibited fishing methods (e.g., poisons, dynamite) and minimum catch sizes.

- Investigate other important habitats for fishes, such as the Arabela River and associated lakes. They likely harbor important species for consumption, such as migratory catfishes.

- Continue inventories beyond N-M-A Headwaters, focusing on other headwater streams within the same watershed to determine whether species are restricted to particular headwaters or watersheds, and verify if N-M-A Headwaters represent a biographic island or an extension of the Ecuadorian Andes (Fig. 2B).

- Design and implement a monitoring and inventory plan for large catfishes, paying particular attention to determining whether these species spawn in the headwaters.

- Monitor fish abundances and fisheries in N-M-A Headwater region.

AMPHIBIANS AND REPTILES

Authors/Participants: Alessandro Catenazzi and Martín Bustamante

Conservation targets: An abundant population of *Atelopus* sp. (Fig. 7C), a new species within a genus considered threatened with extinction throughout its geographic range; amphibians and reptiles whose reproduction and life histories depend on streams; two species that are new to science: *Atelopus* sp. (Fig. 7C) and *Eleutherodactylus* sp. (Fig. 7A); species with commercial value, such as turtles (*Geochelone denticulata*) and caimans (*Caiman crocodilus*), especially in riparian forests and oxbow lakes at the Arabela and upper Mazán rivers

INTRODUCTION

Northern Loreto is poorly known from a herpetological point view, with the exception of Duellman and Mendelson's report (1995) on the headwaters of Tigre and Corrientes rivers (~120 km southwest of Nanay-Mazán-Arabela Headwaters) and an amphibian and reptile inventory in the Pucacuro watershed (Rivera et al. 2001). Other herpetological surveys in Loreto focus on the herpetofauna around Iquitos (Dixon and Soini 1986; Rodríguez and Duellman 1994) and the Reserva Nacional Allpahuayo-Mishana. In addition, herpetologists have conducted rapid inventories in Loreto, including the Matsés region (Gordo et al. 2006), the Yavarí River (Rodríguez and Knell 2003), Sierra del Divisor (Barbosa and Rivera 2006) and the Ampiyacu, Apayacu, Yaguas, and Medio Putumayo rivers (Rodríguez and Knell 2004). All studies in the region report very high richness of amphibians and reptiles.

Our inventory of Nanay-Mazán-Arabela (N-M-A) Headwaters was a great opportunity to explore herpetological communities in streams and forests in a drainage divide of the upper Amazonian basin. The area represents the only place west of Iquitos where Amazon headwaters originate within Peru and not in Ecuador. Despite their singularity, these habitats have not been well studied and are not represented in protected areas in Loreto.

METHODS

We worked from 15 to 30 August 2006 on the upper reaches of the Mazán River, Nanay River, and Panguana stream (a tributary of the Arabela River). We searched for amphibians and reptiles opportunistically by walking trails, surveying water bodies (oxbow lakes, streams, etc.), and by sifting through the leaf litter in potentially good sites for herpetofauna (areas with abundant leaf litter, bases of tree buttresses, dead logs, palm leaves). Our search effort was 187 person-hours, with 72, 51 and 64 person-hours in the Alto Mazán, Alto Nanay and Panguana sites, respectively. We surveyed six days in Alto Mazán, four days in Alto Nanay, and five days in Panguana.

We identified each captured or observed species, and recorded abundance. We identified several frog species by their call and included observations by other researchers and members of the logistics team. We photographed at least one individual for most of the species observed during the inventory.

For species with uncertain identifications, potentially new species or new records, and for species that are poorly represented in natural history collections, we made a reference collection (87 specimens: 76 amphibians and 11 reptiles). These specimens were deposited in the Museo de Historia Natural de la Universidad Nacional Mayor de San Marcos (Lima) and the Museo de Zoología de la Pontificia Universidad Católica del Ecuador (Quito).

RICHNESS AND COMPOSITION

We found 54 amphibian species and 39 reptile species, with amphibian species representing 2 orders, 8 families and 21 genera, and reptiles representing 3 orders, 14 families and 32 genera. The most diverse families were Hylidae, Brachycephalidae and Leptodactylidae for amphibians, and Gymnophtalmidae, Colubridae and Polychrotidae among reptiles.

The species richness recorded during the inventory (54 amphibians, 39 reptiles) represents ~50% of the amphibian diversity and ~40% of the reptile diversity we estimate occurs in the entire N-M-A Headwater region. Our estimates are based on previous studies in other Amazonian localities (Duellman and Mendelson 1995; Rivera et al. 2001). We recorded 93 species in just 15 fieldwork days, which indicates the N-M-A region harbors extraordinary herpetological diversity. This is not surprising because amphibian and reptile communities in Loreto and the Ecuadorian Amazon are considered the most diverse in the world.

Headwater areas lack large water bodies, and water sources are distributed more irregularly than in floodplain forests. The most common amphibians were species that live in leaf litter and do not depend on large aquatic habitats for their reproduction, such as the toad *Rhinella* [*Bufo*] "margaritifer," and the frogs *Allobates* [*Colostethus*] *trilineatus* and *Eleutherodactylus ockendeni.* Another interesting leaf litter frog is *Syncope tridactyla* (Fig. 7G); this frog was previously known from only one specimen collected at the type locality (Duellman and Mendelson 1995). Most of the tree frogs (Hylidae) we found during the inventory were riparian species or species that breed in oxbow lakes and streams, such as *Hypsiboas boans, H. lanciformis,* and *H. geographicus.*

Reptiles are not limited by aquatic habitat availability for reproduction. Nevertheless, common species in this group, such as *Kentropix pelviceps, Gonatodes humeralis* and *Anolis fuscoauratus* among lizards and *Imantodes cenchoa, Xenoxybelis argenteus* and *Leptodeira annulata* among snakes, were also associated with leaf litter and understory vegetation. We found some snake species with aquatic affinities in the *Mauritia* swamps, such as the coral snake *Micrurus lemniscatus* and the frog-egg eater *Drepanoides anomalus.*

The pattern of lizard richness roughly seems to follow a productivity gradient across our inventory sites. We found eight lizard species in the white and brown sand (nutrient-poor) forests in Alto Nanay, and up to 16 species in a forest growing on nutrient-rich clay soil forests in Panguana. We observed ~5 times as many individual lizards in Panguana as in Alto Nanay.

We found several rare frog species that are characteristic of small streams (Fig. 3B). Several individuals (calling males, egg clutches) of the rare *Cochranella midas* were found, as well as an abundant population of *Atelopus* sp. (Fig. 7C), a species within the most threatened frog genus in the Neotropics.

DIVERSITY AT THE SITES

Alto Mazán

We recorded 25 amphibian and 21 reptile species. Three amphibian and one reptile species were recorded only at this site in the inventory. The most common species were *Rhinella* [*Bufo*] "margaritifer," *Allobates* [*Colostethus*] *trilineatus* and *Hypsiboas geographicus* among amphibians, and *Gonatodes humeralis, Kentropyx pelviceps* and *Anolis fuscoauratus* among reptiles. Similar to other groups (plants and mammals), the number of species per sampling effort was low at this site, possibly due to the low diversity of sampled habitats. We did not survey the hills about 300–500 m from the river, which could hold different amphibian and reptile species. The habitats we sampled were close to the river and lacked hills. In these habitats, a great part of the diversity was composed by species associated with aquatic habitats, such as oxbow lakes, *Mauritia* swamps, marshes and temporary ponds. We found considerable snake diversity in the *Mauritia* swamps. At the oxbow lake near the camp, we observed several treefrogs (Hylidae) and individuals of *Caiman crocodilus.*

Alto Nanay

This was the site with the smallest sampling effort and the lowest number of species. We found 40 species, with 27 amphibians and 13 reptiles. Ten amphibian and four reptile species were found exclusively at this locality. The most common amphibians were *Rhinella* [*Bufo*] "margaritifer," *Allobates* [*Colostethus*] *trilineatus* and *Eleutherodactylus peruvianus,* whereas the most common reptiles were *Imantodes cenchoa, Xenoxybelis argenteus,* and *Potamites* [*Neusticurus*] *ecpleopus.*

One of the highlights of this locality was an abundant population of *Atelopus* sp. (Fig. 7C). This new species of harlequin frog has survived the severe extinction process affecting the genus throughout the Neotropics (La Marca et al. 2005). *Cochranella midas,* another representative of a frog family (Centrolenidae) that is threatened by declines in other Neotropical sites, was abundant in Alto Nanay. We recorded intense reproductive activity of *C. midas* along two streams.

Panguana

At Panguana we recorded the highest diversity of amphibians (31 species) and reptiles (26 species). Fifteen amphibian and 11 reptile species occurred exclusively at this locality. The most common amphibian species were *Eleutherodactylus ockendeni, Allobates* [*Colostethus*] *trilineatus,* and *Rhinella* [*Bufo*] "margaritifer." *Kentropyx pelviceps, Imantodes cenchoa,* and *Anolis trachyderma* were the most common reptiles.

Panguana is dominated by hills (up to 270 m) and forms part of a complex topography that extends from the base of the Andes in Ecuador to northern

Loreto. We expected to find similar species richness and composition in Panguana, Alto Mazán, and Alto Nanay. We think that the greater number of species in Panguana compared to Alto Mazán and Alto Nanay may reflect greater forest productivity and more complex relief in Panguana. These conditions favor frog species that do not depend on water bodies for reproduction, e.g., *Eleutherodactylus* spp. In contrast, frogs that require large water bodies, e.g., species in the Hylidae and Leptodactylidae, should be more common in Alto Mazán and Alto Nanay.

COMPARISON WITH THE HERPETOFAUNA OF NEARBY SITES

Duellman and Mendelson (1995) documented the herpetofauna of the Tigre and Corrientes watersheds, 120 km southwest of N-M-A Headwaters. The Tigre and Corrientes basins have topographical characteristics similar to those we encountered in this inventory. Duellman and Mendelson found 68 amphibian and 46 reptile species, with a sampling effort of 66 person-days, between January and April 1993. One difference is that in addition to transect surveys, they also sampled herp species by using pitfall traps. Our sampling effort was smaller (30 person-days) but our cumulative numbers of species by sampling effort were greater than theirs (Fig. 11). In both studies, the most abundant species were those that live in the leaf-litter. In addition, both our study and theirs estimate that the recorded diversity corresponds to approximately half the number of species we expect to find in N-M-A Headquarters.

Rivera et al. (2001) intensively sampled amphibians and reptiles at several sites along the Pucacuro River, which is the closest river drainage west of the Mazán and Nanay drainages. They found 84 amphibian and 64 reptile species. The well-known herpetofauna of the forests along the lower Nanay river, in the Allpahuayo-Mishana National Reserve, includes 83 species of amphibians and 120 species of reptiles (Álvarez et al. 2001). These two studies underscore the impressive herpetological diversity of the region.

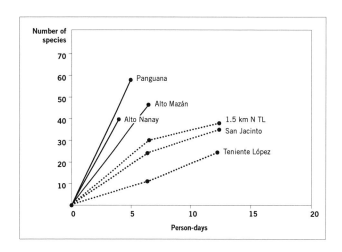

Fig. 11. Species accumulation curves for amphibians and reptiles during the first 12 person-days in three sites of the Tigre and Corrientes basins (1.5 km north of Teniente López, San Jacinto, Teniente López: Duellman and Mendelson 1995) and 4–6 person-days in our sites in N-M-A Headwaters (Panguana, Alto Nanay, Alto Mazán).

NEW AND RARE SPECIES, RANGE EXTENSIONS

A species of frog, *Cochranella midas*, is a new record for Loreto. This glass frog was abundant along small streams of the Alto Nanay. A *Cochranella* frog, possibly belonging to the same species, has also been reported from Allpahuayo-Mishana and Pucacuro.

In Panguana we found an individual of *Syncope tridactyla* (Fig. 7G), a species previously known only from its type locality, San Jacinto in the Corrientes watershed. This species was described by Duellman and Mendelson (1995).

We found five toadlets of a new species of *Atelopus* (Fig. 7C) during an hour of intensive searching along 20 m of a stream in Alto Nanay. This species has been previously reported from Lorocachi, in the Ecuadorian province of Pastaza, near the border with Peru, but its taxonomic status has not been resolved (Coloma 1997). There also is a photographic record from the Apayacu river, southeast of N-M-A Headwaters (Bartlett and Bartlett 2003).

Several *Eleutherodactylus* species remain unidentified, but at least one species is new to science, clearly distinguishable from other species in the genus by its distinctive blue coloration in the groin and hidden parts of arms and legs (Fig. 7A).

In addition to these new records, we found species whose southernmost distribution limit is now N-M-A Headwaters, such as *Hypsiboas nympha* (third published report for Amazonian Peru), *Osteocephalus cabrerai* (second published report for Amazonian Peru), and *Osteocephalus* cf. *fuscifacies* (described and known from Ecuador, first report for Peru).

THREATS, OPPORTUNITIES, AND RECOMMENDATIONS

Commercial logging and related activities represent the main threat to the herpetofauna. These activities include logging, construction of trails, use of tractors and heavy machinery, transportation through rivers and large streams, and hunting. Habitat destruction and fragmentation by selective logging and deforestation are a threat to the many rare species associated with primary forests, and can create conditions where these rare species are replaced by widespread, opportunistic species. Tractors and heavy machines change drainage patterns and represent a major threat to species that breed in small streams and ponds. Stream- and pond-breeding species are an important component of the herpetofauna of N-M-A Headwaters. Transportation along rivers can be a source of disturbance for large reptiles and for those species that are vulnerable to hunting (caimans and turtles). Habitats along headwater streams are extremely sensitive to changes by deforestation or contamination.

Oil exploration and extraction activities are a potential threat. Some negative consequences of these activities are habitat changes associated with road and oil pipe construction, and contamination from industrial by-products and oil spills. The headwaters of the Tigre and Corrientes rivers, which have an orography and herpetofaunas similar to those of the Mazán headwaters, are already negatively impacted by oil spills and water pollution with the by-products of oil extraction.

N-M-A Headwaters represent a unique opportunity to protect amphibian and reptile communities that are among the richest on the planet, and that are under-represented in other protected areas. Several amphibian species reach their southern limit of geographic distribution within N-M-A Headwaters, and do not occur in other areas of Loreto. These species are found in the Ecuadorian Amazon in areas of complex orography. Effective protection of N-M-A Headwaters will conserve abundant, intact populations of herpetofauna restricted to hill forests.

Many species in headwater habitats are especially vulnerable because they have low population density or peculiar life histories. For species with low population density, such as large reptiles, commercial hunting and overexploitation should be forbidden. Headwater populations could serve as refuge, from which large reptiles could recolonize areas that have been over-exploited. The harlequin frog *Atelopus* sp. (Fig. 7C) is a highly vulnerable species deserving immediate conservation and research efforts. We need to extend our knowledge of the biology and distribution of this species, and to develop monitoring programs for its populations.

Our main recommendation is to exclude forestry and oil concessions from N-M-A Headwaters. Extractive activities will cause substantial diversity loss among amphibian and reptile species. We recommend incorporating the greatest number and diversity of aquatic habitats within N-M-A Headwaters, especially oxbow lakes and old river and stream meanders, because including these habitats will dramatically increase the number of protected species of amphibians and reptiles. To ensure the population viability of large reptiles, we recommend increasing the connectivity among habitats and ecosystems. In this vein, we recommend establishing biological corridors between nearby areas in Loreto and Ecuador, such as Güeppi and Yasuní.

BIRDS

Participants/Authors: Douglas F. Stotz and Juan Díaz Alván

Conservation targets: A dozen bird species restricted to white-sand forests, rare habitats within Peru and Amazonia; diverse avifauna of terra firme forests; game birds, e.g., Salvin's Curassow (*Crax salvini*) under considerable hunting pressure in other parts of their range, especially in Loreto; isolated populations of foothill species

INTRODUCTION

Loreto is an extraordinarily diverse area for many organisms, including birds. However, much of northwestern Loreto remains poorly known, as most avian surveys have concentrated on areas close to the Amazon River. We surveyed a previously unknown area in northwestern Loreto between the Curaray and Tigre Rivers, in Nanay-Mazán-Arabela (N-M-A) Headwaters (Fig. 2A). Several areas provide important points of reference for our inventory. In 1993, Álvarez (unpub.) surveyed the birds of the Tigre River, the major drainage south of the area we surveyed. In 1925, the Ollalas made important collections near the mouth of the Curaray River, ~140 km southeast of our first inventory site. However, some of the Ollalas records should be treated with caution as there are questions about the reliability of the locality data (T. Schulenberg pers. comm.).

Perhaps the most relevant site for comparison is the well-studied Allpahuayo-Mishana National Reserve near Iquitos on the lower Nanay River (IIAP 2000, Álvarez 2002). Allpahuayo-Mishana supports extensive areas of white-sand soils and a well-documented poor-soil specialist avifauna. Recent rapid inventories in the Ampiyacu, Apayacu, Yaguas, and Medio Putumayo (AAYMP) drainages (Stotz and Pequeño 2004) and the proposed Reserva Comunal Matsés (Stotz and Pequeño 2006) also provide relevant points of comparison. The AAYMP is a relatively rich soil area north of the Amazon and east of the Napo River, while the proposed Reserva Comunal Matsés is south of the Amazon with a broad range of soil fertilities, including white sands.

METHODS

Our protocol consisted of walking trails, looking and listening for birds. We (Stotz and Díaz) conducted our surveys separately to increase the independent-observer effort. Typically, we departed camp before first light, remaining in the field until mid-afternoon, returning to camp for a 1–2 hour break, and going back to the field until sunset. We tried to cover all habitats within an area, although total distance walked at each camp varied with trail length, habitat, and density of birds. Each observer typically covered 5–10 km per day.

Both observers carried a tape recorder and microphone to document species and to confirm identification using playback. We kept daily records of species abundances, and compiled these records during a round-table meeting each evening. Observations by other members of the inventory team, especially D. Moskovits, supplemented our records.

We spent four full days at Alto Mazán and Panguana, and Díaz spent an extra day at Alto Mazán. At Alto Nanay, we spent only three full days in the field. Stotz and Díaz spent ~88 hours observing birds at Alto Mazán, ~67 hours at Alto Nanay, and ~83 hours at Panguana.

In Appendix 5, we estimate relative abundances using our daily records of birds. Because our visits to each of these sites were short, our estimates are necessarily crude, and may not reflect bird abundance or presence during other seasons. For the three inventory sites, we used four abundance classes. *Common* indicates birds observed daily in substantial numbers (averaging ten or more birds); *fairly common* indicates that a species was seen daily, but represented by fewer than ten individuals per day. *Uncommon* birds were encountered more than two times during the inventory, but not seen daily, and *rare* birds were observed only once or twice as single individuals or pairs.

RESULTS

We recorded 372 species of birds during the rapid inventory of N-M-A Headwaters of northwestern Loreto. Broadly speaking, this is a typical number of species for rapid inventories of this duration and number of sites in western Amazonia. The forest birds that occur in N-M-A Headwaters represent a rich assemblage, enhanced by the variety of soils and forest types found in the region. However, because of the absence of large, slow-moving rivers and substantial oxbows lakes in the survey area, a number of species associated with extensive successional vegetation, beaches, and/or river islands are likely rare or absent. We estimate that the total avifauna is 480 to 500 species.

Avifaunas at surveyed sites

Bird species richness varied dramatically across sites, roughly correlated with variation in soil richness. We recorded 297 species at Panguana, the site with the richest soils, 271 species at Alto Mazán, with intermediate soil richness, and 221 species at Alto Nanay, the area with the poorest soils.

Alto Nanay

Poor soils dominate Alto Nanay, and consequently bird richness and abundance were low, although not as low as at the white-sand site (Itia Tëbu) surveyed during the Matsés inventory (Stotz and Pequeño 2006). Bird richness and abundance were highest close to the river and declined into the hills away from the river. Away from the river, bird species associated with poor-soils, especially white sands, were much more diverse and abundant.

A well-defined set of species specializes on forests on white sand and other extremely poor soils in the Iquitos area (Álvarez and Whitney 2003), including at least four recently described species restricted to these forests in northeastern Peru. Of the 19 species listed by Álvarez and Whitney (2003) as associated with white-sand and other extremely poor soils in northeastern Peru north of the Amazon, we registered 11 at Alto Nanay. These include three of the four newly described species—Ancient Antwren (*Herpsilochmus gentryi*, Fig. 8A), Allpahuayo Antbird (*Percnostola arenarum*, Fig. 8G), and Mishana Tyrannulet (*Zimmerius villarejoi*, Fig. 8C)—and five species only recently recorded for the first time in Peru: Brown-banded Puffbird (*Notharcus ordii*, Fig. 8B), Zimmer's Tody-Tyrant (*Hemitriccus minimus*), Helmeted Pygmy-Tyrant (*Lophotriccus galeatus*), Saffron-crowned Tyrant-Manakin (*Neopelma chrysocephalum*), and Pompadour Cotinga (*Xipholena punicea*, Fig. 8F). We discuss these poor-soil specialists, important bird conservation targets for this area in more detail below.

Although bird abundance at Alto Nanay was generally low in the forest compared to the other two sites, the abundance and diversity of army-ant-following birds was higher here. In addition to good numbers of the regular ant-followers, other antbird species that are typically irregular at ant swarms, like Rufous-capped Antthrush (*Formicarius colma*), Mouse-colored Antshrike (*Thamnophilus murinus*), Black-faced Antbird (*Myrmoborus myotherinus*), and Spot-backed Antbird (*Hylophylax naevius*), occurred regularly at the ant swarms at this site.

Alto Mazán

The Alto Mazán site had a moderately rich avifauna, with the greatest diversity of frugivorous species in the inventory. However, the abundance of birds in the forest here was slightly below average for an Amazonian site. Although the soils were not notably poor, we observed a few species associated with poor soils, *Herpsilochmus gentryi* (Fig. 8A), White-ringed Flycatcher (*Conopias parva*), and Orange-crowned Manakin (*Heterocercus aurantiivertex*, Fig. 8D). All were less abundant than at Alto Nanay. The first two species occurred in small numbers in fairly open forest with an understory dominated by *Lepidocaryum tenue* palms (known locally as *irapay*) on the moderate-sized hills well away from the river. We saw the *Heterocercus* once in a small *Mauritia* palm swamp (*aguajal*).

Despite evidence of hunting in the area, game birds were generally common and diverse, with four species of Cracidae and seven species of Tinamidae. This suggests that hunting in the region may focus mostly on mammals.

Notable records from this site included one sighting of the patchily distributed and always rare Zigzag Heron, *Zebrilus undulatus*, near the small oxbow lake. Slaty-backed Forest-Falcon, *Micrastur mirandollei*, typically quite rare and outnumbered by other forest-falcons, was fairly common at this site, with multiple birds heard daily. The only other forest-falcon we recorded here was a single record of Collared Forest-Falcon, *Micrastur torquatus*.

Panguana

Panguana was easily the most diverse site. Both species richness and abundance of birds was greater here than at the other two sites. Game birds were common. Most notable was the abundance of Salvin's Currasow, *Crax salvini*, the largest game bird in the region and usually quite scarce and skittish. Here pairs were relatively tame and seen daily, and a pair with young was observed on one occasion.

Two elements of the avifauna were found only at Panguana and not elsewhere on this survey: One, a set of species associated with tangly, riverine forest and two, a set of birds that are mostly associated with the Andean foothills, but which occur locally in northern Amazonia. Many of the riverine species are widespread and common, but a handful of species constituted significant records. These included a couple of relatively minor range extensions. Plain Softtail, *Thripophaga fusciceps*, is patchily distributed in Amazonia, with the only previous records north of the Amazon and west of Brazil being a handful of records from eastern Ecuador (Ridgely and Greenfield 2001). Long-tailed Tyrant, *Colonia colonus*, is typically found in the lowlands at the base of the Andes in northwestern Amazonia; our records at Panguana extend the range eastward about 200 km.

Andean foothill species found at Panguana included five species: Sapphire Quail-Dove (*Geotrygon sapphirina*), Black-throated Brilliant (*Heliodoxa schreibersii*), White-shouldered Antshrike (*Thamnophilus aethiops*), Scaled Antpitta (*Grallaria guatemalensis*), and Black-and-white Tody-Flycatcher (*Poecilotriccus capitalis*). All of these species are primarily foothill species, but their distributions extend out into the northwestern Amazonian lowlands. *Grallaria guatemalensis* was known previously in the Peruvian lowlands only from records along the Tigre River (Álvarez, unpubl.), although it is widespread in the eastern lowlands of Ecuador. *Geotrygon sapphirina* is widespread in eastern Ecuador, but not previously known from the lowlands of Peru north of the Amazon.

DISCUSSION

Birds of poor-soil forests (*varillal*)

Between 1997 and 2005, ornithologists (especially J. Álvarez and his colleagues) discovered four species new to science and several other species that were new from Peru in surveys of white sand areas near Iquitos (Álvarez and Whitney 2001, 2003; Isler et al., 2002a; Isler et al., 2002b; Whitney and Álvarez 1998, 2005).

Although found on white-sand soils, these species do range more extensively through Amazonia, especially northeastern Amazonia.

Of the nineteen species of birds (Álvarez and Whitney 2003) associated with poor soils, especially white sands, we found eleven. These include three of the four newly described species (*Herpsilochmus gentryi*, *Percnostola arenarum*, and *Zimmerius villarejoi*), five species recently added to the known Peruvian avifauna (*Notharcus ordii*, *Hemitriccus minimus*, *Lophotriccus galeatus*, *Neopelma chrysocephalum*, and *Xipholena punicea*), and three white-sand species that have been long known from Peru but only recently associated with poor soils, Rufous Potoo (*Nyctibius bracteatus*), Zimmer's Antbird (*Myrmeciza castanea*), and *Conopias parva*. We recorded an additional two species associated with poor soils but not mentioned by Álvarez and Whitney (2003): Fuscous Flycatcher (*Cnemotriccus fuscatus duidae*) and *Heterocercus aurantiivertex* (Fig. 8D).

Eight poor-soil species known from northwestern Loreto (Álvarez and Whitney) were not recorded on this inventory. These are Gray-legged Tinamou (*Crypturellus duidae*), Barred Tinamou (*Crypturellus casiquiare*), White-winged Potoo (*Nyctibius leucopterus*), Band-tailed Nighthawk (*Nyctiprogne leucopyga*), Cherrie's Antwren (*Myrmotherula cherriei*), Cinnamon-crested Spadebill (*Platyrinchus saturatus*), Cinnamon Tyrant (*Neopipo cinnamomea*), and Iquitos Gnatcatcher (*Polioptila clementsi*). All are known from the lower Nanay or Tigre rivers. All of these unrecorded species except the *Polioptila* range east locally in poor-soil areas at least as far as southern Venezuela.

Álvarez (2002) grouped the birds associated with white-sand forests at Allpahauyo-Mishana on their degree of specialization on these forests, ranging from facultative (more common in white-sand habitats than other habitats) to obligate (always in white-sand habitats). The poor-soil species at Alto Nanay run the gamut of specialization with 6 of the 8 obligate, 6 of the 8 near-obligate, and 6 of the 10 facultative species present. Given the broad representation of white-sand birds, it seems likely that all of the white-sand species of northwestern Loreto would be found on the upper Nanay with additional surveys, except perhaps the extremely rare and restricted *Polioptila clementsi*.

Polioptila clementsi is known only from a small population. It is very patchily distributed at Allpahuayo-Mishana (Whitney and Álvarez 2005), and is absent from much habitat that appears to be appropriate. With only a single known population and a total population estimate of fewer than 100 individuals, it is considered Critically Endangered (BirdLife International 2000). It co-occurs with several of the species we recorded, so it is possible that it occurs in other poor-soil habitats of northern Loreto. Survey of appropriate habitat for this species is a high priority. Although none of the other white-sand specialists are considered endangered, *Percnostola arenarum* (Fig. 8G) and *Zimmerius villarejoi* (Fig. 8C) are treated as Vulnerable (BirdLife International 2006a, 2006b), and *Herpsilochmus gentryi* (Fig. 8A) as Near-Threatened (BirdLife International 2000).

The four newly described species, plus *Myrmeciza castanea* (Fig. 8E) and *Heterocercus aurantiivertex* (Fig. 8D), are restricted to northwestern Amazonia in Peru and/or Ecuador. *Percnostola arenarum* was previously known only from Allpahuayo-Mishana and its immediate vicinity, and recent records from the lower Morona River. *Zimmerius villarejoi* was previously known from Allpahuayo-Mishana and near Tarapoto in San Martín. The other species restricted to northwestern Amazonia are known to extend into Ecuador. The other species of poor-soil birds we observed extend east into at least central Amazonia, although *Neopelma chrysocephalum* and *Xipholena punicea* (Fig. 8F) previously had been recorded in Peru only from Allpahuayo-Mishana.

Comparison among sites

The three sites shared 151 species. At Panguana, the most diverse site, we found 51 species not recorded at the other two sites. In Alto Mazán we found 33 unique species, while the least diverse site, Alto Nanay still had 23 species recorded only there. The unique species at Panguana included 21 species found in dense, tangly forest along the Panguana stream, a habitat not encountered at the other sites, and 5 species associated with foothills in much of their range (discussed above). Ten of the unique species at Alto Nanay were found primarily on the hills with poor-soils and relatively open canopy forests away from the river, a habitat absent at Panguana and much more poorly developed at Alto Mazán. Seven of the remaining species only found at Alto Nanay were rare species from along the river edge. At Alto Mazán, the unique species (21) were mainly at the river edge or using the river itself.

Low diversity at Alto Nanay was reflected in many different groups but the most notable group was the frugivores, especially parrots (7 species compared to 13 and 14 at Alto Mazán and Panguana respectively), tinamous (only 3 species at Alto Nanay), and Icteridae (a single sighting of Yellow-rumped Cacique, *Cacicus cela* was the only record of this family). The absence of *Mauritia* palm swamps near Alto Nanay may play a role in the scarcity of frugivores, especially among the larger parrots. Only one *Ara* macaw (Scarlet Macaw, *Ara macao*) was present at Alto Nanay, compared to four species at the other two sites. Hummingbirds were also less abundant and diverse at Alto Nanay, with only 7 species recorded (compared to 8 at Alto Mazán and 12 at Panguana), and only one species, Fork-tailed Woodnymph (*Thalurania furcata*), seen more than once or twice.

In contrast, ant-following birds were best represented at Alto Nanay, with observers encountering multiple swarms each day. At Alto Mazán, only one ant swarm with birds at it was seen, while Panguana had intermediate numbers of these birds. All three camps had good numbers of mixed species flocks in the understory. We generally found species typical of canopy flocks in association with the understory flocks. Flock size and abundance was highest at Panguana, and lower, but about equal in average size and abundance, at the other two sites. This mirrored the overall abundance of birds among the sites. Birds were notably more abundant at Panguana than the other two sites. Alto Mazán and Alto Nanay showed similar patterns of abundance for understory insectivores, but as noted above, Alto Nanay had fewer large frugivores and hummingbirds.

At all three sites we recorded the newly described Brown-backed Antwren, *Myrmotherula fjeldsaai*. This species has a range restricted to eastern Ecuador (south of the Napo River) and Loreto between the upper Tigre and the mouth of the Curaray River. Contrary to our expectations we found this species co-existing with Stipple-throated Antwren, *Myrmotherula haematonota*, which replaces it to the south and east. At each site, *M. haematonota* outnumbered *M. fjeldsaai*. However, neither species was particularly common at any of the inventory sites. Typically, in the Amazonian lowlands, a species of checker-throated *Myrmotherula* is present in most or all of the understory mixed-species flocks in the forest. Oddly, at Alto Mazán and Alto Nanay most flocks lacked a checker-throated *Myrmotherula*, while at Panguana, the most common checker-throated species was Rufous-tailed Antwren, *Myrmotherula erythrura*, which is slightly larger and forages somewhat higher. We found it in most flocks.

Comparison with other rapid inventories in Loreto and other areas in Loreto

Overall, the number of species of birds encountered here was very similar to the number of other rapid inventories of similar duration in Loreto. We found 372 species, compared to 362 on the Ampiyacu, and to 376 at the three main inventory sites at Matsés. Brief surveys along the Blanco and Gálvez rivers at Matsés contributed an additional 40 species. Similarly Stotz found 43 species not recorded during this survey in a day observing birds at the Army post at the mouth of the Curaray River. However, this army post is 140 km from the area we surveyed and the habitats at Curaray (extensive second growth, large, slow-moving river with extensive beaches, and cochas) are either quite rare or absent from the surveyed region. At Matsés, the sites surveyed casually are within or immediately adjacent to the area being considered for protection.

Differences among sites were somewhat smaller at Ampiyacu than those shown among sites on this survey or on the Matsés inventory. There appeared to be less diversity in soil types at Ampiyacu. At both Matsés and on this survey, one site had notably poor-soils. At the

white-sand site on the Matsés inventory, Itia Tëbu, we found only 187 species compared to 221 at Alto Nanay. Itia Tëbu lacked the characteristic white-sand specialists of the Iquitos region. Only the relatively widespread *Hemitriccus minimus* and *Cnemotriccus fuscatus duidae*, and the somewhat less habitat-restricted *Conopias parva* were found there. This constrasts with Alto Nanay, which has at least thirteen species of poor-soil specialists. At Itia Tëbu, the unique elements in the *varillal* (stunted forest on white sand) consisted of widespread Amazonian species associated with low stature open forests of a number of types. These included White-chinned Sapphire *(Hylocharis cyanea)*, Blackish Nightjar *(Caprimulgus nigrescens)*, and White-lined Tanager *(Tachyphonus rufus)*. None of these species were found at Alto Nanay.

The Reserva Nacional Allpahuayo-Mishana is the heart of the poor-soil specialist avifauna in Peru. There are approximately 475 species of birds known from the area (IIAP 2000). The higher richness than that we found is in part a reflection of better and more varied aquatic habitats, and in part much greater fieldwork than the few days we spent during this inventory. Most of the poor-soil species are more abundant at Allpahuayo-Mishana than we found them at Alto Nanay. Most are also fairly strongly restricted to varillal, a much more stunted forest than any of the habitats were encountered. Besides the classic white-sand birds, Allpahuayo-Mishana also has two of the open habitat species, *Caprimulgus nigrescens* and *Hylocharis cyanea*, which we found at Itia Tëbu, on the Matsés inventory, but not on this inventory. A third species, the poorly-known White-bellied Dacnis *(Dacnis albiventris)* which was recorded on the Matsés inventory on poor soils, but not in *varillal,* is also known from Allpahuayo-Mishana. Despite Allpahuayo-Mishana being such a center of diversity for white-sand birds, two of the white-sand bird species known from northwestern Loreto, *Myrmotherula cherriei* and *Lophotriccus galeatu,* are not known from there. We found *L. galeatus* at Alto Nanay, but *Myrmotherula cherriei* remains known in Peru only from the Tigre River (Álvarez and Whitney 2003).

RECOMMENDATIONS

Protection and management

The avifauna in the headwaters region is almost purely a forest avifauna, so maintaining an extensive forest cover in the region is the most critical action that can be taken to protect the birds of the region. Most crucial are the forests that cover the steep hills away from the river. These forests are on poor soils and are not very tall. These sites are not really appropriate either for agricultural development or logging. They are also home to the specialized set of "poor-soil" birds that include most of the restricted-range and newly described birds.

The commercial hunting that is currently occurring in the region does not focus on birds, however some of the larger species (currasows, guans, and perhaps the largest tinamous) might become more of a target as populations of mammals decline with uncontrolled hunting. Given the poor soils in much of the surveyed region, it seems doubtful that commercial hunting could be sustained, even under regulation. We strongly urge controlling hunting, except for subsistence hunting by residents of the villages on these rivers. Without such controls, we expect that large birds and mammals will disappear. The possibility exists that exploitation of parrot populations could develop in the region unless controls are put into place. Once again, populations of the large species (macaws, *Amazon* parrots) seem insufficient to be exploited commercially, so any such exploitation should be strictly controlled.

Since access to the area is via rivers, communities on rivers have a huge role to play in protecting the area and monitoring people entering the region. By working with the communities, it should be possible to reduce uncontrolled exploitation of the resources in the headwaters, including game birds and parrots.

Inventories and Monitoring

The poor soil areas north of the Amazon in Loreto need further inventory for birds. It appears that the Nanay drainage may be the most important for the specialists, but some of the species (e.g., *Herpsilochmus gentryi* and *Myrmeciza castanea*) have wider ranges. Most important would be to survey for the Iquitos Gnatcatcher (*Polioptila clementsi*), known only from a population of well under 100 individuals at Allpahuayo-Mishana. Additionally, there are white sand species known from elsewhere in northern Peru, like White-masked Antbird (*Pithys castanea*), Black Manakin (*Xenopipo atronitens*), and Red-shouldered Tanager (*Tachyphonus phoenicius*) that have not been found in northern Loreto.

MAMMALS

Authors/Participants: Adriana Bravo and Jhony Ángel Ríos

Conservation targets: Abundant, intact populations of mammals in the Arabela headwaters, threatened elsewhere in Amazonia; substantial populations of equatorial saki monkey (*Pithecia aequatorialis*), a range-restricted primate occurring in Peru only on the left bank of the Marañón River between the Napo and Tigre rivers; the giant armadillo (*Priodontes maximus*), listed as Vulnerable (IUCN) and Threatened (CITES); primates that are important seed dispersers but threatened by commercial hunting, especially the white-bellied spider monkey (*Ateles belzebuth*), listed as Vulnerable (IUCN), the common woolly monkey (*Lagothrix poeppigii*), listed as Near Threatened (IUCN), and the red howler monkey (*Alouatta seniculus*); top predators e.g., jaguar (*Panthera onca*) and puma (*Puma concolor*) that are important in regulating prey populations; the Brazilian tapir (*Tapirus terrestris*), an important dispersal agent, especially of large seeds, listed as Vulnerable (CITES, IUCN); three bat species (*Artibeus obscurus*, *Vampyriscus bidens*, and *Diphylla ecaudata*) considered Lower Risk/Near Threatened (IUCN)

INTRODUCTION

The Peruvian Amazon is a global center of mammal diversity. Information exists about the mammal communities of the entire region (Pacheco 2002, Voss and Emmons 1996); however information about local mammal communities and distributions remains limited, especially in northern Peru (Emmons 1997). A few areas have been studied intensively, e.g., the Napo watershed and the Pacaya Samiria National Reserve (Aquino and Encarnación 1994; Aquino et al. 2001; Heymann et al. 2002), but mammal communities for many important areas, including Nanay-Mazán-Arabela (N-M-A) Headwaters, remain unknown.

In this chapter, we present the results of a mammal survey in N-M-A Headwaters, an area between the

Curaray and Pucacuro rivers near the border with Ecuador (Fig. 2A). We compare species richness and abundance of mammals among three sites, highlight important observations, identify target species for conservation, and provide recommendations for their conservation.

METHODS

From August 15 to 30, 2006, we conducted mammal surveys at three localities: Alto Mazán, Alto Nanay, and Panguana. We used observations and signs to evaluate the community of medium and large mammals, and used mist nets to census bats. We did not evaluate the community of small non-volant mammals because of time constraints.

At each site, we walked along trails at a rate of 0.5–1 km/hr for a period of 5 to 7 hours starting at 7 a.m. and again at 7 p.m. For each species, we recorded (1) date and time, (2) location (trail name/number and distance), (3) species name, and (4) number of individuals. We also recorded secondary signs (e.g., tracks, feces, wallows, burrows, or food remains) that indicate mammal presence (Wilson et al. 1996). To match a sign with a species, we used a combination of field guides (Aquino and Encarnación 1994; Emmons 1997), our personal experience, and local knowledge. In addition, we incorporated mammal sightings by other members of the inventory team and local assistants. Using the plates in a field guide (Emmons 1997), we interviewed local people about the presence of large and medium mammal species in the area.

We captured bats using 6 m mist nets, deploying 18–20 nets along trails, natural gaps, and in the gaps formed when clearing the small helipads. We opened the nets for ~6 hours beginning at sunset, between 5:45 and 6:00 p.m., when bats start foraging. We identified and released each bat.

RESULTS AND DISCUSSION

We expected to find a rich mammal community in the N-M-A Headwaters. Using published distributions maps of Neotropical mammals (Aquino and Encarnación 1994; Emmons 1997; Rylands 2002), we estimate 59 species of large and medium size mammals occur in the entire N-M-A Headwaters. During two weeks, we covered 230 km (80 km at Alto Mazán, 70 km at Alto Nanay, and 80 km at Panguana) and registered 35 (ca. 60 %) of the expected species (Appendix 6). We registered 12 (80%) of 15 primate species expected in the area, 4 (80%) of 5 ungulates, and 7 (50%) of 14 carnivores.

Typically, bat species richness is high in Neotropical rainforests, and this area is no exception. In N-M-A Headwaters, we expect ~65 species (Hice et al. 2004; Ascorra et al. 1993). With a sampling effort of 554 open-net-hours (194, 180, and 180 open-net-hours at Alto Mazán, Alto Nanay, and Panguana respectively), we captured 20 bat species during seven nights (Appendix 7), which represents 31% of the expected species, and includes 10 frugivores, 3 nectivores, 5 insectivores, 1 hematophage, and 1 omnivore.

Below we give a brief overview of each site, followed by comparison among our inventory sites and comparisons with several other mammal inventories in Loreto.

Alto Mazán

During six days, we registered 26 species of medium and large mammals in Alto Mazán. Commercial hunting was evident in the area, and mammals, especially monkeys, seemed afraid of humans. Despite hunting impacts on the mammal fauna, we did observe ten primate species, including the range-restricted *Pithecia aequatorialis*, and registered signs of large ungulate species, such as Brazilian tapir (*Tapirus terrestris*), collared peccary (*Pecari tajacu*), the white-lipped peccary (*Tayassu pecari*), and the red brocket deer (*Mazama americana*), which are sensitive to hunting.

Although richness of primates and ungulates was high, the abundance of some species was low. For instance, species sensitive to hunting or other anthropogenic activities, e.g., *Alouatta seniculus* and *Lagothrix poeppigii*, were less abundant here than in other sites in Amazonia with low or nonexistent hunting pressure, including our other inventory sites, Alto Nanay and Panguana. Almost all of our ungulate records come from tracks, and these tracks suggest densities are also low.

At this site, we observed what appear to be two species of saki monkeys, *Pithecia aequatorialis* and *Pithecia monachus*. We observed the two species foraging independently as well as in the same troop. However, after returning from the field, we realized that the taxonomy of *Pithecia* remains muddled, especially the degree of color and pattern variation within species, and the level of sexual dimorphism. We cannot be sure whether *P. aequatorialis* and *P. monachus* are two valid species and maintain their differences in sympatry, or whether they represent color morphs of the same species (see Notable Records, below; Fig. 9C).

In Alto Mazán some habitats provide key resources for mammals, especially *Mauritia* swamps (locally called *aguajales*). We recorded nine species of monkeys, and observed tracks of four ungulate species (Brazilian tapir, deer, collared peccaries, and white-lipped peccaries) in this habitat.

With a capture effort of 194 open net-hours, we identified seven species of bats: four frugivores and three insectivores. Species richness and abundance was lower than expected, most likely a combination of the low availability of fruit in the area and late afternoons rains that continued into dusk, the time of greatest bat activity.

Alto Nanay

In four days, we found 17 species of medium and large mammals in Alto Nanay, including 8 species of primates and 4 species of ungulates. Species richness was the lowest at this site, and lower than expected given that hunting appears almost nonexistent in this area. However, the low richness likely reflects the poor soils, low productivity, and scarce fruit resources at this site, rather than any human impacts.

Again we observed two species that appear to be *Pithecia aequatorialis* and *Pithecia monachus*. We recorded them foraging independently, but also observed mixed groups as in Alto Mazán.

We made two diurnal observations of *Tapirus terrestris*, the largest terrestrial mammal in the Amazon and a species that is vulnerable to hunting.

With a total capture effort of 180 open-net-hours, we captured 10 individuals belonging to seven bat species.

We made one particularly intriguing bat observation. At a site dominated by *Lepidocaryum tenue* palms (known locally as *irapay*), we captured four individuals of *Phyllostomus elongatus*, an omnivore. In addition to the captures, we encountered several large holes in the nets presumably made by this species or *Phyllostomus hastatus*, another omnivore. No bats were captured eating the fruits of irapay, however, the sheer abundance of these bat species in an area so dominated by these clonal palms suggests that these bats may be feeding on irapay fruits. Notably, in areas without irapay we did not capture any *Phyllostomus hastatus* or *P. elongatus*. We recommend further studies—additional surveys as well as diet studies—to determine whether bats are dispersal agents for this palm.

Panguana

This was our most diverse site. In five days, we found 31 species of medium and large mammals, including 11 primates, 4 ungulates, and 7 carnivores. People from the communities Flor de Coco and Buena Vista situated along the Curaray River (15–20 km from Panguana) practice subsistence hunting in this area. Current hunting levels are small-scale, and the mammal community appears robust.

Among the highlights were abundant populations of species sensitive to large-scale hunting, including *Alouatta seniculus*, *Ateles belzebuth*, *Lagothrix poeppigii*, *Tayassu pecari*, and *Pecari tajacu*, as well as records of two top predators, *Panthera onca* and *Puma concolor*. During our diurnal censuses, we found fresh tracks of both cats along the trails. We suspect that these two large cats also occur in the other two sites, but that the clay soils in Panguana allowed us to better observe tracks than the sandier soils in Alto Mazán and Alto Nanay. In addition, prey species (e.g., *Tayassu pecari*) were more abundant in Panguana.

Some habitats present in Panguana are very important for mammals. In a single day, we observed 4–5 groups of primates in the ridge forest. In this habitat, we registered plant species with abundant fruits (e.g., *Ficus*, *Marcgravia*, and *Astrocaryum*) and large groups of monkeys feeding on them. In addition, three large herds of *Tayassu pecari* (~150) and a large troop of *Ateles belzebuth* (~20) were recorded in the *Mauritia* palm swamp near the Arabela River.

Similar to Alto Mazán and Alto Nanay, we observed groups of what appeared to be *Pithecia aequatorialis* and *P. monachus* separately as well as together.

With a total capture effort of 180 open-net-hours, similar to Alto Mazán and Alto Nanay, we identified 13 species of bats, including 7 frugivores, 3 insectivores, 1 omnivore, 1 nectivore, and 1 hematophage. The high number of frugivorous species captured at this site almost certainly reflects the fruiting species of *Ficus* and *Piper* in the area. Our most surprising capture was *Diphylla ecaudata* (Fig. 9B), a hematophagous species that feeds on birds and is rarely encountered in bat surveys. Our capture represents one of the few records for Loreto (Field Museum 2006; Solari pers. comm.; Velazco pers. comm.).

Comparison among inventory sites

The majority of species was shared among sites, but there were marked differences in abundances and richness of mammals. Given distribution maps, we were expecting the same species of large and medium mammals at the three sites. However, observed richness varied from 17 species (Alto Nanay), to 29 (Alto Mazán), to 31 (Panguana). All species registered in Alto Nanay were also found at the other two sites, and 25 species were shared between Alto Mazán and Panguana.

Differences in observed species richness and abundance among sites almost certainly reflect a combination of environmental and anthropogenic factors. We found evidence of hunting at all three sites, but with markedly different intensities. At Alto Mazán, commercial hunting was evident. Both the advance team and the inventory team observed hunting parties as they traveled upriver in boats (*peque-peques*) and canoes. One canoe returned downriver with seven dead white-lipped peccaries and one Spix's guan (*Penelope jacquacu*). Interviews with our local assistants confirmed that hunting in the area is for commercial and not subsistence purposes. Middlemen (known as *habilitadores*) provide boats, canoes, gasoline, guns, bullets, and food to local residents, who hunt for large amounts of bushmeat

(500 kg). The demand for bushmeat in Iquitos is high, and wild game is openly available in restaurants and markets. Illegal logging also was observed in Alto Mazán, and this likely increases the hunting pressure on mammal populations in the area. Typically loggers hunt for subsistence in the forest, however because of their extended stays in the forest, their meat demands can have a strongly negative effect on local mammal populations.

In contrast, mammal populations at Alto Nanay appeared to be almost entirely free of hunting. This may be because the area is perhaps the most difficult to access, with only seasonal boat traffic during high water levels. Moreover, we registered low species richness and low species abundance of mammals at this site, making the site less favorable for hunters.

Local people from the communities of Flor de Coco and Buena Vista hunt in Panguana. They practice small-scale hunting, and are conscious of the negative effects of large-scale commercial hunting. At Panguana, the presence of large groups of woolly monkeys, howler monkeys, and spider monkeys; large herds of white-lipped peccaries; and numerous tracks of collared peccaries, deer, jaguar, puma, and tapir suggest that currently small-scale hunting is compatible with maintaining a healthy mammal community.

Notable records

We made several notable observations during our inventory of N-M-A Headwaters. On four occasions, individuals of *Pithecia* (Fig. 9C), with physical characteristics resembling *P. aequatorilis* and *P. monachus*, were observed together in the same group. We (authors and D. Moskovits) made these observations at all the three inventory sites. However, our observations are complicated by conflicting descriptions of the taxonomy of these species (Hershkovitz 1987; Aquino and Encarnación 1994; Emmons 1997; Heymann pers. comm.; Voss pers. comm.). We cannot be sure whether we observed two species, or different color morphs of a single species. We strongly recommend a taxonomic revision of the genus based on the collection of new specimens, an analysis of molecular data, and an exhaustive revision of existing museum specimens.

Panguana was the only place where we observed *Ateles belzebuth*. Given the sensitivity of this species to hunting pressure (Aquino pers. comm.), its absence from Alto Mazán may reflect impacts of large-scale commercial hunting, and from Alto Nanay may reflect the low fruit availabilities during our inventory. However, we cannot be certain that *Ateles* is truly absent from either of these sites, as this species may migrate locally, and could occur at either Alto Mazán or Alto Nanay during other parts of the year.

Surprisingly, we did not find the red howler monkey, *Alouatta seniculus*, at Alto Nanay, despite an otherwise intact mammal fauna and almost no evidence of hunting. This is a widespread species, and we suspect that it may be responding to the low fruit availabilities in Alto Nanay.

Another notable record was the gray river dophin, *Sotalia fluviatilis*, at Alto Mazán in a small (30–35 m wide, ~4 m deep) tributary of the Mazán River. We suspect that the low water levels in Alto Nanay and Panguana restrict dolphins from these areas, but that these aquatic mammals likely occur along the Arabela River.

Our most interesting bat record was the capture of *Diphylla ecaudata*, a widely distributed but rarely captured hematophagous species. This is one of the few records for the species in Loreto. They live in mature forests and are specialized to feed on birds. It was captured in the gap used as the heliport in Panguana.

Conservation targets

Thirty-two species of large and medium mammals in N-M-A Headwaters are conservation targets internationally (CITES 2006 and IUCN 2006) and nationally (INRENA 2004). All of these species are listed in Appendices 6 and 7. Several species threatened elsewhere, e.g., *Alouatta seniculus, Ateles belzebuth, Lagothrix poeppigii, Pithecia aequatorialis,* and *Tapirus terrestris*, are abundant in Panguana, suggesting this area could act as a refuge for depleted mammal populations in other parts of Loreto.

Comparison to other sites in northern Loreto

Our closest point of comparison is the Zona Reservada Pucacuro directly southwest of Nanay-Mazán-Arabela Headwaters. During a mammal inventory in the Pucacuro watershed, Soini et al. (2001) registered 48 species of medium and large mammals. In surveys of Pucacuro, researchers evaluated 35 localities, and 800 km, compared to our study of three localities and 230 km. Despite substantial differences in sampling intensity, we found 73% of the species recorded in Pucacuro. Twelve species of primates were found at both sites, with 11 of these species shared between the inventories. *Pithecia monachus* was recorded only in N-M-A Headwaters, and *Callimico goeldii* was found only in Pucacuro. We recommend additional surveys in N-M-A Headwaters, particularly of areas with slender vegetation e.g., white-sand forests or riverine habitats, where *C. goeldii* may occur. Typically this species occurs at low densities and can be difficult to detect in short time periods. Bat richness in N-M-A Headwaters was greater than in Pucacuro, though both areas should be inventoried more completely. Twenty bat species were captured in N-M-A Headwaters compared to 11 species found in Pucacuro.

A mammal inventory in the Nanay Basin (Soini 2000) registered 38 species of medium and large mammals in 53.7 km and four sampling sites. Here eleven primates were found, including *Callicebus torquatus*, a species we did not record in N-M-A Headwaters. This species may be strongly associated with white-sand forests known as *varillales* (Aquino pers. comm.), and we surveyed only two small patches of varillales in Alto Nanay. If larger patches of varillal occur in N-M-A Headwaters, *C. torquatus* may occur in the area. *Ateles belzebuth* was not registered in the Nanay Basin, and may reflect local extinction of this species by large-scale hunting.

During the rapid inventory in Ampiyacu (Montenegro and Escobedo 2004), an area north of the Peruvian Amazon near the Colombian border, 39 species of medium and large mammals were recorded. Again, the most remarkable differences between Ampiyacu and N-M-A Headwaters are the presence of *Callicebus torquatus* and the absence of *Ateles belzebuth* in Ampiyacu. Montenegro and Escobedo (2004) attributed the absence of *Ateles* to intensive hunting pressure. A similar richness of bats was recorded in Ampiyacu, with 21 species compared to the 20 species we captured in N-M-A Headwaters, despite the Ampiyacu survey covering 19 days rather than the 16 days we sampled. In terms of bat composition, as in Ampiyacu, 85% of captured bats in N-M-A Headwaters belonged to the family Phyllostomidae. However, only eight species were shared between sites. This difference may be simply due to limited sampling effort.

CONCLUSIONS

N-M-A Headwaters support a rich and abundant mammal community; in two weeks we recorded 35 species of large and medium mammals and 20 species of bats. Many of these species play an important role in the forest, and include seed dispersers (tapirs, spider monkeys, howler monkeys, woolly monkeys, and frugivorous bats), pollinators (nectarivorous bats), and top predators (jaguars and pumas). Conserving the mammal community is important for preserving ecosystem function as well as species threatened or locally extinct in other parts of the Amazon Basin.

THREATS AND RECOMMENDATIONS

Threats

Large-scale hunting is an overwhelming threat, especially for highly prized and vulnerable species. The impact on species populations is dramatic and often irreversible. For instance, some populations of white-bellied spider monkeys and white-lipped peccaries have been locally exterminated in the Amazon (Peres 1996; Soini et al. 2001; Naughton-Treves et al. 2003; Montenegro and Escobedo 2004). Habitat destruction is also a potential threat. Anthropogenic activities, such as timber extraction, gold mining, agriculture, cattle ranching, can eliminate habitat critical for mammal populations, and these impacts can cascade down to other trophic levels.

Recommendations

We recommend the immediate protection of N-M-A Headwaters because this area is rich in mammals and provides a refuge for species hunted to local extinction elsewhere. For this protected area to succeed, local people should be directly involved in the protection and management of the area. To this end, we recommend a broadly participatory process to determine zoning and sustainable use of the area's resources, as well as establishing a local system to monitor threats and mammal populations, especially game species.

HUMAN COMMUNITIES: SOCIAL ASSETS AND RESOURCE USE

Authors/Participants: Alaka Wali, Andrea Nogués, Mario Pariona, Walter Flores and Manuel Ramírez Santana

INTRODUCTION

Nanay-Mazán-Arabela (N-M-A) Headwaters represents several watersheds, including the Arabela, Curaray, Mazán, and Nanay rivers. Between 16 and 28 August 2006, the social inventory team visited six sites along two of the rivers closest to N-M-A Headwaters: the native communities of Flor de Coco and Buena Vista on the Arabela River, and the villages of Puerto Alegre, Libertad, Santa Cruz, and Mazán (the district capital) on the Mazán River. Although the communities on the Curaray River are less closely linked to the resources of N-M-A Headwaters, the Curaray represents an important access route to the area. The five sites we visited along this river included the native communities of Bolívar, Shapajal, Soledad, and San Rafael; and Santa Clotilde (the Napo district capital). We were unable to visit the communities of the Nanay River due to logistical and time limitations.

The 11 communities and villages we visited share characteristics that are common to Amazonia. Settlements tend to be small, with an average population of 185 inhabitants (Appendix 8). The villages along the Arabela and Curaray are intercultural, with native Arabela and Quichua ethnic groups as well as migrants from other parts of Peru and Ecuador. Another common denominator of these communities is their settlement pattern. In both the Arabela and the Curaray, historically, indigenous groups settled areas closest to the headwaters, then moved downriver over the past several decades, in part reflecting changes in their relationship with commercial markets (Lou 2003). The settlement pattern along the Mazán River was different because of a Reserved Zone, a protected area for water and fish resources, established by a resolution from the Ministry of Agriculture in 1965. When the protected area was created, traditional inhabitants (indigenous people and *ribereños*) along the Mazán River were forced to emigrate to other locations, and the area remained largely unpopulated for about 20 years until groups began to settle there again, starting in 1985.

Settlement patterns are strongly linked to boom-and-bust extraction periods that historically occurred in and around the city of Iquitos. During the boom cycles of heavy extractive activities (e.g., rubber, gold, wild animal skins), people from other areas came to the region and settled along the banks of large rivers, precipitating indigenous groups to flee from their ancestral lands. Some indigenous groups contacted by evangelical missionaries eventually resettled areas and obtained titles to their lands under Law #22175. Other indigenous groups fled from immigrants and missionaries and sought refuge in the most remote areas of the forest. In Peru these indigenous groups are known as "people living in voluntary isolation."

Despite these great waves of extraction and migration, the majority of communities along these three river basins have maintained a subsistence-oriented lifestyle, complemented by small-scale commercial activities to meet basic needs. The most recent wave of extraction has been characterized by an enormous increase in logging, oil exploration, commercial fishing, and gold mining. These extractive activities are accelerating at an unsustainable pace, and expanding towards areas where a subsistence-oriented lifestyle has historically predominated. Large-scale commercial extraction increasingly pressures local people in the region to exploit their natural resources in an unsustainable manner by accelerating their integration into the market economy.

METHODS

The social science team organized informational workshops about the rapid inventory for the communities, worked with community members to sketch resource use maps, participated in daily activities, and conducted interviews to gather data on demography, social assets, and the economic impact of commercial extraction activities. We also conducted interviews in Iquitos (28–30 August) with staff of governmental and non-governmental institutions to compile demographic data, documents, and previous studies.

We designed the workshops as a means to exchange information with local residents. In them, we explained the motivation, methods and expected outcomes for the rapid inventory. We asked the residents to tell us about their perspectives on the challenges they face, the state of their environment, and their quality of life. We were able to get a sense of the daily life and social assets of local populations through our visits to family horticultural plots, our participation in communal work activities and celebrations, our shared meals with families, and the systematic interviews with community leaders, authorities or other key actors. We also engaged workshop participants in participatory map-making of community natural resource use. The maps helped us understand the extent of the territory they used for hunting, fishing, horticulture, and other subsistence activities.

We conducted more intensive work in five sites: the native community of Buena Vista (Arabela River), the native communities of Bolívar and San Rafael (Curaray River), and the Napo and Mazán District Capitals (Santa Clotilde and Mazán, respectively). We selected these communities based on their population size and relative importance to N-M-A Headwaters.

Less intensive work was conducted in the native community of Flor de Coco (Arabela river), the native communities of Shapajal and Soledad (Curaray river), and in the villages of Puerto Alegre, Libertad and Santa Cruz (Mazán river), where we held informative workshops and collected data on resource use.

All of the communities were exceptionally friendly and very interested in the rapid inventory. The families who provided lodging and meals were generous hosts, and everyone enthusiastically shared their experiences and perspectives with us.

DEMOGRAPHY AND INFRASTRUCTURE

The majority of people living along the Arabela and Curaray rivers belong to the Arabela and Quichua ethnic groups. Along the Curaray River, there are nine communities, with a population of 1,171 people (Appendix 8). On the Arabela River, there are only two communities, Buena Vista (officially recognized by the Ministry of Agriculture) and Flor de Coco. The combined population of these two communities is 357, according to the November 2005 municipal census. Also, there are reports of indigenous groups in isolation (known as the "*Pananujuri*") on the upper Arabela River and other nearby rivers near the Ecuadorian border (see Brief Overview of Indigenous Settlement Patterns, below).

All of the communities on the Arabela and Curaray rivers have primary schools, and in 2004, Buena Vista established a bilingual (Arabela-Spanish) secondary school. There are also health services in the majority of communities along these two rivers, delivered either through community health clinics, small dispensaries, or vaccination campaigns. In San Rafael and Buena Vista, the health clinics also have laboratories and technicians supported by the Santa Clotilde Vicariate and both communities have public telephones and short wave radios that are in operation during set schedules.

Currently mainly *ribereño* and *mestizo* groups inhabit the Mazán River basin, there are 10 communities with ~950 people (Appendix 8). All ten communities have primary schools, and Libertad has a health center. There is no radio or telephone communication in the Mazán communities.

In some of the communities in the three watersheds, there are battery-powered or solar-powered electric generators. The hospitals in both district capitals receive patients from their entire respective regions. Both district capitals, Santa Clotilde and Mazán, have electricity for five hours every night and have potable water.

BRIEF OVERVIEW OF INDIGENOUS SETTLEMENT PATTERNS

The indigenous groups that today are referred to as Arabela can be described in two categories: (1) those that were evangelized and eventually obtained land tenure, and (2) those that remain isolated deep in the forest. Both groups belong to the Záparo ethno-linguistic family, which spans the Ecuador-Peru frontier region, and historically called themselves Tapueyocuaca or Puyano until they were given the name Arabela by Spanish colonizers (For information on Arabela and Záporo communities, see: Fabre 2006, Gordon 2006, Granja 1942, O'Leary 1963, Perú Ecológico 2005, Rich 1999, Simson 1878, and Steward 1948). The group that was eventually evangelized settled first on the Arabela River in 1945. They came under the control of a rubber baron and worked for him for many years. When they emerged from this bondage, they became associated with missionaries from the Summer Institute of Linguistics, which produced the most detailed study of their language and bilingual educational materials (Rich 2000). Between 1945 and 1980, this sedentary group of Arabela began to lose elements of their traditional dress, crafts, and other aspects of cultural identity. In 1980, they obtained title for the "native community of Buena Vista" near the Arabela river headwaters, but subsequently moved downriver for more direct access to commercial market activities (Lou 2003). Today, members of the communities on the Arabela River refer to themselves as Arabela.

Since they moved to their present location, the rate of interethnic marriage has increased among the Arabela in the communities of Flor de Coco and Buena Vista. Community members are considered Arabela if either mother or father belong to this ethnic group. With this criterion, 76% and 50%, respectively, of Buena Vista and Flor de Coco community members are considered Arabela. There are also members of the Arabela ethnic group downriver in the community of Shapajal (which is also linked to Buena Vista via a trail).

Since settling on the Arabela River, these communities (Buena Vista and Flor de Coco) have maintained sporadic ties to bands from the same ethnolinguistic family that today remain in isolation, and which they refer to as Pananjuri (possibly the same as the Tagaeri or the Feromenami) as well as the Huaorani. There are several reports that cite evidence of the current presence of these groups in the headwaters of the Curaray, Tigre and

Arabela rivers as well as other streams in the frontier region (Defensoría del Pueblo 2001; Lou 2003; Repsol Exploración Peru 2005; Lucas date unknown).

Further downriver, populations along the Curaray are recognized as native communities belonging to the Quichua ethnic group. They are likely to belong to the large Quichua populations that live along the Napo River in Ecuador and Peru (Whitten 1978). According to oral histories taken from elder residents, the Curaray communities started as settlements around the 1930s (before this, there were probably dispersed family settlements along the river) when a German settlement was founded at Santa Clotilde. Also during this time, the Curaray Military Base was established where the Curaray River meets the Napo River. Between 1940 and 1950, this Military Base was considerably larger than it is presently, had a working school, and housed military families who bought meat, fish and other products from the nearby communities. The majority of these communities obtained native community titles in the 1990s (except Shapajal, which has completed the land titling process and is awaiting final approval). There are strong ties between the Curaray communities and Santa Clotilde through the Vicariate schools (all of the communities have children studying and living in Santa Clotilde), and through kin relations.

SOCIAL AND CULTURAL ASSETS

The assets we identified in the communities include social and cultural characteristics as well as resource-use practices that are compatible with Amazonian environments. Although there are similar assets found in all three watersheds, we first describe those of the native communities along the Arabela and Curaray rivers before turning to the assets found in the settlements along the Mazán River.

Social and cultural characteristics

Communities on the Arabela and Curaray rivers
These communities continue to maintain certain patterns of social organization common among Amazonian indigenous societies that contribute to the maintenance of a distinct cultural identity. These patterns constitute the fundamental aspects of their social structure and orient members toward a more communal and egalitarian lifestyle, as opposed to one that is more stratified or individualistic.

In all of the communities visited, an important part of community life is based on communal work, the *minga*. In Buena Vista and Flor de Coco, we observed various mingas, including one to construct thatched roofs, one by the high school students to tend to their own school garden (*huerta escolar*), and one for a family to clear their field, or *chacra*. This pattern of working in mingas effectively reduces the need to pay for hired help and foments general economic equality among community members. Indeed, communities are only slightly socially stratified.

We also observed the importance of reciprocity in community life, marked by the frequent sharing of resources within the community. A good example of this occurred in San Rafael, where we observed how meat was distributed after community members successfully hunted 10 white-lipped peccaries. Although some community members did sell some of the meat either to neighbors or local merchants, many shared most of their meat with members of their extended family. We observed another example in Buena Vista, when a group of women who went together to a chacra, the small horticultural plots where families grow staple crops. In this case, the women who accompanied the owner of the field helped themselves to manioc that they harvested while working. This sharing of resources is commonly extended throughout a community. For example, communities that had an electric generator or solar panels frequently had communal televisions and during the evenings, community members came together in their meeting hall or school to watch television or movies. In none of the communities visited (except district capitals) did we observe the use of an electric generator or television by an individual family. This type of sharing not only foments a sense of community, but also helps maintain a relatively low level of resource consumption compared to what would be needed if each family had to meet their family's consumption needs individually.

Another social pattern that exists in these communities is an explicit sense of social cohesion, fomented by kinship ties within and between communities, active leadership, and the delivery of health services and commercial activity. The population of Buena Vista highlights the importance of intra-community kinship ties, as the ~278 people who live there belong to one of only five extended families. In San Rafael, roughly 163 community members make up six extended families. These intracommunity kinship ties ensure social cohesion that in turn facilitates community organization. The intercommunity kinship ties, such as the case of Arabela who live in Shapajal, facilitate relations and communications between populations. We also observed active leadership in many communities, including regularly scheduled meetings and participatory decision-making processes. Buena Vista and San Rafael also had a loudspeaker system used daily to communicate news, announcements, and call community members to meetings.

Intercommunity communication and coordination is also facilitated by the delivery of health services and by the presence of local merchants. In the Santa Clotilde district, there is a contract signed between the Vicariate and the public health-care system. The hospital of the Vicariate is the base for training local health-care technicians. It also provides lab equipment and medical supplies to local community health-care centers along the Curaray, Arabela and Napo rivers. The health-care centers in San Rafael and Buena Vista were well supplied with medicine and run by technicians trained in Santa Clotilde. The hospital staff members from Santa Clotilde make frequent visits to vaccinate and educate community members on prevention of contagious diseases. These visits facilitate the flow of information between communities as all the communities know the hospital staff and local health care providers very well. For these reasons, the health-care system can be considered a double asset, acting as a vector for establishing links between communities and at the same time, providing important health services. Local merchants from Iquitos and Mazán also are vectors for communications flow,

as they carry news and messages from village to village during their trading trips.

Gender equity is another characteristic of the communities visited. A large proportion of women commonly attend community meetings, and many also hold positions of leadership and authority. We observed a willingness to share daily tasks between men and women, where men care for children and women work in the fields. This pattern of work organization reflects a lower level of gender stratification in the region than perhaps is the case in the society at large.

The revitalization of native languages is an important asset we found in some of the Arabela and Curaray communities. In Buena Vista, for example, the primary school launched a bilingual education program two years ago to revitalize the Arabela language. The school is equipped with bilingual teaching materials produced by the Summer Institute of Linguistics (a U.S.-based missionary organization with a long-established presence in South America and dedicated to documenting and preserving indigenous languages and creating Christian texts in those languages). Of the 11 total teachers, 9 are bilingual in Arabela and Spanish, and 2 of those also speak Quichua. We observed a general interest of youth in learning the Arabela language (See also Viatori 2005).

Another asset that we observed in the region is the coordination between the communities situated along the Curaray river and the Federation of Native Communities of the Middle Napo (Federación de Comunidades Nativas del Medio Napo, Curaray y Arabela, FECONAMNCUA), which in turn belongs to the Organización Regional AIDESEP Iquitos (ORAI), the regional representative branch of the Asociación Indígena para el Desarrollo de la Selva Peruana (AIDESEP), the national organization that represents the majority of indigenous communities in Peru. This coordination has permitted local communities to obtain land titles for their communal territories and submit requests for expansion of these territories. To date, however, none of these expansion requests have been granted by the Ministry of Agriculture's Special Program for Land Titling and Tenure (PETT).

Mazán watershed

The settlements along the Mazán river share some of the same social assets found along the Curaray and Arabela rivers, including communal work patterns, local economies based on reciprocity, active leadership, and gender equity. The cultural exchanges between indigenous and mestizo communities have contributed to rural cultural and social processes that sustain a subsistence-based economy and regulate links between community members and natural resources. In the past, when boom markets have fallen, rural populations have distanced themselves from commercial markets, migrating to more remote areas with more fertile and "pristine" forests necessary for meeting their subsistence needs with minimal dependence on commercial markets.

In addition to the existence of these subsistence-based patterns, there is a history of organizations that were created to act in favor of economic rights at the district level. These actions started in the Mazán region around 1985, when community members who had recently repopulated the Mazán River felt that they were harshly treated by the administrating agencies of the Reserved Zone. One of the first results of these organizations was the establishment of protection activities that were carried out at community level in coordination with the Fisheries Division (Dirección de Pesquería.) Since then, community members concerned with maintaining their close links with natural resources have continued to organize at the grassroots level with the support of the San José de Amazonas Parish in the Mazán District.

The most recent actions taken by these local communities have sprouted from local concerns regarding forest resources. In 2002, the forests along the Mazán were categorized as permanent production forests (*bosques de producción permanente),* meaning that they would be given as concessions for timber extraction. This categorization was perceived by local community members to be a threat to their access to their natural resources, and local communities came together in 2003 to form two new organizations: the Asociación Distrital de Pequeños y Medianos Productores y Extractores Forestales del Mazán (ADIPEMPEFORMA), and

the Comité Multisectorial. These two organizations have since fought against the establishment of timber concessions on lands considered to be part of their communities and for a system of community-based management of the natural resources.

Resource use

In this section, we discuss patterns of resource use from the Arabela, Curaray, and Mazán watersheds. Local practices compatible with conservation continue to exist but have decreased with the appearance of commercial markets in the region. As is the case with most indigenous and mestizo communities in the Amazon, the subsistence economy predominates in this region. This indicates that local populations still have sufficient forest resources with which to meet their basic necessities (although in Mazán, people now have to travel much farther than they did a few years ago in order to find animals—as far as 5–6 days upriver by canoe, when less than five years ago they needed only travel one day by canoe).

The subsistence economy is based on the use of natural resources for family consumption and the small-scale commercialization of fish, meat, and agricultural products in local markets. In order to meet their subsistence needs, families along these three watersheds cultivate primarily manioc and plantain, corn, *pijuayo* (fruit of the *Bactris gasipaes* palm), and other fruits that may vary from community to community. Their fields have an average size of about 0.5–1 ha and each family may have two to five fields in various phases of fallow (*purma*). The fields are semi-diversified, where one product predominates (generally manioc), but is associated with other plants such as pineapple, pijuayo, papaya, plantains, or fruit trees. This type of horticulture does not cause large-scale deforestation, provides families with the basis for the daily diet, and is supplemented by hunting and fishing.

Interethnic marriages have facilitated the diversification of crop varieties. Families maintain relations with relatives in other watersheds (such as the Napo), who provide different varieties of seeds and seedlings when they visit each other. In Buena Vista and Bolívar, we observed seven or eight varieties of manioc and in Bolívar, one family also had *mandi* (a type of root tuber, *Colocasia esculenta*), that they had brought back from a family visit.

The forest provides local populations with basic materials for house construction and artifacts needed in their daily life (canoes, hammocks, utensils, tools, etc.) Water quality is also critical for local subsistence economies. This resource base, necessary for a good quality of life, is complemented with some additional products (machetes, salt, sugar, kerosene, cartridges, clothes, school materials) and consumer products (batteries, radios, toys) that are purchased.

In the Curaray and Arabela, local communities are linked with the market through visits from two or three Iquitos- and Mazán-based merchants who come by boat to buy or exchange dried fish, forest meat, manioc flour, and small amounts of products harvested from their fields. This type of commerce functions as a barter economy where rifle cartridges, or salt used to dry fish, is provided by the merchant to a community member, who in turn provides the merchant with game meat or dried fish and buys certain basic necessities with the remaining credit. It is difficult to quantify the scale of the exchange of fish or meat given the informality of these exchanges, the changing needs of the families, and the variations of products provided by the forest during different times of the year. The merchants visit communities roughly every 6 to 7 weeks, but not all families barter every time.

In the Mazán watershed, the local economy is slightly different, given the proximity of these communities to large urban centers of Iquitos and the Mazán district capital. These communities sell their products directly in Mazán or Iquitos at higher prices, but at the same time have to invest in the cost of transportation and of living in the city. Another difference between the Mazán communities and those of the Arabela and Curaray is that the forests along the Mazán River are more degraded. This region has been more affected by previous waves of extraction, by the pressure on the resources posed by the city of Iquitos, and by the forestry concessions. As they continue to seek ways to stabilize the commercial extraction of the forest resources in the region to more sustainable scales, these communities

continue to live subsistence lifestyles to the extent that they are able. As phrased by the health care provider in Libertad, "Nobody is dying of hunger here, we have enough."

Another natural resource use asset that we observed along the three watersheds is the transmission of knowledge related to the use of medicinal plants. In the community of Santa Cruz on the Mazán River, we observed a shaman using medicinal plants to conduct a ceremony to cure an infant. In San Rafael on the Curaray River, two elderly brothers were known in the community as being shamans, and shared with us preparations of plants that they use to cure different illnesses. Many of these plants are commonly known in the Amazon basin for their healing properties, such as *sangre de grado, uña de gato, ojé,* and *sacha curarina.* Today, there is a growing market in Iquitos for these herbal remedies and urban residents are familiar with the curative properties attributed to certain plant extracts. Certain native beliefs regarding links between spirituality and plants, animals, or places continue to exist. For example, some of the elders in Buena Vista indicated that the *colpas,* or salt licks, are sacred and that each one has its caretaker, from whom permission must be granted, in order to hunt (Rogalski 2005). This knowledge and set of beliefs contribute to local regulation of resource use.

Finally and most importantly, a valuable asset in all three watersheds is the local action taken to protect areas from illegal overharvesting of natural resources. In Buena Vista and Flor de Coco, for example, community members have decided in the last year to control access to the Arabela River. Anyone that passes these last two communities must request permission and explain their motives. In this way, community members are effectively stopping the fishing vessels and illegal loggers from entering the headwaters. In Shapajal, on the Curaray River, community members have placed signs at the points of entry to their oxbow lakes, warning commercial fishermen not to enter. In other communities, such as Soledad and San Rafael, local community members have reported illegal loggers to the authorities (such as the Commander of the Curaray Military Base downriver or the INRENA offices in Santa Clotilde and Mazán).

All of the communities that we visited along the Arabela and Curaray rivers have requested an expansion to their territories with the hopes of controlling access to and sustainably managing the natural resources on which they depend for their subsistence needs. In Santa Clotilde, a multi-stakeholder committee has formed to unite forces to control commercial extractive activities. The fathers at the vicariate have publicly reported the inhumane working conditions at the timber camps, as evidenced by the countless patients with no access to health-care insurance that they have received at their hospital who have suffered injuries, including children.

On the Mazán River, eight communities are requesting local forest lots known as "*bosques locales*," two with the support of INRENA (Puerto Alegre and Corazón de Jesús), and six with support from the Municipal Government (14 de Julio, Santa Cruz, Primero de Julio, Libertad, San José, and Vista Buena). During our visit, community members that are involved in these requests stated their reasons: "We want to implement protection activities, manage forest and water resources, and re-define the alternatives for local community members who extract timber at a very small-scale so that it's permitted by the law."

All of these actions indicate the willingness on the part of the majority of the local community members to seek new alternatives for better management of the resources that still exist in this region close to N-M-A Headwaters.

THREATS

During the rapid inventory, local community members repeatedly expressed the concern that their subsistence resource base is being threatened primarily by large-scale fishing activity in their oxbow lakes. The large fishing vessels equipped with refrigeration systems, commonly referred to as *congeladoras,* harvest massive quantities of fishes with large nets, poisons, and explosives along the rivers as well as the oxbow lakes within community boundaries. Local people perceive that they cannot compete with these large-scale extractors, and that an important source of their subsistence base is rapidly declining. In addition to concerns about overfishing,

local communities have also expressed concern about a marked increase in the extraction of wood, which not only causes a decrease in timber resources, but also in non-timber forest products and faunal populations. Although some community members periodically become involved in these activities along the Arabela and Curaray watershed, the majority does not and is often unaware of deals made by others. On the Mazán River, there are more local people who have become involved in the timber extraction, which implies the imminent threat of consequences to their well-being.

During our visits, possible threats posed by the presence of oil-extraction activities of REPSOL, a Spanish-Argentine petrol company seemed to be of lesser concern to the local communities. REPSOL has negotiated potential benefits with several communities, but practical information about the extraction process, community rights, case studies of previous efforts, and other important and relevant facts had not been provided by REPSOL. Community members, therefore, had insufficient context in order to negotiate on sound footing with REPSOL.

Finally, some communities mentioned the extraction of gold as being a threat to their subsistence base. According to many community members, these extractive activities have recently increased—particularly along the Curaray and Napo river headwaters—but also on the Mazán River headwaters.

The combined effect of these threats not only places at risk the forest resources, but also the quality of life of local populations, and simultaneously decreases ecosystem services that are delivered to larger cities, such as Iquitos.

RECOMMENDATIONS

In addition to the general recommendations, the social science team has more specific recommendations oriented toward supporting plans to prioritize the well-being of local communities and their natural resources.

First, we recommend that the requests for territorial expansion of the native communities along the Curaray and Arabela rivers be approved. These requests are in different phases of evaluation, but due to lack of resources in the communities and/or in ORAI/AIDESEP, they have not yet been approved. The expansion of these territories will support community-based initiatives to protect forest resources and for this reason require continued evaluation. We also recommend that these expansions be accompanied by technical support to develop management plans and zoning of the titled lands.

Second, we recommend that the proposal submitted by ORAI/AIDESEP for the creation of the Napo-Tigre Territorial Reserve (Reserva Territorial Napo-Tigre) carefully is considered. This proposal is aimed at ensuring territorial rights to the Pananujuri, or Tagaeri, an indigenous group that remains in voluntary isolation. The area of this proposed reserve overlaps with the area that has been ceded to the petrol company REPSOL-YPF for exploration and exploitation of oil. The presence of REPSOL could pose an imminent threat to the indigenous group if they were to come into contact, mainly due to the spread of diseases and/or the possibility of conflicts. In spite of these potentially harmful consequences of the unresolved overlap, REPSOL has already initiated activities in the area.

Third, we recommend that the multi-stakeholder committee of Mazán and ADIPEMPEFORMA be strengthened so that they may continue to consolidate their natural resource management plans and local micro-enterprises with the vision of incorporating community-based management of natural resources in this watershed. The Institute for Research in the Peruvian Amazon (Instituto de Investigaciones de la Amazonía Peruana, IIAP) has developed some proposals that could form the basis for this type of management.

Finally, we recommend that the new regional conservation project of Loreto (PROCREL) becomes involved in these three watersheds, seeking new ways to increase local participation and leadership in protected areas. The communities, their organizations, and the district institutions have many capacities and assets with which to implement effective management.

Apéndices/Appendices

Apéndice/Appendix 1A

Contexto Geologico   Información base para entender el contexto geologico de Cabeceras Nanay-Mazán-Arabela, Perú.
La información fue recopilada por R. Stallard.

CONTEXTO GEOLOGICO				
Unidad y edad	**Descripción geológica**	**Interpretación geológica**	**Descripción geomórfica**	**Descripción de las aguas y suelos**
Depósitos de terraza— Pleistoceno—Holoceno —1 Ma—presente	Arcillas y arenas de colores amarillo hasta marrón.	Área de inundación antigua.	Llanos ubicados sobre el nivel actual de la máxima de inundación de los ríos. Tiene estructuras preservadas de la antigua llanura de inundación. En las terrazas más bajas hay muchas áreas saturadas y es la zona de muchos aguajales.	Una variación que depende en la influencia de deferentes fuentes de agua: el río principal, afluentes del río principal y lluvia— aguas negras, claras, y blancas. Suelos pobres hasta ricos.
Depósitos de terraza— Pleistoceno—Holoceno —1 Ma—presente	Arcillas y arenas de colores amarillo hasta marrón.	Área de inundación antigua.	Llanos ubicados sobre el nivel actual de la máxima de inundación de los ríos. Tiene estructuras preservadas de la antigua llanura de inundación. En las terrazas más bajas hay muchas áreas saturadas y es la zona de muchos aguajales.	Una variación que depende en la influencia de deferentes fuentes de agua: el río principal, afluentes del río principal y lluvia— aguas negras, claras, y blancas. Suelos pobres hasta ricos.
Unidad de arenas blancas—Mioceno Tardío—Plioceno— 8?–3? Ma	Areniscas de casi puro cuarzo, lodalitas rojas, y conglomerados de cuarzo; paleocorrientes desde el oeste.	Hay dos interpreta- ciones: 1) Depósitos de arena blanca transpor- tado del este. 2) Producto de meteori- zación *in situ* en una antigua planicie agradiacional, con redeposición local.	Colinas altas planas y truncadas, con una altura de 30–60 m, con una vegetación densa y uniforme que se ve en imagines satélite.	Típicamente de tipo aguas negras, de alguna forma transparentes a veces de coloración fuertemente marrón. Lechos de arenas blancas. Concentración de sólidos disueltos es sumamente baja (conductividad 8–30 :S cm^{-1} por el pH bajo). Suelos muy pobres.
Unidad C o Nauta 2 Mb—Mioceno tardío— Plioceno—8?–3? Ma	Areniscas y lodalitas de colores amarillo hasta marrón y conglomerados. Fuertemente canalizado. Muchas veces empieza con una capa de conglomerado de *chert*, fragmentos de rocas y cuarzo. Arcillas más caoliníticas.	Depósitos de sedimen- tos, más meteorizados que antes, continentales fluviales, y tal vez estuarinos, en un sistema deposisional en forma de una planicie agradiacional. Ocasiona- do por el levantamiento de la Cordillera Oriental de los Andes.	Disección regular, con valles profundos y muy bien desarrollados, laderas empinadas, ocasionalmente con fondos en de 'U' por deposición de material erosionado. Elevaciones máximas de colinas entre 30–50 m.	Típicamente de tipo aguas negras, de alguna forma transparentes a veces de coloración fuertemente marrón. Lechos de arenas blancas. Concentración de sólidos disueltos es sumamente baja (conductividad 4–8 :S cm^{-1} en aguas claras, 8–30 :S cm^{-1}, por el pH bajo, en aguas negras). Suelos pobres.

CONTEXTO GEOLOGICO				
Unidad y edad	**Descripción geológica**	**Interpretación geológica**	**Descripción geomórfica**	**Descripción de las aguas y suelos**
Unidad B o Nauta 1 Mb—Mioceno tardío—9–8? Ma	Areniscas y lodalitas de colores amarillo hasta marrón y conglomerados. Fuertemente canalizado. ¿Arcillas esmectíticas?	Primeros depósitos de sedimentos en un sistema costero y estuarino. Ocasionado por el levantamiento de la Cordillera Oriental de los Andes.	Disección regular, con valles poco profundos en forma de 'U', y con colinas bajas y redondas con elevaciones máximas cerca de 30 m. Una sistema de drenaje muy denso con incisiones superficiales, pequeñas y cortas.	Aguas contienen carga en suspensión que limite el transparencia que les dan un color ligeramente anaranjado–lechosa. Concentración de sólidos disueltos es bien baja (conductividad 8–12 :S cm^{-1}). Suelos intermedios.
Formación Pevas— Mioceno temprano tardío—Mioceno temprano tardío —19–9 Ma	Composición lodolítica, de característico color azul turquesa, alterna- das con capas ligníticas y un abundante presencia de moluscos fósiles. Arcillas esmectíticas.	Sedimentación en un ambiente fluvio–lacustre oscilando entre la planicie aluvial y la zona de costera alta, que muestra los efectos de mareas, y raras veces, agua salada.	Casi igual que Unidad B. Es muy difícil diferenciar entre ellas por rasgos geomórficos.	Aparencia casi igual que Unidad B. Concentración de sólidos disueltos es más alta que Unidad B por efecto de meteori- zación de minerales inestables como calcita, aragonita y pirita (conductividad 20–300 :S cm^{-1}). Suelos intermedios.

Referencias claves: Hoorn, 1993, 1996; Hoorn, et al. 1995; Kauffman, et al., 1998; Linna, 1993; Roddaz, et al., 2005a,b, 2006; Ruokolainen and Tuomisto, 1998; Räsänen, 1993; Räsänen, et al., 1993, 1995, 1998; Stallard, 2005; Vonhof, et al. 2003; observaciones personales.

Apéndice/Appendix 1A

Geological Context   Background information on the geological context of Nanay-Mazán-Arabela Headwaters, Peru.
The information was compiled by R. Stallard.

GEOLOGICAL CONTEXT				
Unit and Age	**Geologic description**	**Geologic interpretation**	**Geomorphic description**	**Description of soils and water**
Alluvial plain— Holocene —present	Sands and clays; colors yellow to brown.	Current area of inundation.	Plains located near or below the current level of maximum inundation by the rivers. Has a variety of structures including 1) sand bars, scroll bars, and beaches, 2) shore ridges formed by levees and swales, and 3) swampy environments subject to flooding (aguajales).	Variation that depends on the influence of different water sources: the main river, its tributaries, and rain— black, clear, and white waters. Rich soils.
Terrace deposits— Pleistocene—Holocene —1 Ma—present	Sands and clays; colors yellow to brown.	Old areas of inundation.	Plains located higher than the current level of maximum inundation of the rivers. These have structures preserved from the old inundation plain. In the lowest terraces there are many saturated areas, and this is the zone of many aguajales.	Variation that depends on the influence of different water sources: the main river, its tributaries, and rain— black, clear, and white waters. Poor to rich soils.
White Sand Unit Late Miocene Pliocene—8?–3? Ma	Almost pure quartz sands, red mudstones, and quartz conglomerates; paleocurrents from the west.	There are two interpretations: 1) deposits of white sand transported from the east. 2) Products of *in situ* weathering in the old aggradational plain, with local redeposition.	High truncated hills with a height of about 30–60m, and with a dense uniform vegetation that one can see in satellite images.	Typically black waters, usually transparent, and at times with a deep brown color. Stream beds of white sand. Dissolved solid concentration is extremely low (conductivity 8–30 :S cm^{-1}, because of the low pH). Very poor soils.
Unit C or Nauta 2 Mb—Late Miocene to Pliocene—8?–3? Ma	Yellow to brown sandstones and mudstones and conglomerates. Intensely channelized. Often begins with a conglomeratic horizon with chert, rock fragments, and quartz. More kaolinitic clays.	Deposits of sediments that are more weathered than before, fluvial– continental, and at times estuarine, in a depositional system in the form of an aggradational plain. Caused by the uplift of the Eastern Cordillera of the Andes.	Regular dissection with deep, well developed valleys, steep slopes, occasionally with "U–shaped" bottoms because of the deposition of eroded material. Maximum hill elevations between 30–50 m.	Typically black waters, usually transparent, and at times with a deep brown color. Stream beds of white sand. Dissolved solid concentration is extremely low (conductivity 4–8 :S cm^{-1} in clear waters, 8–30 :S cm^{-1}, because of the low pH, in black waters). Poor soils.

GEOLOGICAL CONTEXT

Unit and Age	Geologic description	Geologic interpretation	Geomorphic description	Description of soils and water
Unit B or Nauta 1—Late Miocene—9–8? Ma	Yellow to brown sandstones and mudstones and conglomerates. Intensely channelized. Smectitic clays?	Deposits of sediments in a coastal and estuarine system caused by the uplift of the Eastern Cordillera of the Andes.	Regular dissection with shallow "U–shaped" valleys, and low rounded hills with maximum elevations near 30 m. Has a very dense drainage network with superficial, small, and short incisions.	Waters have suspended material that limit their transparency and give them a milky orange color. The dissolved solid concentration is very low (conductivity 8–12 :S cm^{-1}). Intermediate soils.
Pevas Formation—Late early Miocene—early late Miocene—19–9 Ma	Mudstones with a characteristic turquoise blue color, alternating with lignite layers and an abundance of mollusc fossils. Smectitic clays.	Sedimentation in a fluvial–lacustrine environment alternating between an alluvial plain and the upper coastal zone, which shows the effects of tides and rarely salt water.	Almost the same as Unit B. It is difficult to differentiate between them using geomorphic features.	Appearance almost the same as Unit B. Higher dissolved solid concentrations than Unit B because of the effects of weathering of unstable minerals such as calcite, aragonite, and pyrite (conductivity 20–300 :S cm^{-1}). Intermediate soils.

Key References: Hoorn, 1993, 1996; Hoorn, et al. 1995; Kauffman, et al., 1998; Linna, 1993; Roddaz, et al., 2005a,b, 2006; Ruokolainen and Tuomisto, 1998; Räsänen, 1993; Räsänen, et al., 1993, 1995, 1998; Stallard, 2005; Vonhof, et al. 2003; personal observations.

Muestras de Agua/
Water Samples

Muestras de agua recolectadas por R. Stallard en tres sitios durante el inventario biológico rápido
en Cabeceras Nanay-Mazán-Arabela, Perú, entre 15 y 30 de agosto 2006. Las coordenadas geográficas
usan WGS 84 y la zona UTM es 18 M.

MUESTRAS DE AGUA / WATER SAMPLES								
Muestra/Sample	Región/Region	Sitio/Site	Fecha/Date	Hora/Time	Este/Easting (m)	Norte/ Northing (m)	Latitud/ Latitude (°)	Longitud/ Longitude (°)
AM060001	Alto Mazan	Rio Mazan	8/19/2006	15:05	18M 556415	9714153	-2.586	-74.493
AM060002	Alto Mazan	Q. Agua Negra	8/19/2006	16:50	18M 556200	9713745	-2.590	-74.494
AM060003	Alto Mazan	Q. Grande	8/20/2006	10:10	18M 556153	9712872	-2.598	-74.495
AM060004	Alto Nanay	Q. Cascada 1	8/21/2006	15:40	18M 519470	9689975	-2.805	-74.825
AM060005	Alto Nanay	Q. Agua Blanca	8/21/2006	16:20	18M 519404	9689792	-2.807	-74.825
AM060006	Alto Nanay	Q. T41640	8/22/2006	11:30	18M 517978	9689426	-2.810	-74.838
AM060007	Alto Nanay	Q. T43425	8/22/2006	13:30	18M 516231	9689408	-2.810	-74.854
AM060008	Alto Nanay	Q. T43715	8/22/2006	14:25	18M 515955	9689408	-2.810	-74.856
AM060009	Alto Nanay	Q. Cascada 2	8/23/2006	13:50	18M 519783	9689296	-2.811	-74.822
AM060010	Alto Nanay	Q. T20075	8/24/2006	13:35	18M 519504	9689787	-2.807	-74.825
AM060011	Alto Nanay	Cocha T2	8/24/2006	13:50	18M 519501	9689787	-2.807	-74.825
AM060012	Alto Nanay	Pozo T1	8/24/2006	14:00	18M 519520	9689901	-2.806	-74.824
AM060013	Q. Panguana	Q. Campamento	8/27/2006	10:50	18M 483261	9763838	-2.137	-75.151
AM060014	Q. Panguana	Q. Pantano	8/27/2006	12:20	18M 483170	9763931	-2.136	-75.151
AM060015	Q. Panguana	Q. Panguana T2	8/27/2006	14:30	18M 483010	9764223	-2.133	-75.153
AM060016	Q. Panguana	Q. T44075	8/28/2006	14:50	18M 481017	9761532	-2.157	-75.171
AM060017	Q. Panguana	Q. Panguana T4	8/28/2006	15:30	18M 481538	9762003	-2.153	-75.166
AM060018	Q. Panguana	Rio Arabela_R	8/29/2006	13:20	18M 487348	9766618	-2.111	-75.114
AM060019	Q. Panguana	Q. Aguajal	8/29/2006	14:00	18M 486625	9766561	-2.112	-75.120
AM060020	Q. Panguana	Q. T14825	8/29/2006	16:00	18M 484622	9765207	-2.124	-75.138
AM060021	Q. Panguana	Manteal T2	8/30/2006	8:30	18M 483261	9763838	-2.137	-75.151
AM060022	Iquitos	Río Nanay	9/07/2006	8:50	18M 691548	9590385	-3.704	-73.275
AM060023	Iquitos	Río Amazonas	9/07/2006	9:45	18M 695804	9590475	-3.703	-73.237

Water samples collected by R. Stallard at three sites during the rapid biological inventory from 15-30 August 2006 in Nanay-Mazán-Arabela Headwaters, Peru. Geographic coordinates use WGS 84, and the UTM zone is 18 M.

Elevación/ Elevation (m)	Temperatura/ Temperature (°C)	Conductividad/ Conductivity (µS/cm)	pH	Sedimento en suspención/ Suspended sediment (mg/L)	Tipo de agua/ Water type	Tipo de cauce/ Channel style	Anchura del cauce/ Channel width (m)	Altura de bancos/ Bank height (m)	Corriente/ River flow
134	25	7.73	5.47	64.7	W	M	30	6	St
148	24	8.42	4.96	39.6	C	Me	3	2	M
136	25	7.96	5.69	25.4	W	Me	10	4	St
137	24	4.07	5.52	3.6	C	B	3	2	M
138	25	4.57	5.50	11.6	C	M	20	4	M
170	24	4.03	4.94	4.6	C	Se	3	2	M
233	24	4.12	5.24	8.0	C	Se	3	2	M
208	26	4.69	5.50	8.2	C	M	10	3	M
162	24	4.96	5.48	1.8	C	B	2	2	M
138	25	13.12	4.26	1.1	B	Se	0.5	1	W
138	25	7.68	5.38	13.0	B	L	15	3	Se
136	25	9.58	4.96	18.5	B	L	5	2	Se
176	24	24.2	6.43	29.0	W	Me	3	3	St
176	25	12.50	5.62	10.5	C	N	10	0	W
165	24	29.3	6.39	141.9	W	Se	10	3	St
196	25	77.1	6.98	20.1	C	Se	2	1	M
205	24	26.0	6.57	11.6	C	Se	6	2	M
166	26	12.20	5.85	33.5	W	M	75	4	St
167	26	6.39	5.04	14.3	B	N	3	0.5	Sl
163	26	36.3	6.75	10.5	C	Se	5	4	M
176	24	6.19	5.04	84.3	C	Sp	0	0	Se
86	27	7.13	5.45	31.8	B	M	100	4	M
86	29	256	7.54	147.6	W	S	2000	20	St

LEYENDA/ LEGEND			
	Tipo de agua/Water type	**Tipo de cauce/Channel type**	**Corriente/River flow**
	B = Aguas negras/Blackwater	B = Roca madre/Bedrock	M = Moderada/Moderate
	C = Aguas claras/Clearwater	L = Lago/Lake	Se = Agua subterrania/Seepage
	W = Aguas blancas/Whitewater	M = Meandros/Meanders	Sl = Muy débil/Slight
		Me = Meandros encajonados/ Entrenched meanders	St = Fuerte/Strong
		N = Reticulado/Network	W = Débil/Weak
		S = Recto/Straight	
		Se = Recto encajonado/ Entrenched straight	
		Sp = Manteal/Spring	

HYDROLOGÍA / HYDROLOGY

Las medidas de pH y conductividad, en micro-Siemens por cm. Los símbolos negros representan muestras colectadas durante este estudio, mientras que los símbolos grises corresponden a las muestras colectadas en otros sitios a lo largo de las cuencas del Amazonas y el Orinoco. Nota la gran variación en tipos de agua en Cabeceras N-M-A./ Field measurements of pH and conductivity, in micro-Siemens per cm. The black symbols represent samples collected during this study, while the outlined symbols correspond to samples collected elsewhere across the Amazon and Orinoco basins. Note the broad variation in water types in N-M-A Headwaters.

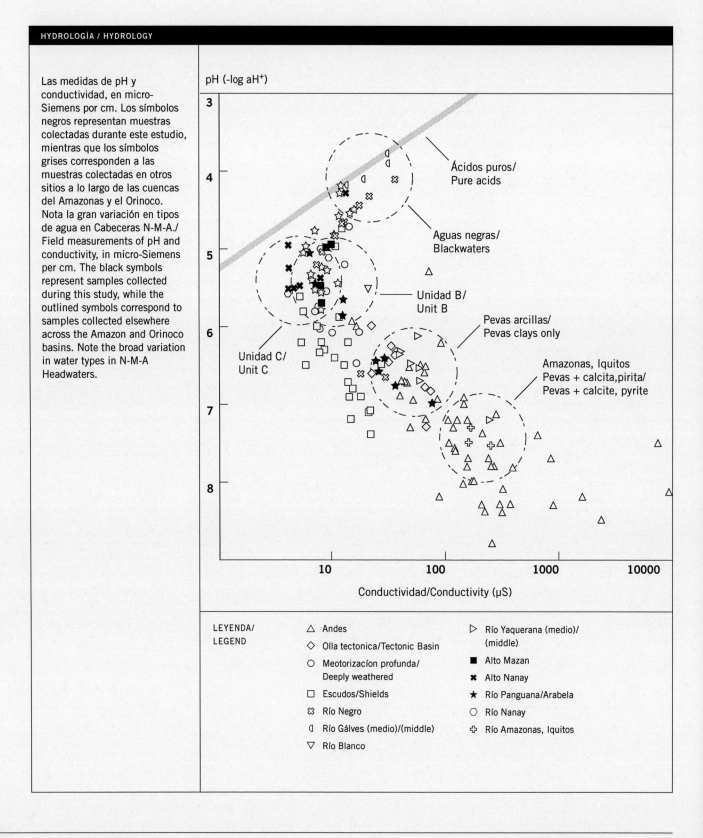

Especies de plantas vasculares registradas en Cabeceras Nanay-Mazán-Arabela, durante el inventario biológico rápido entre 15 y 30 de agosto de 2006. Compilación por R. Foster y N. Dávila. Miembros del equipo botánico: R. Foster, N. Dávila, G. Nuñez-Iturri y C. Vriesendorp. La información presentada aquí se irá actualizando y estará disponible en la página Web en www.fieldmuseum.org/rbi.

PLANTAS VASCULARES / VASCULAR PLANTS

Nombre científico/ Scientific Name	Presencia/Presence			Record	
	Alto Mazan	Alto Nanay	Panguana	Colección/Collection	Observación/ Observation
Acanthaceae (12)					
Aphelandra (1 sp.)	X	–	–	2380	–
Fittonia albivenis	–	–	X	–	X
Juruasia rotundata	–	–	X	2935	–
Justicia scansilis	X	–	–	–	X
Justicia (2 spp.)	X	–	X	2331/2916	–
Mendoncia (1 sp.)	–	–	X	–	X
Pulchranthus adenostachyus	X	–	–	2327/2366	–
Ruellia chartacea	–	–	X	2720	–
Ruellia (1 sp.)	–	–	X	2793	–
Sanchezia skutchii	–	–	X	2915	–
Sanchezia (1 sp.)	–	–	X	2813	–
Amaryllidaceae (1)					
Crinum erubescens	X	–	–	2386	–
Anacardiaceae (3)					
Spondias venosa	X	–	–	–	X
Tapirira guianensis 1	X	–	–	–	X
Tapirira guianensis 2	X	X	X	2510	–
Anisophylleaceae (1)					
Anisophyllea guianensis	–	X	–	2648	–
Annonaceae (41)					
Annona hypoglauca	X	–	–	–	X
Annona (1 sp.)	–	–	X	2771	–
Cremastosperma (2 spp.)	–	–	X	2848/2904	–
Cymbopetalum (1 sp.)	–	X	–	2644	–
Duguetia (2 spp.)	–	–	X	2752/2880	–
Fusaea (1 sp.)	–	X	–	2668	–
Guatteria hyposericea	–	–	X	2851	–
Guatteria melosma cf.	–	X	–	2540	–
Guatteria (14 spp.)	X	–	X	2335/2336/2381/2384/2388/ 2423/2436/2437/2449/2452/ 2750/2781/2784/2801	–
Malmea s.l. (1 sp.)	X	–	–	–	X
Oxandra euneura	–	X	–	–	X

LEYENDA/ LEGEND	**Colección/Collection:** Numero de coleccíon de N. Dávila/ Collection number of N. Dávila	**Observación/Observation:** Observaciones sin especimenes por N. Dávila o R. Foster/Unvouchered observations by N. Dávila or R. Foster

Plantas/Plants Species of vascular plants recorded in Nanay-Mazán-Arabela Headwaters in a rapid biological inventory from 15–30 August 2006. Compiled by R. Foster and N. Dávila. Rapid biological inventory botany team members: R. Foster, N. Dávila, G. Nuñez-Iturri, and C. Vriesendorp. Updated information will be posted at www.fieldmuseum.org/rbi.

PLANTAS VASCULARES / VASCULAR PLANTS					
Nombre científico/ Scientific Name	**Presencia/Presence**			**Record**	
	Alto Mazan	Alto Nanay	Panguana	Colección/Collection	Observación/ Observation
Oxandra mediocris	–	–	X	–	X
Oxandra xylopioides	–	–	X	–	X
Porcelia (1 sp.)	X	–	–	–	X
Rollinia (4 spp.)	X	–	X	2363/2741/2892/2897	–
Trigynaea (1 sp.)	X	–	–	–	X
Unonopsis (1 sp.)	X	–	–	–	X
Xylopia micans	X	–	–	–	X
Xylopia (1 sp.)	–	–	X	2706	–
4 unknown genera	X	X	X	2344/2337/2589/2816	–
Apocynaceae (10)					
Ambelania occidentalis	X	–	–	2377	–
Aspidosperma (1 sp.)	X	X	X	–	X
Couma macrocarpa	X	X	X	–	X
Forsteronia (1 sp.)	X	–	–	2438	–
Himatanthus sucuuba	X	–	–	–	X
Lacmellea (1 sp.)	X	–	X	–	X
Macoubea guianensis	–	X	–	2649/2664	–
Odontonema (1 sp.)	–	X	–	–	X
Rauvolfia (1 sp.)	X	–	–	2425	–
Rhigospira quadrangularis	X	X	–	–	X
Tabernaemontana sananho	X	–	X	–	X
Araceae (46)					
Anthurium brevipedunculatum	–	–	X	2804	–
Anthurium clavigerum	X	–	X	2401	–
Anthurium eminens	–	–	X	–	X
Anthurium pseudoclavigerum	–	–	X	–	X
Anthurium (15 spp.)	X	X	X	2391/2402/2454/2457/2473/ 2524/2555/2626/2710/2715/ 2797/2895/2913/2917/2925	–
Caladium smaragdinum	–	–	X	–	X
Dieffenbachia parvifolia	X	–	–	–	X
Dieffenbachia (1 sp.)	X	–	–	2400	–
Dracontium (1 sp.)	–	–	X	2910	–
Heteropsis (1 sp.)	X	–	–	–	X
Homalomena picturata	–	–	X	–	X
Homalomena (1 sp.)	X	–	–	–	X
Monstera obliqua	X	–	X	–	X
Monstera (1 sp.)	–	–	X	2721	–
Montrichardia arborescens	X	–	–	–	X

PLANTAS VASCULARES / VASCULAR PLANTS					
Nombre científico/ Scientific Name	**Presencia/Presence**			**Record**	
	Alto Mazan	Alto Nanay	Panguana	Colección/Collection	Observación/ Observation
Philodendron asplundii	–	X	X	–	X
Philodendron campii	–	–	X	–	X
Philodendron ernestii	X	–	–	–	X
Philodendron fragrantissimum	X	X	X	–	X
Philodendron goeldii	–	X	–	–	X
Philodendron hylaeae	–	–	X	–	X
Philodendron tripartitum	X	–	–	–	X
Philodendron wittianum	–	X	–	–	X
Philodendron (3 spp.)	X	–	X	2379/2811/2869	–
Rhodospatha (1 sp.)	–	X	X	2875	–
Stenospermation (1 sp.)	X	X	X	2585	–
Syngonium (1 sp.)	X	–	X	–	X
Urospatha sagittifolia	X	X	–	2442/2583	–
Xanthosoma viviparum	–	–	X	2789	–
1 unknown genus	X	–	–	2364	–
Araliaceae (4)					
Dendropanax arboreus cf.	–	X	–	–	X
Dendropanax querceti	–	–	X	2865	–
Schefflera macrocarpa	–	X	–	–	X
Schefflera morototoni	–	X	X	2838	–
Arecaceae (47)					
Aiphanes ulei	–	X	X	2526/2882	–
Astrocaryum chambira	X	X	X	–	X
Astrocaryum murumuru	–	–	X	–	X
Attalea butyracea	X	–	–	–	X
Attalea insignis	X	X	X	–	X
Attalea maripa	–	X	–	–	X
Attalea racemosa	–	X	–	2470	–
Attalea tessmannii	–	X	–	–	X
Bactris bifida	X	–	–	–	X
Bactris hirta	X	–	–	–	X
Bactris maraja 1	–	X	X	–	X
Bactris maraja 2	–	–	X	–	X
Bactris riparia	X	–	–	–	X

LEYENDA/
LEGEND

Colección/Collection:
Numero de coleccíon de N. Dávila/
Collection number of N. Dávila

Observación/Observation:
Observaciones sin especimenes por
N. Dávila o R. Foster/Unvouchered
observations by N. Dávila or R. Foster

Plantas/Plants

PLANTAS VASCULARES / VASCULAR PLANTS

Nombre científico/ Scientific Name	Presencia/Presence			Record	
	Alto Mazan	Alto Nanay	Panguana	Colección/Collection	Observación/ Observation
Bactris simplicifrons	X	X	X	–	X
Bactris (2 spp.)	–	X	–	–	X
Chamaedorea pinnatifrons	X	–	X	2794	–
Desmoncus giganteus	–	–	X	–	X
Desmoncus mitis	–	X	X	–	X
Desmoncus orthacanthos	X	–	–	2430	–
Desmoncus polyacanthos	–	X	X	–	X
Euterpe precatoria	X	–	X	–	X
Geonoma brongniartii	–	–	X	–	X
Geonoma camana	X	–	X	–	X
Geonoma deversa	X	X	–	2356	–
Geonoma leptospadix	–	X	–	2501	–
Geonoma longepedunculata	X	–	–	–	X
Geonoma macrostachya	X	X	X	–	X
Geonoma maxima	X	X	–	–	X
Geonoma poeppigiana cf.	X	–	–	–	X
Geonoma stricta	X	X	–	2305	–
Geonoma tambopatense cf.	X	–	–	–	X
Geonoma (4 spp.)	X	X	–	2455/2431/2603/2624	–
Hyospathe elegans	X	X	X	–	X
Iriartea deltoidea	X	X	X	–	X
Iriartella stenocarpa	X	X	–	–	X
Lepidocaryum tenue	X	X	–	–	X
Mauritia flexuosa	X	X	X	–	X
Oeonocarpus bataua	X	X	X	–	X
Oeonocarpus mapora	X	–	X	–	X
Pholidostachys synanthera	–	X	–	–	X
Phytelephas tenuicaulis	X	–	X	–	X
Socratea exorrhiza	X	X	X	–	X
Wettinia drudei	–	X	–	2564/2638	–
Asclepiadaceae (1)					
Sarcostemma (1 sp.)	X	–	–	–	X
Asteraceae (1)					
Mikania (1 sp.)	–	–	X	–	X
Balanophoraceae (1)					
Helosis cayennensis	–	–	X	2756	–
Begoniaceae (1)					
Begonia (1 sp.)	–	–	X	2696	–

PLANTAS VASCULARES / VASCULAR PLANTS					
Nombre científico/ Scientific Name	**Presencia/Presence**			**Record**	
	Alto Mazan	Alto Nanay	Panguana	Colección/Collection	Observación/ Observation
Bignoniaceae (11)					
Arrabidea (1 sp.)	–	–	X	2873	–
Callichlamys latifolia	X	X	–	–	X
Jacaranda copaia	–	–	X	–	X
Jacaranda glabra	–	–	X	–	X
Jacaranda obtusifolia	X	X	–	–	X
Mansoa alliacea	–	–	X	–	X
Memora cladotricha	–	X	X	2728/2841	–
Memora (1 sp.)	–	–	X	2776	–
Tabebuia incana cf.	–	–	X	–	X
Tabebuia serratifolia	X	–	X	–	X
1 género desconocido/ unknown genus	–	–	X	2862	–
Bombacaceae (20)					
Cavanillesia hylogeiton	X	–	X	–	X
Ceiba pentandra	–	–	X	–	X
Ceiba samauma	–	–	X	–	X
Eriotheca (1 sp.)	–	–	X	–	X
Huberodendron swietenioides	–	X	–	–	X
Matisia bicolor cf.	–	–	X	–	X
Matisia bracteolosa	–	–	X	–	X
Matisia cordata	–	–	X	–	X
Matisia malacocalyx	–	X	–	–	X
Matisia oblongifolia	–	–	X	2724/2825	–
Matisia (5 spp.)	X	X	X	2418/2456/2645/2773/2823	–
Ochroma pyramidale	X	–	–	–	X
Pachira insignis	–	–	X	–	X
Pachira (1 sp.)	X	–	–	2419	–
Quararibea wittii	–	–	X	–	X
Quararibea (1 sp.)	–	–	X	2707	–
Boraginaceae (2)					
Cordia nodosa	X	X	X	2462	–
Tournefortia (1 sp.)	–	–	X	2830	–

LEYENDA/ LEGEND	**Colección/Collection:** Numero de coleccíon de N. Dávila/ Collection number of N. Dávila	**Observación/Observation:** Observaciones sin especimenes por N. Dávila o R. Foster/Unvouchered observations by N. Dávila or R. Foster

PLANTAS VASCULARES / VASCULAR PLANTS					
Nombre científico/ Scientific Name	**Presencia/Presence**			**Record**	
	Alto Mazan	Alto Nanay	Panguana	Colección/Collection	Observación/ Observation
Bromeliaceae (11)					
Aechmea contracta	X	–	–	2378	–
Aechmea fernandae cf.	–	–	X	–	X
Aechmea longifolia	X	–	–	–	X
Aechmea nidularioides	–	–	X	–	X
Aechmea penduliflora cf.	–	X	–	2542	–
Aechmea woronowii	X	X	–	2383	–
Aechmea (2 spp.)	–	X	X	2525/2834	–
Guzmania lingulata	–	X	–	2533	–
Guzmania (1 sp.)	–	X	–	2522	–
Pitcairnia (1 sp.)	–	–	X	2733	–
Burmanniaceae (2)					
2 géneros desconocidos/ unknown genera	–	X	–	2596/2606	–
Burseraceae (16)					
Crepidospermum prancei	X	–	–	–	X
Crepidospermum rhoifolium	X	X	X	–	X
Dacryodes sclerophylla cf.	–	X	–	–	X
Protium amazonicum	–	X	X	–	X
Protium gallosum	–	X	X	–	X
Protium hebepetatum	X	X	–	–	X
Protium klugii	–	X	–	2529	–
Protium nodulosum	X	–	X	2763	–
Protium sagotianum	–	–	X	–	X
Protium subserratum	X	–	–	–	X
Protium trifoliolatum	X	–	–	–	X
Protium (1 sp.)	–	X	–	2498	–
Tetragastris panamensis	–	–	X	–	X
Trattinnickia glaziovii	–	X	X	–	X
Trattinnickia peruviana	X	X	X	2914	–
1 unknown genus	–	X	–	2639	–
Capparidaceae (3)					
Capparis detonsa	–	–	X	2866	–
Capparis sola	X	–	X	–	X
Podandrogyne (1 sp.)	–	–	X	–	X
Caricaceae (1)					
Jacaratia digitata	X	–	X	–	X
Caryocaraceae (2)					
Anthodiscus (1 sp.)	–	–	X	–	X

PLANTAS VASCULARES / VASCULAR PLANTS

Nombre científico/ Scientific Name	Presencia/Presence			Record	
	Alto Mazan	Alto Nanay	Panguana	Colección/Collection	Observación/ Observation
Caryocar glabrum	X	X	–	–	X
Cecropiaceae (15)					
Cecropia engleriana	X	–	X	–	X
Cecropia ficifolia	X	–	X	–	X
Cecropia latiloba	X	–	X	–	X
Cecropia membranacea	–	–	X	–	X
Cecropia sciadophylla	X	–	X	–	X
Coussapoa orthoneura	X	X	X	–	X
Coussapoa trinervia	X	–	–	–	X
Coussapoa villosa cf.	–	–	X	–	X
Coussapoa (2 spp.)	X	–	X	2487/2806	–
Pourouma cecropiifolia	–	–	X	–	X
Pourouma guianensis	X	–	–	–	X
Pourouma minor	–	–	X	–	X
Pourouma (2 spp.)	–	X	X	2613/2765	–
Celastraceae (1)					
Goupia glabra	X	X	–	–	X
Chrysobalanaceae (12)					
Couepia (1 sp.)	X	X	–	–	X
Hirtella duckei	X	–	–	–	X
Hirtella (2 spp.)	–	X	–	2663/2675	–
Licania caudata	–	X	–	–	X
Licania egleri	–	X	–	–	X
Licania heteromorpha	–	X	–	–	X
Licania petrensis	–	X	–	–	X
Licania reticulata	X	–	–	–	X
Licania urceolaris	X	X	–	–	X
Licania (1 sp.)	–	–	X	2731	–
Parinari (1 sp.)	–	X	–	2584	–
Clusiaceae (21)					
Calophyllum brasiliense	X	–	–	–	X
Calophyllum longifolium	X	–	–	–	X
Caraipa (1 sp.)	–	X	–	–	X

LEYENDA/ LEGEND

Colección/Collection:
Numero de coleccíon de N. Dávila/
Collection number of N. Dávila

Observación/Observation:
Observaciones sin especimenes por
N. Dávila o R. Foster/Unvouchered
observations by N. Dávila or R. Foster

PLANTAS VASCULARES / VASCULAR PLANTS

Nombre científico/ Scientific Name	Presencia/Presence			Record	
	Alto Mazan	Alto Nanay	Panguana	Colección/Collection	Observación/ Observation
Chrysochlamys (3 spp.)	X	–	X	2300/2369/2846	–
Clusia (2 spp.)	–	X	–	2527/2642	–
Garcinia macrophylla	–	X	–	–	X
Garcinia madruno	–	X	–	–	X
Marila laxiflora	X	X	–	–	X
Symphonia globulifera	–	X	–	–	X
Tovomita weddelliana	X	X	–	–	X
Tovomita (5 spp.)	X	X	–	2340/2347/2491/2609/2632	–
Vismia macrophylla	X	–	–	–	X
Vismia (1 sp.)	X	–	–	2357	–
1 unknown genus	X	–	–	2471	–
Combretaceae (6)					
Buchenavia grandis	–	–	X	–	X
Buchenavia oxycarpa cf.	X	–	X	–	X
Buchenavia parvifolia	–	X	–	–	X
Buchenavia tetraphylla	X	X	–	–	X
Combretum (1 sp.)	–	X	–	–	X
Terminalia oblonga	–	–	X	–	X
Commelinaceae (3)					
Dichorisandra (1 sp.)	–	–	X	2868	–
Floscopa peruviana	X	–	X	2937	–
Geogenanthus ciliatus	–	–	X	–	X
Connaraceae (1)					
Connarus (1 sp.)	–	–	X	–	X
Convolvulaceae (2)					
Dicranostyles (1 sp.)	–	X	–	2562	–
Maripa (1 sp.)	X	–	–	–	X
Costaceae (7)					
Costus guanaiensis	–	–	X	–	X
Costus (5 spp.)	X	X	X	2398/2447/2477/2535/2888	–
Dimerocostus strobilaceus	–	–	X	–	X
Cucurbitaceae (7)					
Cayaponia (1 sp.)	–	–	X	2775	–
Fevillea cordifolia	–	–	X	–	X
Gurania lobata	X	–	–	–	X
Gurania rhizantha	–	X	–	–	X
Gurania (1 sp.)	–	–	X	2905	–
2 géneros desconocidos/ unknown genera	–	–	X	2872/2893	–

PLANTAS VASCULARES / VASCULAR PLANTS					
Nombre científico/ Scientific Name	**Presencia/Presence**			**Record**	
	Alto Mazan	Alto Nanay	Panguana	Colección/Collection	Observación/ Observation
Cyclanthaceae (7)					
Asplundia (3 spp.)	X	X	X	2334/2537/2740	–
Asplundia cf. (1 sp.)	–	X	–	2591	–
Cyclanthus bipartitus	X	–	X	–	X
Evodianthus funifer	–	–	X	2770	–
Ludovia lancifolia cf.	X	–	–	–	X
Cyperaceae (5)					
Diplasia karatifolia	X	–	–	–	X
Hypolytrum schraderianum	X	–	–	2451	–
Scleria secans	X	–	–	–	X
2 unknown genera	–	X	–	2604/2605	–
Dichapetalaceae (2)					
Dichapetalum (1 sp.)	–	X	X	–	X
Tapura (1 sp.)	–	X	–	–	X
Dilleniaceae (1)					
Doliocarpus dentatus cf.	–	X	X	–	X
Dioscoreaceae (1)					
Dioscorea (1 sp.)	X	–	–	–	X
Elaeocarpaceae (5)					
Sloanea erismoides cf.	X	–	–	–	X
Sloanea floribunda	–	X	–	–	X
Sloanea terniflora	X	X	–	–	X
Sloanea (2 spp.)	–	–	X	–	X
Erythroxylaceae (1)					
Erythroxylum (1 sp.)	X	–	–	2368	–
Euphorbiaceae (22)					
Acalypha diversifolia	–	–	X	–	X
Acidoton nicaraguensis	–	–	X	2889	–
Alchornea triplinervia	–	X	–	–	X
Aparisthmium cordatum	–	X	–	–	X
Caryodendron orinocense	–	–	X	–	X
Conceveiba martiana	–	–	X	–	X
Conceveiba rhytidocarpa	X	–	–	–	X
Croton lechleri	–	–	X	–	X

LEYENDA/ LEGEND

Colección/Collection:
Numero de coleccíon de N. Dávila/
Collection number of N. Dávila

Observación/Observation:
Observaciones sin especimenes por
N. Dávila o R. Foster/Unvouchered
observations by N. Dávila or R. Foster

PLANTAS VASCULARES / VASCULAR PLANTS					
Nombre científico/ Scientific Name	**Presencia/Presence**			**Record**	
	Alto Mazan	Alto Nanay	Panguana	Colección/Collection	Observación/ Observation
Drypetes gentryi	X	–	–	–	X
Hevea guianensis	X	X	–	–	X
Hieronyma alchorneoides	X	–	–	–	X
Mabea angularis	X	–	–	–	X
Mabea arenicola	X	–	–	–	X
Mabea nitida cf.	X	X	–	–	X
Mabea (1 sp.)	–	X	–	2549	–
Micrandra spruceana	X	X	–	–	X
Nealchornea yapurensis	X	X	X	–	X
Omphalea diandra	–	–	X	2785	–
Plukenetia (1 sp.)	–	–	X	–	X
Sapium marmieri	X	–	X	–	X
Senefeldera inclinata	X	X	X	–	X
Tetraorchidium macrophyllum	–	–	X	2890/2898	–
Fabaceae (2)					
2 unknown genera	–	–	X	2757/2842	–
Fabaceae (Caesalpinoid)					
Apuleia leiocarpa	X	–	–	–	X
Bauhinia guianensis	X	X	X	–	X
Brownea grandiceps	X	X	X	2370/2729/2759	–
Brownea macrophylla	–	–	X	2819	–
Campsiandra cf. (1 sp.)	X	–	–	–	X
Cassia spruceana cf.	–	–	X	–	X
Dialium guianense	X	X	–	2495	–
Dimorphandra loretensis cf.	X	X	–	2415	–
Dimorphandra pennigera cf.	–	X	–	2543	–
Hymenaea oblongifolia	X	X	X	–	X
Macrolobium acaciaefolium	X	–	–	–	X
Macrolobium limbatum	X	–	–	–	X
Macrolobium microcalyx	–	X	–	–	X
Peltogyne (1 sp.)	–	X	–	2669	–
Schizolobium parahyba	–	–	X	–	X
Tachigali guianensis	X	X	–	2678	–
Tachigali loretensis	–	X	–	–	–
Tachigali melinonii	X	–	–	–	X
Tachigali paniculata cf.	–	X	–	–	X
Tachigali pilosula	–	X	–	–	–
Tachigali ptychophysca cf.	X	X	–	–	X

PLANTAS VASCULARES / VASCULAR PLANTS					
Nombre científico/ Scientific Name	**Presencia/Presence**			**Record**	
	Alto Mazan	Alto Nanay	Panguana	Colección/Collection	Observación/ Observation
Tachigali setifera	–	X	X	–	X
Tachigali (5 spp.)	X	X	–	2466/2481/2517/2611/2665	–
Fabaceae (Mimosoid) (44)					
Abarema jupunba	X	–	–	–	X
Abarema laeta	–	X	–	–	X
Calliandra trinervia	X	–	–	–	X
Cedrelinga cateniformis	–	X	–	–	X
Enterolobium schomburgkii	–	X	–	–	X
Inga auristellae	X	X	X	2829	–
Inga capitata	–	–	X	–	X
Inga ciliata	–	–	X	–	X
Inga cordatoalata	X	–	–	–	X
Inga heterophylla	–	–	X	–	X
Inga marginata	X	–	–	–	X
Inga oerstediana	–	–	X	–	X
Inga tenuistipula	X	–	X	–	X
Inga (20 spp.)	X	X	X	2459/2461/2483/2508/2595/ 2599/2600/2601/2602/2679/ 2683/2686/2702/2703/2725/ 2738/2764/2884/2918/2762	–
Marmaroxylon basijugum	–	X	–	–	X
Parkia igneifolia	–	X	–	2666	–
Parkia multijuga	–	–	X	–	X
Parkia nitida	X	–	X	–	X
Parkia panurensis	–	–	X	–	X
Parkia velutina	X	X	X	–	X
Piptadenia anolidurus	X	–	X	–	X
Piptadenia (1 sp.)	–	X	–	2667	–
Pseudopiptadenia suaveolens	–	–	X	–	X
Stryphnodendron polystachyum	–	X	–	2641A	–
Zygia schultzeana	X	–	–	–	X
Fabaceae (Papilionoid) (24)					
Andira (1 sp.)	–	X	–	–	X
Clitoria (1 sp.)	–	–	X	2824	–

LEYENDA/ LEGEND

Colección/Collection:
Numero de coleccíon de N. Dávila/
Collection number of N. Dávila

Observación/Observation:
Observaciones sin especimenes por
N. Dávila o R. Foster/Unvouchered
observations by N. Dávila or R. Foster

PLANTAS VASCULARES / VASCULAR PLANTS					
Nombre científico/ Scientific Name	**Presencia/Presence**			**Record**	
	Alto Mazan	Alto Nanay	Panguana	Colección/Collection	Observación/ Observation
Dalbergia ecastophyllum	X	–	X	2446/2382	–
Desmodium axillare cf.	X	–	–	2474	–
Dioclea (1 sp.)	–	–	X	–	X
Diplotropis purpurea cf.	X	–	–	–	X
Dipteryx (1 sp.)	X	–	–	2484	–
Dussia tessmannii cf.	–	X	X	–	X
Erythrina poeppigiana	–	–	X	–	X
Hymenolobium (1 sp.)	X	–	–	–	X
Machaerium cuspidatum	X	–	X	–	X
Machaerium floribundum	–	–	X	–	X
Machaerium macrophyllum	–	–	X	–	X
Machaerium (1 sp.)	–	–	X	2779	–
Ormosia (1 sp.)	X	X	–	–	X
Platymiscium stipulare	–	–	X	–	X
Pterocarpus santalinoides cf.	–	–	X	2912	–
Swartzia arborescens	X	–	–	–	X
Swartzia cuspidata	X	–	–	–	X
Swartzia polyphylla	–	X	–	–	X
Swartzia (3 spp.)	X	X	X	2348/2493/2768	–
Vatairea (1 sp.)	X	X	–	–	X
Flacourtiaceae (11)					
Carpotroche longifolia	X	–	X	2372/2778	–
Casearia (3 spp.)	X	X	X	2321/2619/2711	–
Lacistema (1 sp.)	–	X	–	2530	–
Lozania klugii cf.	–	–	X	–	X
Mayna odorata	X	–	X	–	X
Mayna (1 sp.)	–	–	X	2886	–
Neoptychocarpus killipii	X	X	–	2326	–
Neosprucea grandiflora	–	–	X	2864	–
Ryania speciosa	X	X	–	–	X
Gentianaceae (4)					
Potalia coronata	X	X	X	2303	–
Tachia occidentalis	X	X	–	2349/2516	–
Voyria tenella cf.	–	–	X	–	X
Voyria (1 sp.)	–	–	X	2876	–
Gesneriaceae (19)					
Besleria aggregata cf.	–	–	X	2688	–
Besleria (1 sp.)	–	X	–	2673	–

PLANTAS VASCULARES / VASCULAR PLANTS

Nombre científico/ Scientific Name	Presencia/Presence			Record	
	Alto Mazan	Alto Nanay	Panguana	Colección/Collection	Observación/ Observation
Codonanthe crassifolia	X	–	–	2644A	–
Columnea ericae cf.	–	X	X	2330	–
Columnea (1 sp.)	–	–	X	2805	–
Drymonia anisophylla	–	X	–	2579	–
Drymonia coccinea 1	X	–	X	2358	–
Drymonia coccinea 2	–	–	X	2690	–
Drymonia macrophylla	–	–	X	–	X
Drymonia (2 spp.)	–	X	X	2646/2730	–
Episcia (1 sp.)	–	–	X	–	X
Gasteranthus (1 sp.)	–	–	X	–	X
Nautilocalyx (4 spp.)	X	X	X	2403/2660/2732/2932	–
2 unknown genera	–	–	X	2936/2818	–
Gnetaceae (2)					
Gnetum (2 spp.)	X	X	–	2560	–
Haemodoraceae (1)					
Xiphidium caeruleum	X	–	X	2375	–
Heliconiaceae (10)					
Heliconia apparicioi	X	–	–	–	X
Heliconia hirsuta	X	–	–	–	X
Heliconia orthotricha	X	–	–	–	X
Heliconia schumanniana	–	–	X	2817	–
Heliconia spathocircinata	–	–	X	–	X
Heliconia stricta	–	–	X	–	X
Heliconia velutina	X	–	X	–	X
Heliconia (3 spp.)	X	X	–	2352/2450/2643	–
Hippocrateaceae (5)					
Cheiloclinium (1 sp.)	X	X	–	–	X
Hylenaea comosa	X	–	–	–	X
Salacia (1 sp.)	–	–	X	2743	–
Tontelea (1 sp.)	–	–	X	2850	–
1 género desconocido/ unknown genus	–	–	X	2911	–

LEYENDA/
LEGEND

Colección/Collection:
Numero de coleccíon de N. Dávila/
Collection number of N. Dávila

Observación/Observation:
Observaciones sin especimenes por
N. Dávila o R. Foster/Unvouchered
observations by N. Dávila or R. Foster

PLANTAS VASCULARES / VASCULAR PLANTS					
Nombre científico/ Scientific Name	**Presencia/Presence**			**Record**	
	Alto Mazan	Alto Nanay	Panguana	Colección/Collection	Observación/ Observation
Hugoniaceae (2)					
Hebepetalum (1 sp.)	X	–	–	–	X
Roucheria columbiana	X	–	–	–	X
Humiriaceae (4)					
Humiria balsamifera	–	X	–	–	X
Humiriastrum (1 sp.)	–	X	–	–	X
Sacoglottis (1 sp.)	–	X	–	–	X
Vantanea paraensis cf.	–	X	–	–	X
Icacinaceae (2)					
Discophora guianensis	–	X	X	–	X
Emmotum floribundum	–	X	–	–	X
Leretia cordata	–	–	X	2820/2859	–
Lauraceae (13)					
Anaueria brasiliensis	X	X	–	–	X
Aniba hostmanniana	X	–	–	–	X
Aniba (1 sp.)	X	–	–	2322	–
Caryodaphnopsis fosteri	X	–	X	–	X
Endlicheria (1 sp.)	X	–	–	2324	–
Licaria (1 sp.)	–	X	–	2532	–
Mezilaurus synandra	–	X	–	–	X
Nectandra (1 sp.)	X	X	–	–	X
Ocotea argyrophylla	–	X	–	–	X
Ocotea javitensis	–	X	X	–	X
Ocotea oblonga	–	X	–	–	X
Ocotea (2 spp.)	–	X	–	2507/2539	–
Lecythidaceae (12)					
Cariniana decandra	–	X	–	–	X
Couratari guianensis	–	–	X	–	X
Couroupita guianensis	–	–	X	–	X
Eschweilera bracteosa cf.	X	X	–	–	X
Eschweilera coriacea	X	–	–	–	X
Eschweilera gigantea	X	–	–	–	X
Eschweilera ovalifolia	X	X	X	–	X
Eschweilera tessmannii	–	X	–	–	X
Eschweilera (1 sp.)	X	–	–	2361	–
Grias neuberthii	X	–	X	–	X
Gustavia hexapetala	X	X	–	2362	–
Lecythis (1 sp.)	–	X	–	–	X

PLANTAS VASCULARES / VASCULAR PLANTS

Nombre científico/ Scientific Name	Presencia/Presence			Record	
	Alto Mazan	Alto Nanay	Panguana	Colección/Collection	Observación/ Observation
Loganiaceae (2)					
Spigelia (1 sp.)	X	–	–	2458	–
Strychnos (1 sp.)	–	–	X	–	X
Loranthaceae (2)					
Psittacanthus (1 sp.)	X	–	–	–	X
1 unknown genus	X	–	–	2315	–
Magnoliaceae (1)					
Talauma (1 sp.)	–	–	X	–	X
Malpighiaceae (2)					
Hiraea (1 sp.)	X	X	–	2607	–
Tetrapterys (1 sp.)	–	–	X	2828	–
Malvaceae (1)					
Pavonia (1 sp.)	–	–	X	2815	–
Marantaceae (19)					
Calathea altissima	X	–	X	–	X
Calathea micans	–	–	X	–	X
Calathea roseopicta cf.	X	–	–	–	X
Calathea sophiae	X	–	–	–	X
Calathea (5 spp.)	X	–	X	2440/2718/2742/2799/2863	–
Calathea sp. nov. (yavari/divisor)	X	–	–	2410	–
Ischnosiphon leucophaeus	–	–	X	–	X
Ischnosiphon (4 spp.)	X	X	–	2441/2445/2399/2544	–
Monotagma aurantiaca	–	–	X	–	X
Monotagma laxum	X	–	–	–	X
Monotagma nutans	–	X	–	–	X
Monotagma secundum	–	X	–	2506	–
Marcgraviaceae (3)					
Marcgravia (2 spp.)	–	–	X	2424/2749	–
Souroubea (1 sp.)	–	X	–	–	X
Melastomataceae (42)					
Adelobotrys (4 spp.)	X	X	–	2405/2432/2647/2681	–
Blakea rosea	–	X	–	2488	–
Clidemia dimorphica	–	–	X	–	X
Clidemia epiphytica	–	–	X	–	X

LEYENDA/
LEGEND

Colección/Collection:
Numero de coleccíon de N. Dávila/
Collection number of N. Dávila

Observación/Observation:
Observaciones sin especimenes por
N. Dávila o R. Foster/Unvouchered
observations by N. Dávila or R. Foster

PLANTAS VASCULARES / VASCULAR PLANTS					
Nombre científico/ Scientific Name	**Presencia/Presence**			**Record**	
	Alto Mazan	Alto Nanay	Panguana	Colección/Collection	Observación/ Observation
Clidemia heterophylla	–	–	X	2365	–
Clidemia septuplinervia	X	–	X	2367	–
Clidemia (3 spp.)	–	X	X	2574/2685/2691	–
Clidemia cf. (1 sp.)	–	X	–	2610	–
Graffenrieda limbata	–	X	–	–	X
Leandra (3 spp.)	X	X	X	2360/2631/2687	–
Maieta guianensis	X	X	X	2320	–
Maieta poeppigii	–	X	–	2353	–
Miconia bubalina	X	–	X	–	X
Miconia fosteri	–	X	–	–	X
Miconia tomentosa	X	–	–	–	X
Miconia (12 spp.)	X	X	–	2304/2308/2385/2490/2494/ 2496/2509/2511/2550/2578/ 2634/2676	–
Ossaea boliviana	–	–	X	–	X
Salpinga secunda	–	X	–	–	X
Tococa caquetana	–	–	X	2843	–
Tococa guianensis	X	–	–	2332	–
Tococa (3 spp.)	–	X	–	2519/2534/2627	–
Triolena amazonica cf.	–	X	X	2636/2684	–
Meliaceae (20)					
Cabralea canjerana	–	–	X	–	X
Cedrela fissilis	–	–	X	2877	–
Cedrela odorata	–	–	X	–	X
Guarea cinnamomea	X	–	X	–	X
Guarea gomma	–	–	X	–	X
Guarea grandifolia	–	–	X	–	X
Guarea guidonia	X	–	–	–	X
Guarea kunthiana	X	–	X	–	X
Guarea pterorhachis	X	–	X	–	X
Guarea pubescens	–	X	X	–	X
Guarea sylvatica	–	X	X	–	X
Guarea (2 spp.)	–	X	–	2650/2677	–
Trichilia elsae	–	–	X	2900	–
Trichilia pallida	–	–	X	–	X
Trichilia poeppigii	–	–	X	–	X
Trichilia septentrionalis	X	X	X	–	X
Trichilia solitudinus	X	–	X	–	X
Trichilia (3 spp.)	X	X	X	2323/2680/2814	–

PLANTAS VASCULARES / VASCULAR PLANTS					
Nombre científico/ Scientific Name	Presencia/Presence			Record	
	Alto Mazan	Alto Nanay	Panguana	Colección/Collection	Observación/ Observation
Memecylaceae (2)					
Mouriri myrtilloides	X	–	–	–	X
Mouriri nigra	X	–	X	–	X
Menispermaceae (12)					
Abuta grandifolia 1	X	X	X	2612	–
Abuta grandifolia 2	X	–	X	–	X
Abuta pahnii	–	X	–	–	X
Abuta (1 sp.)	–	–	X	2796	–
Anomo spermum (1 sp.)	–	–	X	–	X
Chondrodendron tomentosum	–	–	X	–	X
Cissampelos tropaeolifolia cf.	–	–	X	–	X
Curarea tecunarum	X	–	–	–	X
Odontocarya tomentosa	–	–	X	–	X
Telitoxicum krukovii	–	–	X	–	X
3 unknown genera	–	–	X	2787/2857/2861	–
Monimiaceae (2)					
Mollinedia killipii	X	–	–	–	X
Mollinedia (1 sp.)	X	–	–	2467	–
Moraceae (43)					
Batocarpus amazonicus	–	–	X	2761	–
Brosimum lactescens	X	–	–	–	X
Brosimum parinarioides	X	–	–	–	X
Brosimum rubescens	X	–	–	–	X
Brosimum utile	X	–	–	–	X
Castilla ulei	–	–	X	–	X
Clarisia racemosa	X	X	X	–	X
Ficus acreana	–	–	X	2871	–
Ficus americana	X	–	X	–	X
Ficus coerulescens	–	–	X	–	X
Ficus insipida	X	–	X	–	X
Ficus nymphaeifolia	–	–	X	–	X
Ficus piresiana	–	–	X	–	X
Ficus tonduzii	–	–	X	2803	–
Ficus ypsilophlebia	–	–	X	–	X

LEYENDA/ LEGEND

Colección/Collection:
Numero de coleccíon de N. Dávila/ Collection number of N. Dávila

Observación/Observation:
Observaciones sin especimenes por N. Dávila o R. Foster/Unvouchered observations by N. Dávila or R. Foster

PLANTAS VASCULARES / VASCULAR PLANTS					
Nombre científico/ Scientific Name	**Presencia/Presence**			**Record**	
	Alto Mazan	Alto Nanay	Panguana	Colección/Collection	Observación/ Observation
Ficus (1 sp.)	–	–	X	2726	–
Helianthostylis cf. (1 sp.)	X	–	–	2463	–
Helicostylis scabra	–	X	X	–	X
Helicostylis tomentosa	–	X	–	–	X
Maquira calophylla	–	–	X	–	X
Maquira costaricensis	X	–	–	–	X
Naucleopsis amara	–	–	X	–	X
Naucleopsis concinna	–	X	–	–	X
Naucleopsis glabra	X	X	–	–	X
Naucleopsis humilis	X	–	–	2354/2407/2434/2831	–
Naucleopsis krukovii	–	X	X	–	X
Naucleopsis oblongifolia	X	–	–	–	X
Naucleopsis ulei	–	–	X	–	X
Perebea angustifolia	–	–	X	–	X
Perebea guianensis 1	–	X	–	–	X
Perebea guianensis 2	–	–	X	–	X
Perebea humilis cf.	X	X	X	2343/2538/2697	–
Perebea mollis	–	–	X	–	X
Perebea xanthochyma	X	–	X	–	X
Perebea (2 spp.)	–	X	–	2538/2566	–
Poulsenia armata	–	–	X	–	X
Pseudolmedia laevigata	–	X	X	–	X
Pseudolmedia laevis	–	X	X	–	X
Sorocea (1 sp.)	X	–	–	2486	–
3 géneros desconocidos/ unknown genera	X	X	X	2310/2630/2822	–
Myristicaceae (22)					
Iryanthera elliptica cf.	–	X	–	–	X
Iryanthera macrophylla	X	–	–	–	X
Iryanthera paraensis	–	–	X	–	X
Iryanthera tricornis	X	X	–	–	X
Iryanthera ulei cf.	X	–	–	–	X
Iryanthera (2 spp.)	–	–	X	2849/2852	–
Osteophloem platyspermum	X	X	–	–	X
Otoba glycycarpa	–	–	X	–	X
Otoba parvifolia	–	X	X	–	X
Virola albidiflora cf.	X	–	–	–	X
Virola calophylla	X	X	–	–	X
Virola divergens cf.	X	–	–	–	X

PLANTAS VASCULARES / VASCULAR PLANTS

Nombre científico/ Scientific Name	Presencia/Presence			Record	
	Alto Mazan	Alto Nanay	Panguana	Colección/Collection	Observación/ Observation
Virola elongata	–	–	X	2867	–
Virola flexuosa 1	X	–	–	–	X
Virola flexuosa 2	–	–	–	–	X
Virola mollissima	–	–	X	–	X
Virola obovata	–	–	X	–	X
Virola pavonis	–	X	–	–	X
Virola peruviana cf.	–	X	–	–	X
Virola (2 spp.)	X	X	–	2302/2581	–
Myrsinaceae (2)					
Cybianthus (1 sp.)	–	–	X	–	X
Stylogyne ramiflora	X	–	X	–	X
Myrtaceae (10)					
Calyptranthes (5 spp.)	X	X	X	–	X
Eugenia (2 spp.)	X	–	X	2406/2766	–
Myrcia (2 spp.)	–	X	–	2576/2590	–
Myrciaria (1 sp.)	X	–	–	2453	–
Nyctaginaceae (5)					
Guapira	X	–	–	–	X
Neea (4 spp.)	–	X	X	2536/2746/2839/2896	–
Ochnaceae (3)					
Cespedezia spathulata	X	X	–	–	X
Ouratea (2 spp.)	X	X	–	2342/2531	–
Olacaceae (4)					
Dulacia candida	–	X	–	–	X
Heisteria scandens	–	–	X	2827	–
Heisteria (1 sp.)	X	–	–	2350/2420	–
Minquartia guianensis	X	X	X	–	X
Opiliaceae (1)					
Agonandra (1 sp.)	–	–	X	2933	–
Orchidaceae (11)					
Cochleanthes cf. (1 sp.)	–	–	X	2891	–
Dichaea (1 sp.)	X	–	–	2317	–
Dichaea trulla aff.	–	X	–	2499	–
Erythrodes (1 sp.)	X	–	–	2448	–

LEYENDA/ LEGEND

Colección/Collection:
Numero de coleccíon de N. Dávila/
Collection number of N. Dávila

Observación/Observation:
Observaciones sin especimenes por
N. Dávila o R. Foster/Unvouchered
observations by N. Dávila or R. Foster

PLANTAS VASCULARES / VASCULAR PLANTS					
Nombre científico/ Scientific Name	**Presencia/Presence**			**Record**	
	Alto Mazan	Alto Nanay	Panguana	Colección/Collection	Observación/ Observation
Maxillaria (1 sp.)	–	–	X	–	X
Palmorchis (1 sp.)	–	X	–	–	X
Pleurothallis (1 sp.)	–	–	X	–	X
Trizeuxis falcata	–	X	–	2659	–
Wullschlaegelia (1 sp.)	–	X	X	2597	–
Ligeophila juruensis	X	–	–	2479	–
Octomeria scirpoidea	–	X	–	2633	–
Passifloraceae (4)					
Dilkea (4 spp.)	X	X	X	2464/2301/2640/2782	–
Phytolaccaceae (1)					
Trichostigma octandrum	–	–	X	–	X
Picramniaceae (3)					
Picramnia latifolia cf.	–	X	X	2899	–
Picramnia magnifolia	X	–	–	2339	–
1 género desconocido/ unknown genus	–	X	X	2652/2695/2705	–
Piperaceae (27)					
Peperomia macrostachya	–	–	X	–	X
Peperomia serpens	X	–	X	2802	–
Peperomia (2 spp.)	X	–	–	2443/2468	–
Piper augustum	X	X	X	2319	–
Piper laevigatum	–	–	X	–	X
Piper obliquum	X	X	X	–	X
Piper (20 spp.)	X	X	X	2312/2413/2433/2476/2571/ 2577/2623/2625/2629/2689/ 2694/2713/2714/2722/2736/ 2737/2807/2885/2930/2937	–
Poaceae (6)					
Cryptochloa (1 sp.)	X	–	–	–	X
Guadua weberbaueri cf.	–	–	X	–	X
Orthoclada laxa	X	–	X	–	X
Panicum (1 sp.)	–	X	–	–	X
Pariana radiciflora	–	–	X	–	X
Pariana (1 sp.)	X	–	–	2318	–
Polygalaceae (1)					
Moutabea aculeata	X	X	X	–	X
Polygonaceae (6)					
Coccoloba mollis	X	–	X	–	X
Coccoloba parimensis cf.	X	–	–	–	X

PLANTAS VASCULARES / VASCULAR PLANTS

Nombre científico/ Scientific Name	Presencia/Presence			Record	
	Alto Mazan	Alto Nanay	Panguana	Colección/Collection	Observación/ Observation
Coccoloba (2 spp.)	–	X	X	2588/2751	–
Triplaris americana	X	–	–	–	X
Triplaris poeppigiana	X	–	–	–	X
Quiinaceae (6)					
Froesia diffusa	–	–	–	–	X
Lacunaria (1 sp.)	–	X	–	–	X
Quiina florida cf.	–	–	X	–	X
Quiina macrophylla	–	X	–	–	X
Quiina paraensis	–	X	–	2553	–
Touroulia amazonica	–	X	–	2561/2614	–
Rapateaceae (3)					
Rapatea ulei	–	X	–	2569	–
Rapatea (2 spp.)	X	X	–	2333/2645A	–
Rhamnaceae (3)					
Ampelozizyphus amazonicus	X	X	–	–	X
Gouania (1 sp.)	–	X	–	–	X
Ziziphus cinnamomum	X	–	X	–	X
Rhizophoraceae (1)					
Sterigmapetalum obovatum	–	X	–	–	X
Rubiaceae (96)					
Alibertia itayensis cf.	X	–	–	2309	–
Alibertia (1 sp.)	X	–	–	2316	–
Amaioua (1 sp.)	X	–	–	–	X
Bathysa (1 sp.)	–	X	–	–	X
Calycophyllum megistocaulum	–	–	X	–	X
Chimarrhis (1 sp.)	–	–	X	–	X
Chomelia (1 sp.)	–	X	–	–	X
Coussarea (3 spp.)	X	–	X	2439/2478/2755	–
Duroia hirsuta	X	X	X	2699/2780	–
Duroia saccifera	–	X	–	–	X
Faramea axillaris	X	X	–	2389/2651	–
Faramea capillipes	X	X	X	–	X
Faramea multiflora	–	–	–	–	X
Faramea quinqueflora cf.	–	X	–	–	X

LEYENDA/ LEGEND

Colección/Collection:
Numero de coleccíon de N. Dávila/
Collection number of N. Dávila

Observación/Observation:
Observaciones sin especimenes por
N. Dávila o R. Foster/Unvouchered
observations by N. Dávila or R. Foster

PLANTAS VASCULARES / VASCULAR PLANTS					
Nombre científico/ Scientific Name	Presencia/Presence			Record	
	Alto Mazan	Alto Nanay	Panguana	Colección/Collection	Observación/ Observation
Faramea (4 spp.)	X	X	–	2460/2505/2572/2628	–
Ferdinandusa (1 sp.)	–	X	–	2551	–
Genipa spruceana cf.	–	X	–	–	X
Geophila repens	X	–	X	–	X
Gonzalagunia (1 sp.)	X	–	–	–	X
Ixora killipii	X	–	–	2422	–
Kotchubaea (1 sp.)	–	X	X	2674	–
Ladenbergia (1 sp.)	–	X	–	–	X
Manettia (1 sp.)	–	–	X	2767	–
Notopleura (1 sp.)	–	–	X	–	X
Pagamea (2 spp.)	X	X	–	2392/2658	–
Palicourea corymbosa	–	X	–	–	X
Palicourea crocea cf.	X	–	–	–	X
Palicourea nigricans	–	X	X	2558/2570	–
Palicourea subspicata	–	–	X	2692	–
Palicourea (4 spp.)	X	X	–	2325/2351/2404/2518	–
Pentagonia (2 spp.)	–	–	X	2734/2826	–
Posoqueria latifolia	X	X	X	–	X
Psychotria herzogii cf.	–	–	X	2693	–
Psychotria marcgraviella	–	–	X	2735	–
Psychotria poeppigiana	–	X	–	–	X
Psychotria racemosa	–	–	X	2698	–
Psychotria remota	–	–	X	2792	–
Psychotria viridis	X	–	X	–	X
Psychotria (28 spp.)	X	X	X	2489/2306/2311/2313/2390/ 2395/2396/2397A/2444/2482/ 2428/2500/2512/2520/2552/ 2573/2622/2641/2672/2541/ 2701/2716/2808/2879/2887/ 2901/2921/2727	–
Randia (3 spp.)	–	–	X	2821/2874/2712	–
Remijia (1 sp.)	–	X	–	2545	–
Rudgea (5 spp.)	X	X	X	2329/2426/2621/2704/2920	–
Sphinctanthus maculatus	–	–	X	2408/2739/2853	–
Uncaria guianensis	X	–	–	–	X
Warszewiczia coccinea	X	–	–	2328	–
Wittmackanthus stanleyanus	–	–	X	2881	–
6 géneros desconocidos/ unknown genera	X	X	X	–	–

PLANTAS VASCULARES / VASCULAR PLANTS

Nombre científico/ Scientific Name	Presencia/Presence			Record	
	Alto Mazan	Alto Nanay	Panguana	Colección/Collection	Observación/ Observation
Rutaceae (3)					
Esenbeckia amazonica	X	–	–	–	X
Spathelia terminalioides	–	–	X	2760	–
Zanthoxylum (1 sp.)	–	–	X	–	X
Sabiaceae (1)					
Ophiocaryum heterophyllum	X	X	X	2382	–
Sapindaceae (13)					
Allophylus pilosus	–	–	X	2922	–
Allophylus (1 sp.)	X	–	–	2371	–
Cupania (1 sp.)	–	–	X	–	X
Matayba (1 sp.)	–	–	X	2754	–
Paullinia bracteosa	X	–	X	–	X
Paullinia pachycarpa	X	X	X	–	X
Paullinia rugosa	–	–	X	–	X
Paullinia serjaniaefolia	–	–	X	–	X
Paullinia (4 spp.)	X	X	X	2338/2671/2835/2870	–
Talisia (1 sp.)	–	X	–	2642A	–
Sapotaceae (21)					
Chrysophyllum argenteum	–	–	X	2798	–
Chrysophyllum scalare	–	X	–	–	X
Chrysophyllum (1 sp.)	–	–	X	2858	–
Ecclinusa (1 sp.)	–	X	–	–	X
Manilkara bidentata	–	X	–	–	X
Manilkara inundata	X	–	–	–	X
Micropholis broquidodroma	–	X	–	–	X
Micropholis guyanensis	–	X	–	–	X
Micropholis madeirensis	–	X	–	–	X
Micropholis venulosa	X	–	–	–	X
Micropholis (5 spp.)	X	X	–	2346/2620/2654/2656/2662	–
Pouteria guianensis	X	X	–	–	X
Pouteria platyphylla	–	X	–	–	X
Pouteria torta	–	–	X	2777	–
Pouteria (2 spp.)	–	X	X	2617/2860	–
Sarcaulus brasiliensis	–	–	X	2748	–

LEYENDA/ LEGEND

Colección/Collection:
Numero de coleccíon de N. Dávila/
Collection number of N. Dávila

Observación/Observation:
Observaciones sin especimenes por
N. Dávila o R. Foster/Unvouchered
observations by N. Dávila or R. Foster

PLANTAS VASCULARES / VASCULAR PLANTS					
Nombre científico/ Scientific Name	Presencia/Presence			Record	
	Alto Mazan	Alto Nanay	Panguana	Colección/Collection	Observación/ Observation
Schlegeliaceae (1)					
Schlegelia cauliflora	X	–	–	–	X
Simaroubaceae (2)					
Simaba polyphylla cf.	–	X	X	–	X
Simarouba amara	X	–	X	–	X
Siparunaceae (4)					
Siparuna (4 spp.)	X	–	X	2359/2417/2769/2909	–
Smilacaceae (1)					
Smilax (1 sp.)	–	–	X	–	X
Solanaceae (16)					
Capsicum (1 sp.)	–	–	X	–	X
Cestrum megalophyllum	–	–	X	–	X
Cestrum (1 sp.)	–	–	X	2708	–
Cyphomandra (Solanum) (1 sp.)	–	–	X	–	X
Juanulloa (1 sp.)	–	–	X	–	X
Lycianthes (2 spp.)	–	–	X	2833/2856	–
Solanum leptopodum	X	–	X	2469	–
Solanum monarchostemon	–	–	X	2837	–
Solanum pedemontanum	–	–	X	–	X
Solanum sessile	X	–	X	–	X
Solanum (4 spp.)	–	–	X	2700/2809/2878/2723	–
Solanum barbeyanum	–	–	X	2847	–
Staphyleaceae (2)					
Huertea glandulosa	–	–	X	–	X
Turpinia occidentalis	–	–	X	–	X
Sterculiaceae (8)					
Herrania (1 sp.)	–	–	X	–	X
Sterculia apeibophylla	X	–	–	–	X
Sterculia apetala	X	–	X	–	X
Sterculia frondosa	X	–	–	–	X
Sterculia (1 sp.)	X	–	–	–	X
Theobroma cacao	–	–	X	–	X
Theobroma speciosum	X	–	–	–	X
Theobroma subincana	X	X	X	–	X
Strelitziaceae (1)					
Phenakospermum guyannense	X	X	–	–	X
Taccaceae (1)					
Tacca parkeri	–	–	X	2497	–

PLANTAS VASCULARES / VASCULAR PLANTS

Nombre científico/ Scientific Name	Presencia/Presence			Record	
	Alto Mazan	Alto Nanay	Panguana	Colección/Collection	Observación/ Observation
Theophrastaceae (1)					
Clavija (1 sp.)	–	–	X	2790	–
Tiliaceae (2)					
Apeiba membranacea	X	–	X	–	X
Lueheopsis althaeiflora cf.	X	–	–	–	X
Ulmaceae (4)					
Ampelocera edentula	–	–	X	–	X
Celtis iguanea	–	–	X	–	X
Celtis schippii	–	–	X	–	X
Trema micrantha	–	–	X	–	X
Urticaceae (3)					
Pilea (2 spp.)	X	–	X	–	X
Urera baccifera	–	–	X	–	X
Verbenaceae (3)					
Aegiphila cordifolia cf.	X	X	X	2643A/2547/2548/2854	–
Aegiphila haughtii cf.	–	–	X	–	X
Aegiphila (1 sp.)	–	–	X	2772	–
Violaceae (10)					
Gloeospermum ecuatoriense	–	X	X	–	X
Gloeospermum (2 spp.)	–	X	X	2582/2747/2810	–
Leonia glycycarpa	X	–	X	2387	–
Rinorea guianensis	–	–	X	–	X
Rinorea lindeniana	X	–	X	2345/2903	–
Rinorea racemosa	–	X	–	–	X
Rinorea viridifolia	X	X	X	–	X
Rinorea (2 spp.)	X	–	X	2305/2719	–
Vitaceae (1)					
Cissus (1 sp.)	–	–	X	2855	–
Vochysiaceae (8)					
Erisma bicolor cf.	–	X	X	–	X
Erisma laurifolium	X	X	–	–	X
Qualea paraensis	–	X	–	–	X
Qualea trichanthera	X	X	X	–	X
Qualea (1 sp.)	–	X	–	2640A	–

LEYENDA/ LEGEND

Colección/Collection:
Numero de coleccíon de N. Dávila/
Collection number of N. Dávila

Observación/Observation:
Observaciones sin especimenes por
N. Dávila o R. Foster/Unvouchered
observations by N. Dávila or R. Foster

PLANTAS VASCULARES / VASCULAR PLANTS					
Nombre científico/ Scientific Name	**Presencia/Presence**			**Record**	
	Alto Mazan	Alto Nanay	Panguana	Colección/Collection	Observación/ Observation
Vochysia vismiifolia	–	–	–	–	X
Vochysia (2 spp.)	–	X	X	2556/2934	–
Zamiaceae (1)					
Zamia (1 sp.)	–	X	X	2557/2637	–
Zingiberaceae (2)					
Renealmia thyrsoidea	X	–	–	2374/2416	–
Renealmia (1 sp.)	–	–	X	2758	–
Family unidentified (4)					
4 unknown genera	X	X	X	2485/2559/2575/2924	–
PTERIDOPHYTA (97)					
Adiantum latifolium cf.	X	X	X	–	X
Adiantum (5 spp.)	X	X	–	2411/2472/2521/2593/2608	–
Asplenium hallii	X	X	X	–	X
Asplenium radicans	–	–	X	2927	–
Asplenium serratifolium s.l.	X	–	X	–	X
Asplenium (4 spp.)	X	X	X	2412/2394/2563/2800	–
Bolbitis lindigii	X	–	–	–	X
Bolbitis (1 sp.)	–	X	–	2670	–
Campyloneurum (2 spp.)	–	–	X	2906/2845	–
Cyathea lasiosorus	X	X	X	–	X
Cyathea (2 spp.)	X	X	–	2480/2661	–
Danaea nodosa	–	–	X	–	X
Dicranoglossum (1 sp.)	–	X	–	2523	–
Diplazium pinnatifidum	–	–	X	–	X
Diplazium (1 sp.)	–	–	X	–	X
Elaphoglossum (4 spp.)	–	X	X	2554/2753/2844/2907	–
Hemidictyum marginatum	–	–	X	–	X
Hymenophyllum (1 sp.)	–	X	–	2587	–
Lindsaea lancea var. *falcata*	–	–	–	–	X
Lindsaea (3 spp.)	–	X	–	2546/2565/2568/2615	–
Lomariopsis japurensis cf.	X	X	X	–	X
Lygodium (1 sp.)	X	X	X	–	X
Metaxya rostrata	X	X	–	–	X
Microgramma baldwinii	–	–	X	–	X
Microgramma fuscopunctata	–	–	X	–	X
Microgramma megalophylla	X	–	–	–	X
Microgramma percussa	–	–	X	–	X
Microgramma reptans cf.	X	–	–	–	X

PLANTAS VASCULARES / VASCULAR PLANTS					
Nombre científico/ Scientific Name	**Presencia/Presence**			**Record**	
	Alto Mazan	Alto Nanay	Panguana	Colección/Collection	Observación/ Observation
Microgramma (7 spp.)	X	X	X	2341/2503/2513/2618/2836/ 2840/2931	–
Nephrolepis (1 sp.)	X	–	–	–	X
Polybotrya caudata	X	–	X	–	X
Polybotrya (1 sp.)	–	–	X	2709	–
Polypodium decumanum	X	X	X	2502	–
Polytaenium cajanense	X	–	–	–	X
Polytaenium (1 sp.)	X	–	–	2414	–
Pteris (2 spp.)	X	–	X	2795	X
Saccoloma inaequale	–	–	X	–	X
Saccoloma (1 sp.)	–	X	–	2594	–
Salpichlaena hookeriana	–	X	–	–	X
Salpichlaena volubilis	–	X	X	–	X
Schizaea elegans	–	X	–	2682	–
Selaginella exaltata	X	–	X	–	X
Selaginella quadrifaria	–	X	–	–	X
Selaginella (3 spp.)	X	X	–	2393/2586/2635	–
Tectaria draconoptera	–	–	X	2774	–
Tectaria incisa	X	–	–	–	X
Thelypteris macrophylla	X	–	–	–	X
Thelypteris opulenta	X	–	X	–	X
Thelypteris (1 sp.)	–	–	X	2783	–
Trichomanes ankersii cf.	–	–	–	–	X
Trichomanes bicorne	–	X	–	–	X
Trichomanes carolianum	–	–	X	–	X
Trichomanes crispum	–	X	–	–	X
Trichomanes diversifrons	–	–	X	–	X
Trichomanes elegans	X	X	–	–	X
Trichomanes hostmannianum	X	X	X	2409	–
Trichomanes pinnatum	–	X	–	–	X
Trichomanes (12 spp.)	X	X	X	2465/2657/2492/2504/2528/ 2592/2598/2616/2653/2655/ 2745/2883	–
6 géneros desconocidos/ unknown genera	X	X	X	2475/2580/2717/2786/2791/ 2926	–

LEYENDA/   **Colección/Collection:**   **Observación/Observation:**
LEGEND   Numero de coleccíon de N. Dávila/   Observaciones sin especimenes por
     Collection number of N. Dávila   N. Dávila o R. Foster/Unvouchered
     observations by N. Dávila or R. Foster

**Estaciones de
Muestreo de Peces/
Fish Sampling Stations**

Resúmen de las características de las estaciones de muestreo de peces durante el inventario biológico rápido en Cabeceras Nanay-Mazán-Arabela, Perú, entre 15 y 30 de agosto de 2006./Summary characteristics of the fish sampling stations during the rapid biological inventory from 15–30 August 2006 in Nanay-Mazán-Arabela Headwaters, Peru.

ESTACIONES DE MUESTREO DE PECES / FISH SAMPLING STATIONS			
	Alto Mazan	**Alto Nanay**	**Panguana**
Número de estaciones/ Number of stations	7	7	6
Fechas/Dates	15 al 20 agosto 2006/ 15–20 August 2006	22 al 24 agosto 2006/ 22–24 August 2006	27 al 30 agosto 2006/ 27–30 August 2006
Ambientes/Environments	dominancia de lenticos/ mostly lentic (4)	dominancia de loticos/ mostly lotic (5)	todos lóticos/ all lotic
Agua/Water	aguas negras y blancas/ black and whitewater (6)	dominancia de aguas claras/ mostly clearwater (6)	dominancia de aguas claras/ mostly clearwater (4)
Ancho/Width (m)	2–30	2–30	2–9
Superficie total de muestreo/ Total surface area sampled (m²)	~4500	~4500	~2000
Profundidad/Depth (m)	0–2	0–1.5	0–2
Corriente/Current	lenta a moderada/ slow to moderate	muy lenta a moderada/ very slow to moderate	lenta a fuerte/ slow to strong
Color	marron, verdoso a té claro/ brown, light green and light black	azul verdoso y té claro/ blue-green and light black	marron a verde lechoso/ brown and milky green
Transparencia/Transparency (cm)	0–100	50–100	0–100
Substrato/Substrate	arena y fango/ sand and mud	arena y fango duro/ sand and hard mud	arena, grava y fango/ sand, gravel, and mud
Orilla/Bank	estrecha a amplia/ narrow to wide	estrecha a amplia/ narrow to wide	estrecha/narrow
Vegetación/Vegetation	bosque primario, aguajal/ primary forest, Mauritia palm swamp	bosque primario/primary forest	bosque primario/primary forest

Peces/Fishes

Ictiofauna registrada en tres sitios durante el inventario biológico rápido en Cabeceras Nanay-Mazán-Arabela, Perú, entre 15 y 30 de agosto 2006. La lista es basada en el trabajo de campo de M. Hidalgo y P. Willink.

PECES / FISHES

Nombre científico/Scientific name	Nombre común/ Common name	Abundancia/Abundance		
		Alto Mazan	Alto Nanay	Panguana
MYLIOBATIFORMES (2)				
Potamotrygonidae (2)				
001 *Potamotrygon* sp.	raya amazonica	–	1	–
002 *Potamotrygon orbignyi*	raya amazonica	–	–	2
TLUPEIFORMES (1)				
Engraulididae (1)				
003 *Anchoviella alleni*	anchoveta/mojarita	296	–	–
CHARACIFORMES (92)				
Acestrorhynchidae (1)				
004 *Acestrorhynchus* sp.	pejezorro	1	1	–
Anostomidae (3)				
005 *Leporinus friderici*	lisa	–	–	2
006 *Leporinus* sp. A	lisa	–	3	–
007 *Leporinus* sp. B	lisa	–	1	–
Characidae (61)				
008 *Acestrocephalus boehlkei*	denton	1	–	–
009 *Argopleura* sp.	mojarita	–	17	–
010 *Astyanacinus multidens*	mojarita	–	–	2
011 *Astyanax bimaculatus*	mojara	–	–	7
012 *Astyanax maximus*	mojara	–	–	3
013 *Astyanax* sp.	mojara	–	–	59
014 *Boehlkea fredcochui*	mojarita/tetra azul	–	–	30
015 *Brachychalcinus nummus*	mojarita	3	–	3
016 *Brycon melanopterus*	sabalo cola negra	–	1	–
017 *Bryconops melanurus*	mojarita	13	19	–
018 *Charax tectifer*	denton	1	–	–
019 *Charax* sp.	denton	1	4	10
020 *Cheirodontinae* sp. 1	mojarita	8	–	3
021 *Cheirodontinae* sp. 2	mojarita	1	–	–
022 *Chrysobrycon* sp.	mojarita	6	20	28
023 *Creagrutus* cf. *pila*	mojarita	–	84	–
024 *Creagrutus* sp. 1	mojarita	86	–	–
025 *Creagrutus* sp. 2	mojarita	–	3	–
026 *Creagrutus* sp. 3	mojarita	–	–	1
027 *Creagrutus* sp. 4	mojarita	–	–	29
028 *Gymnocorymbus thayeri*	mojarita	6	–	–
029 *Hemibrycon* sp. 1	mojarita	–	–	3
030 *Hemibrycon* sp. 2	mojarita	–	–	13
031 *Hemigrammus* aff. *bulletti*	mojarita	10	–	–

Fishes recorded at three sites during the rapid biological inventory from 15-30 August 2006 in Nanay-Mazán-Arabela Headwaters, Peru. The list is based on field work by M. Hidalgo and P. Willink.

	Tipo de registro/ Type of record	Probables nuevos registros y/o especies/ Potential new species or new records	Uso actual o potencial/Current or potential uses	Hábitat/Habitat
001	obs	–	o/s	Qc
002	obs	–	o/s	Qb, Qc
003	col	–	n	Rb
004	col	–	s	Pn, Qc
005	col	–	s/c	Qb
006	col	–	s/c	Qc
007	obs	–	s/c	Qc
008	col	–	n	Rb
009	col	X	n	Qc
010	col	–	n	Qc
011	col	–	s	Qb, Qc
012	col	–	s	Qb, Qc
013	col	–	n	Qb, Qc
014	col	–	o	Qb
015	col	–	o	Rb, Pb, Qb, Qc
016	obs	–	s/c	Qc
017	col	–	n	Qb, Pb, Qc
018	col	–	s	Qb
019	col	–	n	Pb, Qc, Qb
020	col	X	n	Rb, Pb, Qb, Qc
021	col	X	n	Rb
022	col	–	n	Qn, Rb, Qb, Qc
023	col	–	n	Qc
024	col	–	n	Rb
025	col	–	n	Qc
026	col	–	n	Qb
027	col	–	n	Qb, Qc
028	col	–	o	Pn, Pb
029	col	–	n	Qb, Qc
030	col	–	n	Qb
031	col	–	n	Pn

PECES / FISHES				
Nombre científico/Scientific name	Nombre común/ Common name	Abundancia/Abundance		
		Alto Mazan	Alto Nanay	Panguana
032 Hemigrammus ocellifer	mojarita	23	47	–
033 Hemigrammus aff. ocellifer A	mojarita	11	–	–
034 Hemigrammus aff. ocellifer B	mojarita	11	–	–
035 Hemigrammus pulcher	mojarita	19	41	–
036 Hemigrammus unilineatus	mojarita	31	52	–
037 Hemigrammus sp. 1	mojarita	22	26	–
038 Hemigrammus sp. 2	mojarita	25	63	–
039 Hemigrammus sp. 3	mojarita	–	–	3
040 Hemigrammus sp. 4	mojarita	–	–	1
041 Hyphessobrycon bentosi A	mojarita	153	139	–
042 Hyphessobrycon bentosi B	mojarita	167	–	–
043 Hyphessobrycon loretoensis	mojarita	–	32	–
044 Hyphessobrycon aff. loretoensis	mojarita	62	19	–
045 Hyphessobrycon sp. 1	mojarita	28	–	–
046 Hyphessobrycon sp. 2	mojarita	–	11	1
047 Iguanodectes spilurus	mojarita	1	2	–
048 Jupiaba zonata	mojarita	9	156	–
049 Jupiaba sp. 1	mojarita	–	6	–
050 Jupiaba sp. 2	mojarita	–	–	3
051 Knodus sp.	mojarita	293	262	334
052 Moenkhausia cf. chrysargyrea	mojarita	2	–	–
053 Moenkhausia collettii A	mojarita	77	1	–
054 Moenkhausia collettii B	mojarita	2	–	–
055 Moenkhausia comma	mojarita	4	1	1
056 Moenkhausia cf. cotinho	mojarita	1	630	–
057 Moenkhausia dichroura	mojarita	78	26	60
058 Moenkhausia aff. dichroura	mojarita	2	–	5
059 Moenkhausia lepidura	mojarita	1	1	–
060 Moenkhausia cf. melogramma	mojarita	–	3	–
061 Moenkhausia oligolepis	mojarita	5	2	10
062 Moenkhausia sp.	mojarita	–	–	3
063 Myleus sp.	palometa	2	–	1
064 Paragoniates alburnus	mojarita	2	–	4
065 Phenacogaster sp.	mojarita	124	9	7
066 Serrasalmus rhombeus	paña blanca	–	1	–
067 Serrasalmus sp.	paña	–	1	1
068 Tyttocharax sp.	mojarita	48	49	27
069 Characidae sp. 1	mojarita	2	–	–
070 Characidae sp. 2	mojarita	–	6	–

	Tipo de registro/ Type of record	Probables nuevos registros y/o especies/ Potential new species or new records	Uso actual o potencial/Current or potential uses	Hábitat/Habitat
032	col	–	o	Ln, Pb, Qc, Pc
033	col	–	n	Qn
034	col	–	n	Rb, Pb
035	col	–	o	Ln, Pn, Pb, Qc, Pc
036	col	–	o	Pn, Qc, Pc
037	col	–	n	Qn, Pn, Qc, Pc
038	col	–	n	Qn, Rb, Pn, Pb, Qc
039	col	–	n	Qb, Qc
040	col	–	n	Qc
041	col	–	o	Rb, Pn, Pb, Qc, Pc
042	col	–	o	Rb, Pb
043	col	–	o	Qc
044	col	–	o	Qn, Qc
045	col	–	n	Pn
046	col	–	n	Pn, Qc, Qb
047	col	–	n	Ln, Pc
048	col	–	n	Rb, Pb, Qc, Pc
049	col	–	n	Qc, Pc
050	col	–	n	Qc
051	col	–	n	Qn, Rb, Pb, Qc, Pc, Qb
052	col	–	n	Rb
053	col	–	n	Ln, Rb, Pn, Pb, Pc
054	col	–	n	Qn
055	col	–	n	Qn, Pn, Pb, Qc, Qb
056	col	–	n	Pb, Qc, Pb
057	col	–	n	Rb, Pb, Qc, Pc, Qb
058	col	–	n	Rb, Qb
059	col	–	n	Qc, Ln
060	col	–	n	Pc
061	col	–	o	Rb, Pn, Pb, Qc, Pc, Qb
062	col	–	n	Qc
063	col	–	o/s/c	Rb, Qc
064	col	–	s	Rb, Qb
065	col	–	n	Rb, Pb, Qc, Pc, Qb
066	obs	–	s	Qc
067	obs	–	s	Qc
068	col	–	n	Qn, Rb, Qc, Pn, Qb
069	col	–	n	Pb
070	col	X	n	Pn, Qc

PECES / FISHES				
Nombre científico/Scientific name	**Nombre común/ Common name**	**Abundancia/Abundance**		
		Alto Mazan	Alto Nanay	Panguana
Crenuchidae (9)				
071 *Characidium* cf. *zebra*	mojarita	8	2	2
072 *Characidium* sp. 1	mojarita	3	1	–
073 *Characidium* sp. 2	mojarita	3	1	–
074 *Characidium* sp. 3	mojarita	–	1	12
075 *Crenuchus spilurus*	mojarita	3	1	–
076 *Elacocharax pulcher*	mojarita	2	3	–
077 *Melanocharacidium* sp.	mojarita	–	1	7
078 *Microcharacidium* sp. 1	mojarita	5	–	–
079 *Microcharacidium* sp. 2	mojarita	1	–	–
Ctenoluciidae (1)				
080 *Boulengerella* sp.	picudo	1	–	–
Curimatidae (7)				
081 *Curimatella* sp.	chiochio	–	142	–
082 *Curimatopsis macrolepis*	chiochio	6	–	–
083 *Cyphocharax pantostictos*	chiochio	1	1	–
084 *Steindachnerina* aff. *guentheri*	chiochio	–	–	1
085 *Steindachnerina* sp. 1	chiochio	3	–	–
086 *Steindachnerina* sp. 2	chiochio	–	4	–
087 *Steindachnerina* sp. 3	chiochio	7	46	–
Erythrinidae (2)				
088 *Erythrinus erythrinus*	shuyo	–	–	1
089 *Hoplias malabaricus*	huasaco	3	4	5
Gasteropelecidae (3)				
090 *Carnegiella myersii*	mañana me voy/pechito	75	–	–
091 *Carnegiella strigata*	mañana me voy/pechito	9	11	–
092 *Gasteropelecus sternicla*	mañana me voy/pechito	–	–	7
Hemiodontidae (1)				
093 *Hemiodus* sp.	julilla	8	–	–
Lebiasinidae (2)				
094 *Nannostomus* sp.	pez lapiz	–	1	–
095 *Pyrrhulina brevis*	urquisho	13	5	–
GYMNOTIFORMES (5)				
Gymnotidae (1)				
096 *Gymnotus* cf. *javari*	macana	2	–	1
Hypopomidae (2)				
097 *Brachyhypopomus* sp.	macana	4	1	–
098 *Steatogenys elegans*	macana	1	–	–

	Tipo de registro/ Type of record	Probables nuevos registros y/o especies/ Potential new species or new records	Uso actual o potencial/Current or potential uses	Hábitat/Habitat
071	col	–	n	Rb, Qc
072	col	X	n	Qn, Rb, Qc
073	col	X	n	Rb, Qc
074	col	–	n	Qc, Qb
075	col	–	o	Pn
076	col	–	n	Qn, Qc
077	col	–	n	Qc, Qb
078	col	X	n	Rb
079	col	X	n	Pb
080	col	–	s/c	Ln
081	col	–	s	Qc
082	col	–	s	Pn
083	col	–	s	Pn, Qc
084	col	–	s	Qc
085	col	–	s	Rb
086	col	–	s	Pc
087	col	–	s	Pn, Pb, Qc, Pc
088	col	–	s	Qb
089	col	–	s/c	Rb, Ac, Qc
090	col	–	o	Rb, Pb
091	col	–	o	Ln, Qn, Pn, Pc
092	col	–	o	Qc
093	col	–	s	Ln
094	col	X	o	Qc
095	col	–	o	Qn, Ac, Pc, Qc
096	col	–	n	Qc, Rb
097	col	–	n	Pn, Qc
098	col	–	n	Qn

PECES / FISHES				
Nombre científico/Scientific name	**Nombre común/ Common name**	**Abundancia/Abundance**		
		Alto Mazan	Alto Nanay	Panguana
Rhamphichthyidae (1)				
099 *Gymnorhamphichthys hypostomus*	macana	2	2	–
Sternopygidae (1)				
100 *Sternopygus macrurus*	macana	2	–	2
SILURIFORMES (36)				
Aspredinidae (3)				
101 *Bunocephalus* sp. 1	sapo cunchi	6	–	–
102 *Bunocephalus* sp. 2	sapo cunchi	–	1	–
103 *Bunocephalus* sp. 3	sapo cunchi	–	1	–
Callichthyidae (3)				
104 *Corydoras loretoensis*	shirui	33	–	–
105 *Corydoras pastazensis*	shirui	2	–	–
106 *Corydoras* cf. *sychri*	shirui	–	23	–
107 *Corydoras* sp.	shirui	–	–	4
108 *Megalechis personata*	shirui	1	–	–
Cetopsidae (1)				
109 *Denticetopsis seducta*	canero	–	–	2
Doradidae (1)				
110 *Leptodoras* sp.	pirillo	2	–	–
Heptapteridae (5)				
111 *Cetopsorhamdia* sp.	bagrecito	–	2	–
112 *Myoglanis koepckei*	bagrecito	–	1	–
113 *Pariolius armillatus*	bagrecito	–	3	–
114 *Pimelodella* sp. 1	cunchi	10	–	–
115 *Pimelodella* sp. 2	cunchi	–	1	–
116 *Pseudocetopsophamdia* sp.	bagrecito	–	–	7
Loricariidae (15)				
117 *Ancistrus* sp.	carachama	–	12	37
118 *Farlowella* sp.	carachama	5	1	1
119 *Hypoptopoma* sp.	carachama	1	–	–
120 *Hypostomus oculeus*	carachama	–	–	1
121 *Hypostomus* sp. 1	carachama	–	1	2
122 *Hypostomus* sp. 2	carachama	1	–	–
123 *Hypostomus* sp. 3	carachama	1	–	–
124 *Limatulichthys griseus*	carachama	28	9	1
125 *Loricaria* sp. 1	carachama	1	–	2
126 *Loricaria* sp. 2	carachama	–	1	–
127 *Otocinclus macrospilus*	carachama	–	5	–
128 *Otocinclus* sp.	carachama	1	–	15

LEYENDA/LEGEND

Tipo de registro/Type of record

col = colectado/collected

obs = obervado/observed

**Uso actual o potencial/
Current or potential uses**

c = Consumo comercial/
    Commercial consumption

n = No conocido/Unknown

o = Ornamental

s = Consumo de subsistencia/
    Subsistence consumption

Hábitat/Habitat

A = Aguajal/*Mauritia* palm swamp

L = Cocha o laguna/
    Oxbow lake or lagoon

P = Poza temporal en el bosque/
    Temporary forest pool

Q = Quebrada/Stream

R = Río/River

b = Agua blanca/Whitewater

c = Agua clara/Clearwater

n = Agua negra/Blackwater

	Tipo de registro/ Type of record	Probables nuevos registros y/o especies/ Potential new species or new records	Uso actual o potencial/Current or potential uses	Hábitat/Habitat
099	col	–	n	Qn, Rb, Qc
100	col	–	n	Qn, Rb, Qc, Qb
101	col	–	n	Rb
102	col	X	n	Qc
103	col	–	n	Qc
104	col	–	o	Rb
105	col	–	o	Rb
106	col	–	o	Qc
107	col	–	o	Qb, Qc
108	col	–	n	–
109	col	–	n	Qc
110	col	–	s	Rb
111	col	X	n	Qc
112	col	–	n	Qc
113	col	–	n	Qc
114	col	–	s	Rb
115	col	–	s	Qc
116	col	X	n	Qb, Qc
117	col	–	o	Qc, Qb
118	col	–	o	Rb, Qc
119	col	–	n	Pb
120	col	–	o/s	Qc
121	col	–	n	Qc
122	col	–	n	Rb
123	col	–	n	Pb
124	col	–	n	Rb, Qc, Qb
125	col	–	n	Rb, Qc, Qb
126	col	–	n	Qc
127	col	–	o	Qc
128	col	–	o	Qn, Qb, Qc

PECES / FISHES				
Nombre científico/Scientific name	Nombre común/ Common name	Abundancia/Abundance		
		Alto Mazan	Alto Nanay	Panguana
129 *Rineloricaria morrowi*	carachama	10	1	–
130 *Rineloricaria* sp.	carachama	–	–	2
131 *Sturisoma nigrirostrum*	carachama	7	–	–
Pimelodidae (2)				
132 *Megalonema* sp.	cunchi	–	1	–
133 *Pimelodus ornatus*	cunchi	–	–	1
Pseudopimelodidae (1)				
134 *Microglanis* sp.	bagrecito	1	–	–
Trichomycteridae (2)				
135 *Henonemus* cf. *punctatus*	canero	1	–	–
136 *Ochmacanthus* sp.	canero	17	5	–
BATRACHOIDIFORMES (1)				
Batrachoididae (1)				
137 *Thalassophryne amazonica*	peje sapo	8	–	–
BELONIFORMES (2)				
Belonidae (2)				
138 *Potamorrhaphis eigenmanni*	pez aguja	2	1	1
139 *Pseudotylosurus angusticeps*	pez aguja	–	–	1
CYPRINODONTIFORMES (2)				
Rivulidae (2)				
140 *Rivulus* sp. 1	–	1	–	–
141 *Rivulus* sp. 2	–	–	–	1
PERCIFORMES (0)				
Cichlidae (12)				
142 *Aequidens tetramerus*	bujurqui	6	6	–
143 Apistogramma sp. 1	bujurqui	4	1	1
144 *Apistogramma* sp. 2	bujurqui	–	1	–
145 *Bujurquina* sp. 1	bujurqui	17	41	–
146 *Bujurquina* sp. 2	bujurqui	–	–	35
147 *Chaetobranchopsis* sp.	bujurqui	–	1	–
148 *Chaetobranchus* sp.	bujurqui	2	–	–
149 *Crenicara punctulatum*	bujurqui	–	2	–
150 *Crenicichla anthurus*	añashua	1	–	7
151 *Crenicichla* sp.	añashua	–	3	–
152 *Hypselecara temporalis*	bujurqui	3	–	–
153 *Satanoperca jurupari*	bujurqui	2	16	–
Polycentridae (1)				
154 *Monocirrhus polyacanthus*	pez hoja	1	–	–
Numero total de especies/Total number of species		**91**	**78**	**57**
Numero total de individuos/Total number of individuals		**1974**	**2107**	**815**

	Tipo de registro/ Type of record	Probables nuevos registros y/o especies/ Potential new species or new records	Uso actual o potencial/Current or potential uses	Hábitat/Habitat
129	col	–	n	Rb, Qc
130	col	–	n	Qc
131	col	–	n	Rb
132	col	–	s	Qc
133	col	–	o/s	Qb
134	col	–	n	Rb
135	col	–	n	Rb
136	col	–	n	Rb, Qc
137	col	–	n	Rb
138	col	–	n	Qn, Pc, Qb
139	col	–	n	Qb
140	col	–	o	Qn
141	col	–	o	Qc
142	col	–	o/s	Ac, Pn, Qc
143	col	–	o	Qn, Pn, Pc, Qc
144	col	–	o	Qc
145	col	–	s	Qn, Rb, Pb, Qc, Pc
146	col	X	s	Qb, Qc
147	col	–	s	Pc
148	col	–	s	Pn, Pb
149	col	–	n	Qc
150	col	–	o/s	Pb, Qb, Qc
151	col	–	o/s	Qc, Pc
152	col	–	o/s	Rb, Pb
153	col	–	s	Rb, Qc
154	col	–	o	Pn

LEYENDA/LEGEND

Tipo de registro/Type of record

col = colectado/collected

obs = obervado/observed

Uso actual o potencial/ Current or potential uses

c = Consumo comercial/ Commercial consumption

n = No conocido/Unknown

o = Ornamental

s = Consumo de subsistencia/ Subsistence consumption

Hábitat/Habitat

A = Aguajal/*Mauritia* palm swamp

L = Cocha o laguna/ Oxbow lake or lagoon

P = Poza temporal en el bosque/ Temporary forest pool

Q = Quebrada/Stream

R = Río/River

b = Agua blanca/Whitewater

c = Agua clara/Clearwater

n = Agua negra/Blackwater

Peces en el Inventario Social/Fishes in the Social Inventory

Peces reconocidos por gente local como especies presentes en los ríos Arabela y Curaray. La lista es basada en entrevistas hechas por A. Nogues y A. Wali, y los nombres científicos fueron revisados por M. Hidalgo.

PECES EN EL INVENTARIO SOCIAL / FISHES IN THE SOCIAL INVENTORY		
Nombre científico/ Scientific name	Nombre Arabela/ Arabela Name	Nombre Comun/ Common Name
MYLIOBATIFORMES (2)		
Potamotrygonidae (2)		
Potamotrygon orbignyi	Susajunomatu	raya amazonica
Potamotrygon motoro	Tioru	raya amazonica
OSTEOGLOSSIFORMES (2)		
Osteoglossidae (1)		
Osteoglossum bicirrhosum	–	arahuana
Arapaimatidae (1)		
Arapaima gigas	–	paiche
CHARACIFORMES (31)		
Acestrorhynchidae (1)		
Acestrorhynchus sp.	Siquiame	sorochat
Anostomidae (3)		
Leporinus friderici	Gejenmanu	aguaje lisa
Leporinus pearsoni	–	lisa de cocha
Schizodon fasciatus	–	lisa
Characidae (16)		
Aphyocharax alburnus	–	san pedro / mojarra
Astyanax bimaculatus	Cunameecacaa / Shiotu	mojarra de quebrada
Brachychalchinus nummus	Cashiri	mojarra
Chalceus erythrurus	–	mojarra /paiche chajua
Colossoma macropomum	–	gamitana
Ctenobrycon sp.	Casocca	mojarra
Moenkhausia dichroura	–	mojarra
Myleus rubripinnis	–	curuhuara
Mylossoma sp.	–	palometa
Piaractus brachypomus	Rimia	paco
Pygocentrus nattereri	–	paña (piraña)
Roeboides sp.	Suoccoma	denton
Serrasalmus rhombeus	–	paña (piraña)
Serrasalmus spilopleura	–	paña (piraña)
Tetragonopterus argenteus	–	mojarra
Triportheus angulatus	–	sardina
Ctenoluciidae (1)		
Boulengerella sp.	–	timuco
Curimatidae (4)		
Curimatella meyeri	–	saracunchi / llambina
Potamorhina altamazonica	–	llambina
Psectrogaster rutiloides	–	ractacara
Steindachnerina bimaculata	–	peruanito/ ululla / llambina

Apéndice/Appendix 3C

Peces en el Inventario
Social/Fishes in the
Social Inventory

Fishes recognized by local people as present in the Arabela and Curaray rivers. The list is based on interviews conducted by A. Nogues and A. Wali, and the scientific names were reviewed by M. Hidalgo.

PECES EN EL INVENTARIO SOCIAL / FISHES IN THE SOCIAL INVENTORY		
Nombre científico/ Scientific name	Nombre Arabela/ Arabela Name	Nombre Comun/ Common Name
Cynodontidae (2)		
Cynodon gibbus	–	denton / huapeta
Rhaphiodon vulpinus	–	chambira
Erythrinidae (1)		
Hoplias malabaricus	Pashirocua	huasaco
Hemiodontidae (1)		
Anodus elongatus	–	julilla
Prochilodontidae (2)		
Prochilodus nigricans	–	bocachico
Semaprochilodus insignis	–	yaraqui
GYMNOTIFORMES (1)		
Gymnotidae (1)		
Electrophorus electricus	–	anguila electrica
SILURIFORMES (19)		
Auchenipteridae (1)		
Ageneiosus sp.	–	bocon
Callichthyidae (1)		
Corydoras sp.	Narashi	shirui
Doradidae (1)		
Oxydoras niger	–	turushuki
Heptapteridae (1)		
Pimelodella sp.	Requinu	bagre
Loricariidae (5)		
Ancistrus sp.	Meesartu	carachama
Hypoptopoma sp.	–	carachama
Liposarcus pardalis	Meesofo	carachama
Loricariichthys sp.	–	carachama
Squaliforma emarginata	–	carachama
Pimelodidae (10)		
Brachyplatystoma filamentosum	–	salton
Brachyplatystoma rousseauxii	–	dorado
Hypophthalmus sp.	–	maparate
Leiarus sp.	–	achara
Phractocephalus hemioliopterus	–	torrezungaro
Pimelodus blochii	Cotirijiaca	bagre
Pimelodus maculatus	Noou	montaruro / bagre
Pseudoplatystoma fasciatum	–	doncella
Pseudoplatystoma tirginum	–	tigre zungaro
Zungaro zungaro	–	cunchimama / zungaro

Apéndice/Appendix 3C

**Peces en el Inventario
Social/Fishes in the
Social Inventory**

PECES EN EL INVENTARIO SOCIAL / FISHES IN THE SOCIAL INVENTORY		
Nombre científico/ Scientific name	**Nombre Arabela/ Arabela Name**	**Nombre Comun/ Common Name**
SYNBRANCHIFORMES (1)		
Synbranchidae (1)		
Synbranchus marmoratus	–	atinga
PERCIFORMES (5)		
Scianidae (1)		
Plagioscion squamosissimus	–	corvina
Cichlidae (4)		
Aequidens tetramerus	Morcuotoo	urqqui
Astronotus ocellatus	–	acarahuasu
Cichla monoculus	–	tucunare
Crenicichla sp.	Shuquruquia	añashua
TETRAODONTIFORMES (1)		
Tetraodontidae (1)		
Colomesus asellus	–	pez globo
Numero total de especies/Total number of species = 62		

**Anfibios y Reptiles/
Amphibians and Reptiles**

Anfibios y reptiles observados en tres sitios durante el inventario biológico rápido en Cabeceras Nanay-Mazán-Arabela, Perú, entre 15 y 30 de agosto de 2006. La lista está basada en el trabajo de campo de M. Bustamante y A. Catenazzi.

AMPHIBIOS Y REPTILES / AMPHIBIANS AND REPTILES					
Nombre científico/Scientific name	**Presencia/Presence**			**Abundancia/ Abundance**	
	Alto Mazan	Alto Nanay	Panguana		
AMPHIBIA (54)					
CAUDATA (1)					
Plethodontidae (1)					
1 *Bolitoglossa peruviana*	–	–	X	H	
ANURA (53)					
Brachycephalidae (18)					
2 *Eleutherodactylus altamazonicus*	–	–	X	L	
3 *Eleutherodactylus carvalhoi*	X	–	–	M	
4 *Eleutherodactylus conspicillatus*	–	X	X	M	
5 *Eleutherodactylus delius*	–	X	–	L	
6 *Eleutherodactylus lanthanites*	–	–	X	L	
7 *Eleutherodactylus luscombei*	–	–	X	L	
8 *Eleutherodactylus martiae*	–	X	–	L	
9 *Eleutherodactylus nigovittatus*	–	X	–	L	
10 *Eleutherodactylus ockendeni*	–	–	X	VH	
11 *Eleutherodactylus peruvianus*	–	X	X	M	
12 *Elutherodactylus sulcatus*	–	X	–	L	
13 *Eleutherodactylus variabilis*	–	X	–	L	
14 *Eleutherodactylus* sp. 1	–	X	–	L	
15 *Eleutherodactylus* sp. 2	–	–	X	L	
16 *Eleutherodactylus* sp. 3	–	–	X	L	
17 *Eleutherodactylus* sp. 4	–	–	X	M	
18 *Eleutherodactylus* sp. 5	–	–	X	L	
19 *Oreobates [Ischnocnema] quixensis*	–	X	X	H	
Bufonidae (6)					
20 *Atelopus* cf. *pulcher*	–	X	–	M	
21 *Chaunus [Bufo] marinus*	–	–	X	L	
22 *Rhaebo [Bufo] glaberrimus*	–	X	–	L	
23 *Dendrophryniscus minutus*	X	–	–	L	
24 *Rhinella [Bufo] ceratophrys*	X	–	–	L	
25 *Rhinella [Bufo] margaritifer complex*	X	X	X	VH	
Centrolenidae (1)					
26 *Cochranella midas*	X	X	–	H	
Dendrobatidae (3)					
27 *Allobates [Epipedobates] femoralis*	–	–	X	H	
28 *Allobates [Colostethus] trilineatus*	X	X	X	VH	
29 *Dendrobates ventrimaculatus*	X	–	–	L	

Amphibians and reptiles observed at three sites during the rapid biological inventory from 15-30 August 2006 in Nanay-Mazán-Arabela Headwaters, Peru. The list is based on fieldwork by M. Bustamante and A. Catenazzi.

	Microhábitats/ Microhabitats	Actividad/ Activity	Fuentes/ Sources	Voucher
1	LV	N	F, E	MZ056, MZ070
2	LV	N	F	–
3	LV	N	F, E	MZ028-31
4	LV	N	F, E	MZ039
5	LV	N	F, E	MZ006, MZ073
6	LV	N	F	–
7	LV	N	F, E	MZ067-068
8	LV	N	F, E	MZ053
9	T	D?	F, E	MZ050
10	LV	N	F	–
11	LV	N	F	–
12	T	D, N	F	–
13	LV	N	F, E	16688
14	LV	N	F, E	MZ057
15	LV	N	F, E	MZ040-41
16	LV	N	F, E	MZ054, MZ058?
17	LV	N	F, E	MZ060-61, MZ072
18	LV	N	F, E	MZ069
19	T	N	F	–
20	S	D	F, E	MZ042-046
21	T	N	O	–
22	T	D, N	F	–
23	T	N	F, E	16691
24	T	D, N	F, E	MZ012
25	T, LV	D, N	F, E	16693-96,16698-99,MZ002, MZ011,MZ013-14,MZ016-18, MZ051, MZ065
26	S	N	F, E	MZ004, MZ047
27	T	D	F	–
28	T	D	F, E	16687, 16690, 16697, 1700, MZ001, MZ008-10, MZ015
29	LV,Br	D	F, E	MZ007

AMPHIBIOS Y REPTILES / AMPHIBIANS AND REPTILES				
Nombre científico/Scientific name	**Presencia/Presence**			**Abundancia/ Abundance**
	Alto Mazan	Alto Nanay	Panguana	
Hylidae (18)				
30 *Dendropsophus leali*	X	–	–	L
31 *Dendropsophus marmoratus*	X	–	X	M
32 *Dendropsophus triangulum*	X	–	–	L
33 *Hypsiboas boans*	X	X	X	M
34 *Hypsiboas calcaratus*	X	X	X	H
35 *Hypsiboas geographicus*	X	X	X	VH
36 *Hypsiboas granosus*	X	–	–	H
37 *Hypsiboas lanciformis*	X	X	–	H
38 *Hypsiboas nympha*	–	–	X	L
39 *Osteocephalus cabrerai*	X	–	X	M
40 *Osteocephalus deridens*	X	X	X	VH
41 *Osteocephalus cf. fuscifacies*	X	–	–	M
42 *Osteocephalus taurinus*	–	X	–	L
43 *Osteocephalus planiceps*	–	X	–	L
44 *Phyllomedusa vaillanti*	–	X	–	M
45 *Scinax cruentommus*	X	X	–	L
46 *Trachycephalus resinifictrix*	X	–	X	L
47 *Trachycephalus venulosus*	–	–	X	L
Leptodactylidae (6)				
48 *Edalorhina perezi*	X	–	X	H
49 *Engystomops [Physalaemus] petersi*	X	X	X	H
50 *Leptodactylus [Adenomera] andreae*	X	X	–	M
51 *Leptodactylus [Vanzolinius] discodactylus*	X	X	X	H
52 *Leptodactylus pentadactylus*	X	X	X	H
53 *Leptodactylus wagneri complex*	–	–	X	L
Microhylidae (1)				
54 *Syncope tridactyla*	–	–	X	L
REPTILIA (39)				
CROCODYLIA (2)				
Alligatoridae (2)				
55 *Caiman crocodilus*	X	X	–	L
56 *Paleosuchus trigonatus*	X	–	X	M
TESTUDINES (2)				
Chelidae (1)				
57 *Platemys platycephala*	–	–	X	L
Testudinae (1)				
58 *Geochelone denticulata*	X	–	X	L
SQUAMATA (23)				
Gekkonidae (4)				
59 *Gonatodes concinnatus*	X	–	–	L

	Microhábitats/ Microhabitats	Actividad/ Activity	Fuentes/ Sources	Voucher
30	C	N	F, E	MZ023
31	A,R,S	N	F	–
32	LV	N	F, C	–
33	R	N	C	–
34	R,S	N	F	–
35	R, S	N	F, C	–
36	LV, S	N	F, C	–
37	R, S	N	F, C	–
38	LV	N	F, E	MZ059
39	A, S	N	F, E	MZ025
40	Br	N	F, E	16689, 16692, MZ033, MZ052
41	A	N	F, E	MZ019-020, MZ026-27
42	A	N	F	–
43	A	N	F, E	MZ038
44	A,R,S	N	F, R, C	–
45	LV	N	F	–
46	A	N	C	–
47	A	N	F	–
48	T	N	F	–
49	T	N	F, E	MZ003
50	T	D	F	–
51	T, C	D, N	F	–
52	T	D, N	F	–
53	T	N	F, E	MZ062
54	T, Br	N	F	–
55	R	D, N	O	–
56	S	D, N	O	–
57	C	D	O	–
58	T	D	O	–
59	T, LV	D	F	–

LEYENDA/LEGEND

Abundancia/Abundance

L = Baja/Low
M = Mediana/Medium
H = Alta/High
VH = Muy alta/Very high
X = Presente/Present

Microhábitats/Microhabitats

A = Arbóreo/Arboreal
LV = Vegetación baja/ Low vegetation
R = Ripario/Riparian
T = Terrestre/Terrestrial
S = Quebradas/Streams
C = Ciénagas y aguajal/ Ponds and Mauritia swamps
Br = Bromelias/Bromeliads

Actividad/Activity

D = Diurna/Diurnal
N = Nocturna/Nocturnal

Fuentes/Sources

C = Canto/Call
E = Espécimen/Specimen
F = Foto/Photo
O = Observación en el campo/ Field observation
R = Renacuajo/Tadpole

AMPHIBIOS Y REPTILES / AMPHIBIANS AND REPTILES				
Nombre científico/Scientific name	**Presencia/Presence**			**Abundancia/ Abundance**
	Alto Mazan	Alto Nanay	Panguana	
60 Gonatodes humeralis	X	–	X	M
61 Pseudogonatodes guianensis	–	–	X	L
62 Thecadactylus rapicauda	X	–	–	L
Gymnophtalmidae (7)				
63 Alopoglossus atriventris	–	X	–	L
64 Arthrosaura sp.	–	–	X	L
65 Leposoma parietale	X	–	X	M
66 Micrablepharis maximiliana	X	X	X	H
67 Potamites [Neusticurus] ecpleopus	–	X	X	H
68 Prionodactylus argulus	X	–	X	M
69 Prionodactylus oshaughnessyi	–	X	X	H
Hoplocercidae (2)				
70 Enyalioides laticeps	–	–	X	M
71 Iguana iguana	–	X	–	L
Polychrotidae (5)				
72 Anolis bombiceps	–	–	X	M
73 Anolis fuscoauratus	X	X	X	H
74 Anolis punctatus	–	X	–	L
75 Anolis trachyderma	X	–	X	H
76 Anolis transversalis	X	–	–	M
Scincidae (1)				
77 Mabuya nigropunctata	–	–	X	L
Teiidae (2)				
78 Ameiva ameiva	X	–	–	L
79 Kentropyx pelviceps	X	X	X	VH
Tropiduridae (2)				
80 Plica umbra	–	–	X	L
81 Uracentron flaviceps	–	–	X	L
SERPENTES (12)				
Boidae (2)				
82 Corallus hortolanus	–	X	X	L
83 Eunectes murinus	–	–	X	L
Colubridae (7)				
84 Dendrophidion dendrophis	–	X	–	L
85 Drepanoides anomalus	X	–	–	L
86 Imantodes cenchoa	X	X	X	H
87 Leptodeira annulata	–	–	X	M
88 Leptophis ahaetulla	X	–	–	L
89 Xenodon rhabdocephalus	X	–	X	L
90 Xenoxybelis argenteus	X	X	X	H

	Microhábitats/ Microhabitats	Actividad/ Activity	Fuentes/ Sources	Voucher
60	T, LV	D	F	–
61	T	D	F	–
62	LV, A	N	F	–
63	T	D	F	–
64	T	D	F, E	MZ064
65	T	D	F	–
66	T	D	F	–
67	S	D	F, E	MZ037, MZ063, MZ071
68	T	D	F, E	MZ005
69	T	D	F	–
70	LV, A	D	F	–
71	LV, A	D	O	–
72	T, LV	D	F, E	MZ066
73	T, LV	D	F, E	MZ021, MZ036
74	A	D	O	–
75	T, LV	D	F	–
76	LV, A	D	F, E	MZ022
77	T	D	O	–
78	T	D	O	–
79	T	D	F	–
80	A	D	F	–
81	A	D	O	–
82	LV, A	D, N	F	–
83	R, S	D, N	F	–
84	T	D	F	–
85	T, C	N	F	–
86	LV, A	N	F	–
87	LV, A	N	F	–
88	LV, A	N	F, E	MZ024
89	T	D, N	F	–
90	LV	D	F	–

LEYENDA/LEGEND

Abundancia/Abundance

L = Baja/Low
M = Mediana/Medium
H = Alta/High
VH = Muy alta/Very high
X = Presente/Present

Microhábitats/Microhabitats

A = Arbóreo/Arboreal
LV = Vegetación baja/ Low vegetation
R = Ripario/Riparian
T = Terrestre/Terrestrial
S = Quebradas/Streams
C = Ciénagas y aguajal/ Ponds and Mauritia swamps
Br = Bromelias/Bromeliads

Actividad/Activity

D = Diurna/Diurnal
N = Nocturna/Nocturnal

Fuentes/Sources

C = Canto/Call
E = Espécimen/Specimen
F = Foto/Photo
O = Observación en el campo/ Field observation
R = Renacuajo/Tadpole

AMPHIBIOS Y REPTILES / AMPHIBIANS AND REPTILES					
Nombre científico/Scientific name	**Presencia/Presence**			**Abundancia/ Abundance**	
	Alto Mazan	Alto Nanay	Panguana		
Elapidae (2)					
91 *Micrurus langsdorffi*	X	–	–	L	
92 *Micrurus lemniscatus*	–	–	X	L	
Viperidae (1)					
93 *Bothrops atrox*	X	–	–	L	
Numero total de especies/ Total number of species	**46**	**40**	**57**	**93**	

	Microhábitats/ Microhabitats	Actividad/ Activity	Fuentes/ Sources	Voucher
91	T	N?	F, E	MZ032
92	T, C	D, N	O	–
93	T	N	F	–

Aves/Birds

Aves observados en tres sitios durante el inventario biológico rápido en Cabeceras Nanay-Mazán-Arabela, Perú, entre 15 y 30 de agosto de 2006. La lista está basada en el trabajo de campo de J. Díaz Alván y D. Stotz.

AVES / BIRDS				
Nombre científico/Scientific name	**Abundancia en los sitios visitados/ Abundance in the sites visited**			**Hábitat/ Habitat**
	Alto Mazan	Alto Nanay	Panguana	
Tinamidae (7)				
Tinamus major	F	F	F	BTF
Tinamus guttatus	U	–	–	BTF
Crypturellus cinereus	F	R	U	BTF, BSP
Crypturellus soui	R	–	–	BTF
Crypturellus undulatus	U	–	–	MR
Crypturellus variegatus	R	F	F	BTF
Crypturellus bartletti	F	–	R	BTF, MR
Cracidae (5)				
Ortalis guttata	R	–	–	MR
Penelope jacquacu	C	F	F	M
Pipile cumanensis	R	–	R	BTF, MQ
Nothocrax urumutum	–	R	R	BTF
Crax salvini	R	R	U	BTF
Odontophoridae (1)				
Odontophorus gujanensis	U	U	F	BTF, BQ
Ardeidae (3)				
Tigrisoma lineatum	–	R	R	MQ
Zebrilus undulatus	R	–	–	MQ
Ardea cocoi	R	–	–	MR
Cathartidae (2)				
Cathartes melambrotus	U	R	U	A
Sarcoramphus papa	U	–	R	A
Accipitridae (10)				
Leptodon cayanensis	R	–	R	A
Chondrohierax uncinatus	–	R	–	MR
Elanoides forficatus	R	–	R	A
Harpagus bidentatus	U	–	R	BTF
Ictinia plumbea	–	–	R	A
Accipiter superciliosus	R	–	–	BTF
Leucopternis melanops	–	–	R	BTF
Leucopternis albicollis	–	–	R	BTF
Spizaetus tyrannus	–	–	R	A
Spizaetus ornatus	R	–	R	A, BTF
Falconidae (7)				
Daptrius ater	U	–	R	MR
Ibycter americanus	U	–	F	BTF
Herpetotheres cachinnans	U	U	F	BTF, MQ
Micrastur ruficollis	–	U	R	BTF
Micrastur gilvicollis	–	–	U	BTF
Micrastur mirandollei	F	–	–	BTF, MR

Birds observed at three sites during the rapid biological inventory from 15-30 August 2006 in Nanay-Mazán-Arabela Headwaters, Peru. The list is based on fieldwork by J. Díaz Alván and D. Stotz.

AVES / BIRDS				
Nombre científico/Scientific name	**Abundancia en los sitios visitados/ Abundance in the sites visited**			**Hábitat/ Habitat**
	Alto Mazan	Alto Nanay	Panguana	
Micrastur semitorquatus	R	–	–	BTF
Psophidae (1)				
Psophia crepitans	–	R	U	BTF, BQ
Rallidae (1)				
Aramides cajanea	U	R	U	MR, BS
Euripygidae (1)				
Eurypyga helias	R	–	R	MQ
Columbidae (6)				
Patagioenas cayennensis	R	–	–	MR
Patagioenas plumbea	F	U	C	M
Patagioenas subvinacea	C	F	F	M
Leptotila rufaxilla	R	–	U	BS, BTF
Geotrygon saphirina	–	–	U	BTF, BQ
Geotrygon montana	–	R	R	BTF, BQ
Psittacidae (15)				
Ara ararauna	F		F	A, AG
Ara macao	C	U	F	A, AG
Ara chloropterus	R	–	U	A
Ara severus	U	–	U	A
Orthopsittaca manilata	U	R	U	A, AG
Aratinga leucophthalma	R	–	R	A, MR
Pyrrhura melanura	F	–	U	BTF
Brotogeris cyanoptera	C	–	C	M
Touit huetii	R	R	–	BTF
Pionites melanocephalus	F	R	F	BTF
Pionopsitta barrabandi	F	R	C	M
Pionus menstruus	–	R	U	M
Amazona ochrocephala	R	–	R	A, MR
Amazona amazonica	–	–	R	BQ
Amazona farinosa	R	R	U	A, BTF
Cuculidae (3)				
Piaya cayana	C	F	F	M
Piaya melanogaster	R	–	U	BTF
Crotophaga major	R	–	R	MR
Strigidae (4)				
Otus watsonii	F	R	U	BTF
Lophostrix cristata	–	–	U	BTF
Pulsatrix perspicillata	R	–	R	BTF
Ciccaba sp.	R	–	–	BTF
Nyctibidae (3)				
Nyctibius aethereus	–	–	R	BTF

LEYENDA/LEGEND

Hábitat/Habitat

A = Aire/Overhead

Ag = Aguajal/*Mauritia* palm swamp

BQ = Bosques de quebrada/ Streamside forests

BS = Bosque secundario/ Secondary forest

BSP = Bosque de suelos pobres/ Poor-soil forests

BTF = Bosques de tierra firme/ Terra firme forests

I = Irapayales/*Lepidocaryum tenue* (irapay) patches

M = Habitats multiples/ Multiple habitats

MR = Margen de río/ River margins

MQ = Margen de quebrada/ Stream margins

Abundancia/Abundance:

C = Común (diariamente > 10 en hábitat propio)/ Common (daily > 10 in proper habitat)

F = Poco común en hábitat propio (< 10 individuos/dia)/ Fairly common (< 10 individuals/ day in proper habitat)

U = No común (menos que diariamente)/Uncommon (less than daily)

R = Raro (un o dos registros)/ Rare (one or two records)

AVES / BIRDS				
Nombre científico/Scientific name	**Abundancia en los sitios visitados/ Abundance in the sites visited**			**Hábitat/ Habitat**
	Alto Mazan	Alto Nanay	Panguana	
Nyctibius griseus	–	R	–	MR
Nyctibius bracteatus	–	R	–	BSP
Caprimulgidae (3)				
Lurocalis semitorquatus	–	–	R	A
Nyctidromus albicollis	F	R	R	MR
Nyctiphrynus ocellatus	U		U	BTF
Apodidae (5)				
Chaetura cinereiventris	U	R	U	A
Chaetura egregia	U	R	–	A
Chaetura brachyura	F	U	U	A
Tachornis squamata	F	R	U	A, AG, MQ
Panyptila cayennensis	R	–	R	A
Trochilidae (14)				
Glaucis hirsutus	R	–	–	BQ
Threnetes leucurus	–	–	R	MQ
Phaethornis atrimentalis	R	–	F	BQ, BTF
Phaethornis ruber	R	–	U	BTF
Phaethornis hispidus	F	–	R	BTF, BQ
Phaethornis bourcieri	R	R	U	BQ
Phaethornis superciliosus	–	R	C	BTF
Campylopterus largipennis	–	R	R	BQ, MR
Florisuga mellivora	R	R	–	BTF, BS
Thalurania furcata	U	F	F	M
Hylocharis sapphirina	–	R	–	MQ
Heliodoxa schreibersii	–	–	R	MQ
Heliothryx auritus	R	R	R	BTF
Heliomaster longirostris	R	–	–	MQ
Trogonidae (7)				
Trogon viridis	F	F	F	BTF
Trogon curucui	U	–	–	MR, MQ
Trogon violaceus	U	U	U	MQ
Trogon collaris	F	U	U	MR, BTF
Trogon rufus	–	R	U	BTF, BSP
Trogon melanurus	F	U	F	BTF, MR, BQ
Pharomachrus pavoninus	R	R	R	BTF
Alcedinidae (3)				
Ceryle torquata	–	R	–	MR
Chloroceryle americana	U	U	–	MR
Chloroceryle inda	R	R	R	MQ
Momotidae (3)				
Electron platyrhynchum	–	–	U	BTF

AVES / BIRDS				
Nombre científico/Scientific name	**Abundancia en los sitios visitados/ Abundance in the sites visited**			**Hábitat/ Habitat**
	Alto Mazan	Alto Nanay	Panguana	
Baryphthengus martii	U	U	F	BTF, BSP
Momotus momota	C	F	U	BTF, BQ
Galbulidae (7)				
Galbalcyrhynchus leucotis	–	–	U	MQ
Brachygalba lugubris	–	–	U	MQ
Galbula albirostris	F	U	F	MQ, BTF
Galbula tombacea	U	R	–	MR, MQ
Galbula chalcothorax	R	–	U	BTF, MQ
Galbula dea	–	R	R	BTF, BSP
Jacamerops aureus	F	U	F	BTF, BQ
Bucconidae (12)				
Notharchus hyperrynchus	R	–	R	BTF
Notharchus ordii	–	R	–	BSP
Notharchus tectus	–	–	R	BTF
Bucco macrodactylus	–	–	R	BS
Bucco tamatia	R	R	R	BTF, I, MR
Bucco capensis	R	R	R	BTF
Malacoptila fusca	–	R	R	BTF, I
Nonnula brunnea	R	–	R	BTF, MR
Monasa nigrifrons	C	–	R	MR
Monasa morphoeus	U	F	C	M
Monasa flavirostris	F	R	F	BTF, MQ
Chelidoptera tenebrosa	R	U	–	MR
Ramphastidae (10)				
Capito aurovirens	U	–	–	MR
Capito auratus	F	F	C	M
Eubucco richardsoni	U	–	F	BTF
Pteroglossus inscriptus	R	–	–	BTF
Pteroglossus azara	U	–	R	BTF
Pteroglossus castanotis	R	R	–	MR
Pteroglossus pluricinctus	F	–	U	BTF, MR
Selenidera reinwardtii	F	U	C	M
Ramphastos vitellinus	F	U	C	M
Ramphastos tucanus	C	C	C	M
Picidae (15)				
Picumnus lafresnayi	F	U	F	BTF, BQ
Picumnus rufiventris	R	–	R	BQ
Melanerpes cruentatus	U	–	C	MQ, BS
Veniliornis passerinus	–	R	–	MR
Veniliornis affinis	U	U	F	BTF, MR
Piculus flavigula	U	U	U	BTF

LEYENDA/LEGEND

Hábitat/Habitat

A = Aire/Overhead

Ag = Aguajal/*Mauritia* palm swamp

BQ = Bosques de quebrada/ Streamside forests

BS = Bosque secundario/ Secondary forest

BSP = Bosque de suelos pobres/ Poor-soil forests

BTF = Bosques de tierra firme/ Terra firme forests

I = Irapayales/*Lepidocaryum tenue* (irapay) patches

M = Habitats multiples/ Multiple habitats

MR = Margen de río/ River margins

MQ = Margen de quebrada/ Stream margins

Abundancia/Abundance:

C = Común (diariamente > 10 en hábitat propio)/ Common (daily > 10 in proper habitat)

F = Poco común en hábitat propio (< 10 individuos/dia)/ Fairly common (< 10 individuals/ day in proper habitat)

U = No común (menos que diariamente)/Uncommon (less than daily)

R = Raro (un o dos registros)/ Rare (one or two records)

AVES / BIRDS				
Nombre científico/Scientific name	**Abundancia en los sitios visitados/ Abundance in the sites visited**			**Hábitat/ Habitat**
	Alto Mazan	Alto Nanay	Panguana	
Piculus chrysochloros	U	R	U	BTF, MR
Colaptes punctigula	U	–	–	MR
Celeus grammicus	F	U	U	BTF, BSP
Celeus elegans	F	U	U	BTF
Celeus flavus	R	–	R	MR
Celeus torquatus	R	–	–	BTF
Dryocopus lineatus	U	–	R	BTF, MR
Campephilus rubricollis	U	U	F	BTF
Campephilus melanoleucos	U	–	U	BTF, BQ
Dendrocolaptidae (17)				
Dendrocincla fuliginosa	U	R	R	BTF
Dendrocincla merula	U	U	R	BTF
Deconychura longicauda	–	R	–	BTF
Deconychura stictolaema	R	R	–	BTF
Sittasomus griseicapillus	–	–	R	BQ
Glyphorynchus spirurus	C	C	C	M
Nasica longirostris	F	U	U	MR, BQ
Dendrexetastes rufigula	F	R	F	BTF
Dendrocolaptes certhia	U	U	U	BTF
Dendrocolaptes picumnus	R	–	–	BTF
Xiphorhynchus picus	R	–	–	MR
Xiphorhynchus obsoletus	F	R	R	MR, BQ
Xiphorhynchus ocellatus	R	U	F	BTF, BSP, BQ
Xiphorhynchus elegans	U	R	U	BQ, BTF
Xiphorhynchus guttatus	C	C	C	M
Lepidocolaptes albolineatus	R	R	F	BTF, BSP
Campylorhamphus trochilirostris	R	R	U	BTF, BQ
Furnariidae (18)				
Synallaxis rutilans	R	R	R	BTF, BQ
Cranioleuca gutturata	R	R	R	BTF
Thripophaga fusciceps	–	–	U	MQ
Metopothrix aurantiacus	–	–	U	MQ
Ancistrops strigilatus	F	F	F	BTF
Hyloctistes subulatus	R	–	R	BTF
Philydor ruficaudatum	R	–	R	BTF
Philydor erythrocercum	R	R	F	BTF
Philydor erythropterum	R	–	U	BTF
Philydor pyrrhodes	–	R	R	BTF, BQ
Automolus ochrolaemus	F	R	–	M
Automolus infuscatus	U	F	C	BTF, BSP
Automolus rubiginosus	–	–	U	BTF

AVES / BIRDS				
Nombre científico/Scientific name	**Abundancia en los sitios visitados/ Abundance in the sites visited**			**Hábitat/ Habitat**
	Alto Mazan	Alto Nanay	Panguana	
Automolus rufipileatus	F	–	R	BTF, BQ
Sclerurus mexicanus	R	R	R	BTF
Sclerurus rufigularis	–	–	R	BTF
Xenops milleri	U	U	R	BTF
Xenops minutus	F	R	F	M
Thamnophilidae (48)				
Cymbilaimus lineatus	F	F	F	BTF, BQ, MR
Frederickena unduligera	–	U	–	BQ
Taraba major	R	–	R	MR
Thamnophilus aethiops	–	–	R	BQ
Thamnophilus schistaceus	F	F	F	BTF
Thamnophilus murinus	F	C	F	BTF, BSP, BQ
Thamnomanes ardesiacus	C	C	C	M
Thamnomanes caesius	C	C	C	M
Pygiptila stellaris	F	F	U	M
Myrmotherula haematonota	U	F	U	BTF, BSP
Myrmotherula fjeldsaai	R	R	R	BTF
Myrmotherula ornata	–	–	R	BS
Myrmotherula erythrura	R	–	F	BTF
Myrmotherula brachyura	F	F	C	M
Myrmotherula ignota	F	U	F	BTF, BQ
Myrmotherula surinamensis	F	U	U	MQ, MR, AG
Myrmotherula hauxwelli	F	F	F	BTF
Myrmotherula axillaris	C	C	C	M
Myrmotherula longipennis	U	U	F	BTF
Myrmotherula menetriesii	C	C	C	BTF, BQ
Dichrozona cincta	–	R	R	BTF
Herpsilochmus gentryi	U	C	–	BSP, I
Herpsilochmus dugandi	F	R	U	BTF
Microrhopias quixensis	–	R	–	BTF
Terenura humeralis	U	F	R	BTF
Cercomacra cinerascens	F	F	C	BTF, BQ, MR
Cercomacra nigrescens	R	–	–	BTF
Cercomacra serva	R	F	F	MR, BQ
Myrmoborus myotherinus	F	C	C	M
Hypocnemis cantator	F	F	F	BQ, MR
Hypocnemis hypoxantha	U	C	U	BTF, BSP
Sclateria naevia	–	R	R	MQ
Percnostola arenarum	–	F	–	I, BSP
Percnostola leucostigma	U	U	F	BQ
Myrmeciza castanea	–	C	–	I, BSP

LEYENDA/LEGEND

Hábitat/Habitat

A = Aire/Overhead

Ag = Aguajal/*Mauritia* palm swamp

BQ = Bosques de quebrada/ Streamside forests

BS = Bosque secundario/ Secondary forest

BSP = Bosque de suelos pobres/ Poor-soil forests

BTF = Bosques de tierra firme/ Terra firme forests

I = Irapayales/*Lepidocaryum tenue* (irapay) patches

M = Habitats multiples/ Multiple habitats

MR = Margen de río/ River margins

MQ = Margen de quebrada/ Stream margins

Abundancia/Abundance:

C = Común (diariamente > 10 en hábitat propio)/ Common (daily > 10 in proper habitat)

F = Poco común en hábitat propio (< 10 individuos/dia)/ Fairly common (< 10 individuals/ day in proper habitat)

U = No común (menos que diariamente)/Uncommon (less than daily)

R = Raro (un o dos registros)/ Rare (one or two records)

AVES / BIRDS				
Nombre científico/Scientific name	**Abundancia en los sitios visitados/ Abundance in the sites visited**			**Hábitat/ Habitat**
	Alto Mazan	Alto Nanay	Panguana	
Myrmeciza atrothorax	R	–	R	MR
Myrmeciza melanoceps	U	–	F	MR, BQ, BS
Myrmeciza hyperythra	–	R	R	BQ
Myrmeciza fortis	F	F	F	BTF, BQ, AG
Myrmornis torquata	–	–	U	BTF
Pithys albifrons	U	C	F	BTF, BQ, AG
Gymnopithys leucaspis	U	F	R	BTF, BQ, AG
Gymnopithys lunulata	R	R	–	AG, BQ
Rhegmatorhina melanosticta	R	U	R	BTF, BQ, AG
Hylophylax naevius	F	C	C	M
Hylophylax punctulatus	–	R	–	BQ
Hylophylax poecilinotus	F	F	F	BTF, BSP
Phlegopsis erythroptera	R	U	R	BTF, BQ, AG
Formicariidae (7)				
Formicarius colma	F	U	F	BTF
Formicarius analis	F	–	C	M
Chamaeza nobilis	R	–	F	BTF, BQ
Grallaria guatimalensis	–	–	R	BQ
Grallaria dignissima	–	–	F	BQ
Hylopezus fulviventris	–	–	R	BQ
Myrmothera campanisona	–	R	F	BTF
Conopophagidae (1)				
Conopophaga peruviana	–	R	R	BTF
Rhinocryptidae (1)				
Liosceles thoracicus	U	U	F	BTF, BQ, BSP
Tyrannidae (51)				
Tyrannulus elatus	C	F	F	BTF, BQ
Myiopagis gaimardii	F	F	F	M
Myiopagis caniceps	R	R	U	BTF
Ornithion inerme	F	U	–	M
Corythopis torquatus	U	U	U	BTF, BSP
Zimmerius villarejoi	–	R	–	BSP
Zimmerius gracilipes	F	F	F	M
Mionectes oleagineus	F	U	U	BTF, BSP
Myiornis ecaudatus	R	U	R	BTF
Lophotriccus vitiosus	C	C	F	M
Lophotriccus galeatus	–	F	R	BSP, BTF
Hemitriccus zosterops	–	–	R	BTF
Hemitriccus minimus	–	F	–	BSP
Poecilotriccus capitalis	–	–	R	BS
Poecilotriccus latirostris	–	–	R	BS

AVES / BIRDS

Nombre científico/Scientific name	Abundancia en los sitios visitados/ Abundance in the sites visited			Hábitat/ Habitat
	Alto Mazan	Alto Nanay	Panguana	
Todirostrum chrysocrotaphum	R	–	–	MR
Cnipodectes subbrunneus	–	–	U	BTF, BQ
Rhynchocyclus olivaceus	–	–	R	BTF
Tolmomyias poliocephalus	C	C	C	M
Tolmomyias flaviventris	U	–	U	MQ, MR
Platyrinchus coronatus	–	F	F	BTF
Platyrinchus platyrhynchos	–	–	R	BTF
Onychorhynchus coronatus	–	–	R	BQ
Myiobius barbatus	R	R	U	BTF
Terenotriccus erythrurus	F	F	F	BTF, BQ
Lathrotriccus euleri	R	U	R	BQ, AG
Cnemotriccus fuscatus duidae	–	R	–	BSP
Ochthornis littoralis	U	–	–	MR
Colonia colonus	–	–	U	MQ
Legatus leucophaius	R	–	–	MR
Myiozetetes granadensis	–	–	U	BS
Myiozetetes luteiventris	U	F	F	BTF, BQ
Pitangus sulphuratus	R	–	–	MR
Conopias parvus	R	C	–	BTF, BSP
Tyrannopsis sulphurea	R	–	–	AG
Griseotyrannus aurantioatrocristatus	R	–	U	MR, BS
Tyrannus melancholicus	U	–	–	MR
Rhytipterna simplex	F	F	F	BTF
Sirystes sibilator	–	–	R	BTF
Myiarchus tuberculifer	–	–	F	BTF, MQ
Myiarchus ferox	R	–	–	MR
Ramphotrigon ruficauda	F	F	R	BTF, BSP
Attila cinnamomeus	–	R	R	MR, BQ
Attila citriniventris	R	F	R	BTF, BSP
Attila spadiceus	F	–	U	BTF, BQ, AQ
Pachyramphus castaneus	–	–	R	MQ
Pachyramphus polychopterus	R	R	U	MQ, MR
Pachyramphus marginatus	R	R	U	BTF
Pachyramphus minor	R	R	F	BTF
Tityra inquisitor	–	–	R	BQ
Tityra cayana	R	–	U	BQ
Cotingidae (9)				
Laniocera hypopyrra	U	F	U	BTF, BSP
Iodopleura isabellae	R	–	R	MQ
Phoenicircus nigricollis	R	U	U	BTF, BQ

LEYENDA/LEGEND

Hábitat/Habitat

A = Aire/Overhead
Ag = Aguajal/*Mauritia* palm swamp
BQ = Bosques de quebrada/ Streamside forests
BS = Bosque secundario/ Secondary forest
BSP = Bosque de suelos pobres/ Poor-soil forests
BTF = Bosques de tierra firme/ Terra firme forests
I = Irapayales/*Lepidocaryum tenue* (irapay) patches
M = Habitats multiples/ Multiple habitats
MR = Margen de río/ River margins
MQ = Margen de quebrada/ Stream margins

Abundancia/Abundance:

C = Común (diariamente > 10 en hábitat propio)/ Common (daily > 10 in proper habitat)
F = Poco común en hábitat propio (< 10 individuos/dia)/ Fairly common (< 10 individuals/ day in proper habitat)
U = No común (menos que diariamente)/Uncommon (less than daily)
R = Raro (un o dos registros)/ Rare (one or two records)

AVES / BIRDS				
Nombre científico/Scientific name	**Abundancia en los sitios visitados/ Abundance in the sites visited**			**Hábitat/ Habitat**
	Alto Mazan	Alto Nanay	Panguana	
Cotinga cayana	–	R	R	MR
Lipaugus vociferans	F	C	F	M
Porphyrolaema porphyrolaema	–	–	R	BTF
Xipholena punicea	–	U	–	BSP
Gymnoderus foetidus	R	–	–	A
Querula purpurata	–	R	C	BQ, BS
Pipridae (12)				
Schiffornis major	R	R	–	MR
Schiffornis turdinus	F	F	–	BTF, BSP
Piprites chloris	F	F	F	BQ, BTF, MQ
Neopelma chryoscephalum	–	F	–	BSP
Tyranneutes stolzmanni	F	F	F	BTF
Machaeropterus regulus	F	U	R	BTF, BQ
Lepidothrix coronota	F	C	C	BTF
Chiroxiphia pareola	R	–	F	BTF
Heterocercus aurantiivertex	R	R	–	BSP, AG
Dixiphia pipra	U	F	U	BTF, BSP
Pipra filicauda	F	U	U	BQ
Pipra erythrocephala	C	C	U	BTF, BSP
Vireonidae (5)				
Vireolanius leucotis	–	U	R	BTF
Vireo olivaceus	R	–	–	MR
Hylophilus thoracicus	U	F	–	BTF, MR
Hylophilus hypoxanthus	C	C	F	M
Hylophilus ochraceiceps	R	F	U	BTF, BSP
Corvidae (1)				
Cyanocorax violaceus	R	–	U	MQ
Hirundinidae (3)				
Progne chalybea	U	–	–	MR
Atticora fasciata	F	C	–	MR
Neochelidon tibialis	–	R	–	MR
Troglodytidae (7)				
Campylorhynchus turdinus	F	U	C	BQ
Thryothorus coraya	U	F	R	BQ
Thryothorus leucotis	R	–	U	MR, BQ
Henicorhina leucosticta	–	–	R	BQ
Microcerculus marginatus	U	F	U	M
Cyphorhinus arada	R	–	F	BTF, BQ
Microbates cinereiventris	–	R	–	BQ
Polioptilidae (2)				
Ramphocaenus melanurus	–	R	R	BTF

AVES / BIRDS				
Nombre científico/Scientific name	**Abundancia en los sitios visitados/ Abundance in the sites visited**			**Hábitat/ Habitat**
	Alto Mazan	Alto Nanay	Panguana	
Polioptila plumbea	–	–	U	BQ
Turdidae (2)				
Turdus lawrencii	U	–	F	BTF, BQ
Turdus albicollis	–	U	U	BTF
Thraupidae (25)				
Cissopis leverianus	–	–	U	MQ, BS
Tachyphonus cristatus	U	U	R	BTF
Tachyphonus surinamus	R	U	U	BTF
Tachyphonus luctuosus	R	–	R	BTF
Lanio fulvus	R	–	U	BTF
Ramphocelus nigrogularis	–	–	F	MQ, BS
Ramphocelus carbo	F	F	–	MR
Thraupis palmarum	R	–	R	AG, BS
Tangara mexicana	R	–	U	BTF
Tangara chilensis	F	F	C	M
Tangara schrankii	C	F	F	BTF
Tangara xanthogastra	–	–	R	BTF, BQ
Tangara nigrocincta	–	R	R	BTF
Tangara velia	U	R	R	BTF
Tangara callophrys	U	–	–	BTF
Tersina viridis	–	–	R	BS
Dacnis lineata	U	R	F	BTF
Dacnis flaviventer	–	–	R	BQ
Dacnis cayana	R	R	R	BTF
Cyanerpes nitidus	–	R	–	BTF, BSP
Cyanerpes caeruleus	–	R	–	BTF
Cyanerpes cyaneus	–	R	–	BTF, BSP
Chlorophanes spiza	U	R	F	BTF
Hemithraupis flavicollis	R	F	U	BTF
Habia rubica	R	R	U	BTF, BQ
Emberizidae (1)				
Sporophila murallae	–	–	R	BS
Cardinalidae (3)				
Saltator grossus	F	–	F	BTF, BQ
Saltator maximus	–	R	R	MR
Cyanocompsa cyanoides	R	–	F	BTF, BQ
Parulidae (1)				
Phaeothlypis fulvicauda	R	R	F	MR, MQ
Icteridae (6)				
Psarocolius angustifrons	U	–	–	BTF
Psarocolius viridis	–	–	R	BTF

LEYENDA/LEGEND

Hábitat/Habitat

A = Aire/Overhead

Ag = Aguajal/*Mauritia* palm swamp

BQ = Bosques de quebrada/ Streamside forests

BS = Bosque secundario/ Secondary forest

BSP = Bosque de suelos pobres/ Poor-soil forests

BTF = Bosques de tierra firme/ Terra firme forests

I = Irapayales/*Lepidocaryum tenue* (irapay) patches

M = Habitats multiples/ Multiple habitats

MR = Margen de río/ River margins

MQ = Margen de quebrada/ Stream margins

Abundancia/Abundance:

C = Común (diariamente > 10 en hábitat propio)/ Common (daily > 10 in proper habitat)

F = Poco común en hábitat propio (< 10 individuos/dia)/ Fairly common (< 10 individuals/ day in proper habitat)

U = No común (menos que diariamente)/Uncommon (less than daily)

R = Raro (un o dos registros)/ Rare (one or two records)

AVES / BIRDS				
Nombre científico/Scientific name	**Abundancia en los sitios visitados/ Abundance in the sites visited**			**Hábitat/ Habitat**
	Alto Mazan	Alto Nanay	Panguana	
Psarocolius decumanus	R	–	U	BTF, BQ
Psarocolius bifasciatus	F	–	U	BTF, MR
Cacicus cela	U	R	U	MR, BS
Icterus chrysocephalus	R	–	U	AG, MR, BS
Fringilidae (4)				
Euphonia chrysopasta	R	R	R	BTF
Euphonia minuta	R	R	R	BTF
Euphonia xanthogaster	U	U	F	BTF, BQ
Euphonia rufiventris	F	F	F	M
Numero total de especies/ Total number of species	**271**	**223**	**297**	**372**

Aves/Birds

LEYENDA/LEGEND

Hábitat/Habitat

A = Aire/Overhead

Ag = Aguajal/*Mauritia* palm swamp

BQ = Bosques de quebrada/
    Streamside forests

BS = Bosque secundario/
    Secondary forest

BSP = Bosque de suelos pobres/
    Poor-soil forests

BTF = Bosques de tierra firme/
    Terra firme forests

I = Irapayales/*Lepidocaryum
    tenue* (irapay) patches

M = Habitats multiples/
    Multiple habitats

MR = Margen de río/ River margins

MQ = Margen de quebrada/
    Stream margins

Abundancia/Abundance:

C = Común (diariamente > 10 en
    hábitat propio)/ Common
    (daily > 10 in proper habitat)

F = Poco común en hábitat propio
    (< 10 individuos/dia)/ Fairly
    common (< 10 individuals/
    day in proper habitat)

U = No común (menos que
    diariamente)/Uncommon
    (less than daily)

R = Raro (un o dos registros)/
    Rare (one or two records)

Mamíferos medianos y grandes/Large and medium-sized mammals

Mamíferos registrados y potencialmente presentes en tres sitios en Cabeceras Nanay-Mazán-Arabela, Perú, indicando su estatus de conservación a nivel de Perú y mundial. La lista está basada en el trabajo de campo entre 15 y 30 de agosto del 2006 por A. Bravo, J. Rios e asistentes locales. Los nombres en inglés siguen Emmons (1990), los nombres en castellano son los utilizados por las comunidades locales y los nombres en arabela vienen de Angel Rodriguez Correa de la comunidad de Buena Vista. La información de conservación de UICN (2006), CITES (2004) e INRENA (2004) esta disponible en *www.redlist.org*, *www.cites.org* y *www.inrena.gob.pe*.

MAMÍFEROS MEDIANOS Y GRANDES / LARGE AND MEDIUM-SIZED MAMMALS

Nombre científico/Scientific name	Nombre Arabela/ Arabela name	Nombre en español/ Spanish name	Nombre en inglés/ English name
MARSUPIALIA (5)			
Didelphidae (5)			
001 *Caluromys lanatus**	mucuajá	Zorro	Western woolly opossum
002 *Chironectes minimus**	mucuajá	Zorro de agua	Water opossum
003 *Didelphis marsupialis*	mucuajá	Zorro	Common opossum
004 *Metachirus nudicaudatus**	mucuajá	Pericote	Brown four-eyed opossum
005 *Phylander andersoni**	mucuajá	Zorro	Anderson's gray four-eyed opossum
XENARTHRA (9)			
Myrmecophagidae (3)			
006 *Cyclopes didactylus*	–	Serafín	Silky anteater
007 *Myrmecophaga tridactyla**	–	Oso hormiguero	Giant anteater
008 *Tamandua tetradactyla*	–	Shiui	Southern tamandua
Bradypodidae (1)			
009 *Bradypus variegatus**	cají	Pelejo	Brown-throated three-toed sloth
Megalonychidae (1)			
010 *Choloepus didactylus**	cají	Pelejo colorado	Southern two-toed sloth
Dasypodidae (4)			
011 *Cabassous unicinctus**	murajá	Trueno carachupa	Southern naked-tailed armadillo
012 *Dasypus kappleri**	murajá	Carachupa	Great long-nosed armadillo
013 *Dasypus novemcinctus*	murajá	Carachupa	Nine-banded long-nosed armadillo
014 *Priodontes maximus*	murajá	Carachupa mama	Giant armadillo
PRIMATES (15)			
Callitrichidae (4)			
015 *Callimico goeldii*a*	–	Pichico	Goeldi's monkey
016 *Cebuella pygmea*	–	Leoncito	Pygmy marmoset
017 *Saguinus fuscicollis*	shiirí	Pichico	Saddleback tamarin
018 *Saguinus nigricollis*a*	shiirí	Pichico	Black-mantled tamarin
Cebidae (11)			
019 *Alouatta seniculus*	paatrú	Coto	Red howler monkey
020 *Aotus vociferans*	–	Musmuqui	Night monkey
021 *Ateles belzebuth*	jaasú	Maquisapa	White-bellied spider monkey
022 *Cebus albifrons*	menojuá	Machín blanco	White-fronted capuchin monkey
023 *Cebus apella*	menojuá	Machín negro	Brown capuchin monkey
024 *Callicebus discolor*	raagó	Tocón	Dusky titi monkey
025 *Callicebus torquatus*a*	raagó	Tocón	Yellow-handed titi monkey
026 *Lagothrix poeppigii*	surrú	Choro	Common woolly monkey
027 *Pithecia aequatorialis*	caarró	Huapo	Equatorial saki monkey
028 *Pithecia monachus*	caarró	Huapo negro	Monk saki monkey
029 *Saimiri sciureus sciureus*	cuaté	Fraile	Common squirrel monkey

Mammals registered and potentially present in three inventory sites in Nanay-Mazán-Arabela Headwaters, Peru, and their conservation status at the global and national level. The list is based on field work from 15–30 August 2006 by A. Bravo, J. Rios, and local assistants. English names follow Emmons (1990), Spanish names are those used by local communities, and Arabela names are from Angel Rodriguez Correa from the Buena Vista community. Conservation information from the IUCN (2006), CITES (2004), and INRENA (2004) are available at *www.redlist.org*, *www.cites.org,* and *www.inrena.gob.pe.*

	Registros en los sitios/Site Records			IUCN	CITES	INRENA
	Alto Mazan	Alto Nanay	Panguana			
001	–	–	–	LC	–	–
002	–	–	–	LC	–	–
003	–	–	O	–	–	–
004	–	–	–	–	–	–
005	–	–	–	–	–	–
006	O	–	–	–	–	–
007	–	–	–	VU A1cd	II	VU
008	O	–	O	–	–	–
009	–	–	–	–	II	–
010	–	–	–	DD	III	–
011	–	–	–	–	–	–
012	–	–	–	–	–	–
013	R	R	R	–	–	–
014	R	–	R	EN A1cd	I	VU
015	–	–	–	NT	I	VU
016	O	–	–	–	II	–
017	O, V	O, V	O, V	–	II	–
018	–	–	–	–	–	–
019	V	–	O, V	LC	II	NT
020	V	–	V	LC	II	–
021	–	–	O, V	VU A2acd	II	EN
022	O, V	O, V	O, V	LC	II	–
023	O, V	O, V	O, V	LC	II	–
024	O, V	O, V	O, V	LC	II	–
025	–	–	–	LC	II	–
026	O, V	O, V	O, V	NT	II	NT
027	O, V	O, V	O, V	LC	II	–
028	O, V	O, V	O, V	LC	II	–
029	O, V	O, V	O, V	–	II	–

LEYENDA/LEGEND

O = Observación directa/Direct observation

H = Huellas/Tracks

V = Vocalizaciones/Calls

R = Rastros (alimentos, heces, madrigueras, etc.)/Signs (food, scats, den, etc.)

* = Esperado, pero no registrado/Expected, but not recorded

a = Distribución poca entendida/Poorly understood distribution

Categorías de la UICN/IUCN categories (2006)

EN = En peligro/Endangered

VU = Vulnerable

NT = Casi amenazada/Near threatened

LC = Menos preocupación/Least concern

DD = Datos insuficientes/Insufficient data

Apéndices CITES/CITES appendices (2006)

I = En vía de extinción/Threatened with extinction

II = Vulnerables o potencialmente amenazadas/Vulnerable or potentially threatened

III = Reguladas/Regulated

Categorias INRENA/INRENA categories (2004) DS.034-2004-AG

EN = En peligro/Endangered

VU = Vulnerable

NT = Casi Amenazado/Near Threatened

**Mamíferos medianos
y grandes/Large and
medium-sized mammals**

MAMÍFEROS MEDIANOS Y GRANDES / LARGE AND MEDIUM-SIZED MAMMALS			
Nombre científico/Scientific name	Nombre Arabela/ Arabela name	Nombre en español/ Spanish name	Nombre en inglés/ English name
CARNIVORA (15)			
Canidae (2)			
030 Atelocynus microtis*	naquijiñago sarri	Perro de monte	Short-eared dog
031 Speothos venaticus*	–	Perro de monte	Bush dog
Procyonidae (4)			
032 Bassaricyon gabbii*	–	Chosna	Olingo
033 Nasua nasua	–	Achuni, coati	South American coati
034 Potos flavus	–	Chosna	Kinkajou
035 Procyon cancrivorus*	–	–	Crab-eating raccoon
Mustelidae (4)			
036 Eira barbara	–	Manco	Tayra
037 Galictis vittata*	–	Sacha perro	Great grison
038 Lontra longicaudis	–	Nutria	Neotropical otter
039 Pteronura brasiliensis*	–	Lobo de río	Giant otter
Felidae (5)			
040 Herpailurus yaguaroundi*	–	Anushi puma	Jaguarundi
041 Leopardus pardalis	jaamí	Tigrillo	Ocelot
042 Leopardus wiedii*	jaamí	Huamburushu	Margay
043 Panthera onca	marucuatuké	Otorongo	Jaguar
044 Puma concolor	niquerrosaré	Tigre colorado, puma	Puma
CETACEA (2)			
Platanistidae (1)			
045 Inia geoffrensis*	–	Bufeo colorado	Pink river dolphin
Delphinidae (1)			
046 Sotalia fluviatilis	–	Bufeo	Gray dolphin
PERISSODACTYLA (1)			
Tapiridae (1)			
047 Tapirus terrestris	junú	Sachavaca	Brazilian tapir
ARTIODACTYLA (4)			
Tayassuidae (2)			
048 Pecari tajacu	narashí	Sajino	Collared peccary
049 Tayassu pecari	nutarú	Huangana	White-lipped peccary
Cervidae (2)			
050 Mazama americana	nequerí	Venado colorado	Red brocket deer
051 Mazama gouazoubira*	nequerí	Venado gris	Gray brocket deer
RODENTIA (8)			
Sciuridae (3)			
052 Microsciurus flaviventer	–	Ardilla	Amazon dwarf squirrel
053 Sciurus igniventris	–	Huayhuashi	Northern Amazon red squirrel
054 Sciurus spadiceus	–	Huayhuashi	Southern Amazon red squirrel

**Mamíferos medianos
y grandes/Large and
medium-sized mammals**

	Registros en los sitios/ Site Records			IUCN	CITES	INRENA
	Alto Mazan	Alto Nanay	Panguana			
030	–	–	–	DD	–	–
031	–	–	–	VU C2a(i)	I	–
032	–	–	–	LC	–	–
033	H	R	O	–	–	–
034	O	–	O, V	–	–	–
035	–	–	–	–	–	–
036	O	–	O	–	–	–
037	–	–	–	–	–	–
038	–	–	O	DD	I	–
039	–	–	–	EN A3ce	I	EN
040	–	–	–	–	II	–
041	–	–	H	–	I	–
042	–	–	–	LC	I	–
043	–	–	H	NT	I	NT
044	–	–	H	NT	II	NT
045	–	–	–	VU A1cd	II	–
046	O	–	–	DD	I	–
047	H, R	O, H	H	VU A2cd+ 3cd+4cd	II	VU
048	O, H	O, H	O, H	–	II	–
049	H	H	O, H	–	II	–
050	H	H	O, H	DD	–	–
051	–	–	–	DD	–	–
052	O	O	O	–	–	–
053	O	–	O	–	–	–
054	O	O	O	–	–	–

LEYENDA/LEGEND

O = Observación directa/ Direct observation

H = Huellas/Tracks

V = Vocalizaciones/Calls

R = Rastros (alimentos, heces, madrigueras, etc.)/ Signs (food, scats, den, etc.)

* = Esperado, pero no registrado/ Expected, but not recorded

a = Distribución poca entendida/ Poorly understood distribution

Categorías de la UICN/IUCN categories (2006)

EN = En peligro/Endangered

VU = Vulnerable

NT = Casi amenazada/ Near threatened

LC = Menos preocupación/ Least concern

DD = Datos insuficientes/ Insufficient data

Apéndices CITES/CITES appendices (2006)

I = En vía de extinción/ Threatened with extinction

II = Vulnerables o potencialmente amenazadas/Vulnerable or potentially threatened

III = Reguladas/Regulated

Categorias INRENA/INRENA categories (2004) DS.034-2004-AG

EN = En peligro/Endangered

VU = Vulnerable

NT = Casi Amenazado/ Near Threatened

**Mamíferos medianos
y grandes/Large and
medium-sized mammals**

MAMÍFEROS MEDIANOS Y GRANDES / LARGE AND MEDIUM-SIZED MAMMALS			
Nombre científico/Scientific name	Nombre Arabela/ Arabela name	Nombre en español/ Spanish name	Nombre en inglés/ English name
Erethizontidae (1)			
055 *Coendou prehensilis**	–	Cashacushillo	Brazilian porcupine
Hydrochaeridae (1)			
056 *Hydrochaeris hydrochaeris**	–	Ronsoco	Capybara
Agoutidae (1)			
057 *Agouti paca*	torreá	Majás	Paca
Dasyproctidae (2)			
058 *Dasyprocta fuliginosa*	mutú	Añuje	Black agouti
059 *Myoprocta pratti*	mutú	Punchana	Green acouchy
Numero de especies/Number of species			
Numero total de especies/Total number of species = 35			
Numero de especies esperadas/Number of species expected = 59			

**Mamíferos medianos
y grandes/Large and
medium-sized mammals**

	Registros en los sitios/ Site Records			IUCN	CITES	INRENA
	Alto Mazan	Alto Nanay	Panguana			
055	–	–	–	–	–	–
056	–	–	–	–	–	–
057	O	O	O	–	III	–
058	O	–	O	–	–	–
059	O	–	–	–	–	–
	29	17	31			

LEYENDA/LEGEND

O = Observación directa/
Direct observation

H = Huellas/Tracks

V = Vocalizaciones/Calls

R = Rastros (alimentos,
heces, madrigueras, etc.)/
Signs (food, scats, den, etc.)

* = Esperado, pero no registrado/
Expected, but not recorded

a = Distribución poca entendida/
Poorly understood distribution

**Categorías de la UICN/IUCN
categories (2006)**

EN = En peligro/Endangered

VU = Vulnerable

NT = Casi amenazada/
Near threatened

LC = Menos preocupación/
Least concern

DD = Datos insuficientes/
Insufficient data

**Apéndices CITES/CITES appendices
(2006)**

I = En vía de extinción/
Threatened with extinction

II = Vulnerables o potencialmente
amenazadas/Vulnerable or
potentially threatened

III = Reguladas/Regulated

**Categorias INRENA/INRENA
categories (2004) DS.034-2004-AG**

EN = En peligro/Endangered

VU = Vulnerable

NT = Casi Amenazado/
Near Threatened

Murciélagos/Bats

Especies de murciélagos registradas por A. Bravo y J. Rios en tres sitios de Cabeceras Nanay-Mazán-Arabela, Perú entre 15 y 30 de agosto del 2006. Incluimos su estatus de conservacion por la UICN (2006). Las mismas expecies han sido evaluadas por CITES (2004) y INRENA (2004), pero no llevan categoria bajo sus criterios./ Bat species registered by A. Bravo and J. Rios at three inventory sites during the rapid biological inventory of Nanay-Mazán-Arabela Headwaters, Peru, from 15-30 August 2006. We include their global conservation status per IUCN (2006). The same species have been evaluated by CITES (2004) and INRENA (2004), but did not meet their criteria for categorization.

MURCIÉLAGOS / BATS				
Nombre científico/ Scientific name	**Abundancia en los sitios visitados/ Abundance in the sites visited**			**IUCN**
	Alto Mazan	Alto Nanay	Panguana	
CHIROPTERA (20)				
Emballonuridae (1)				
Rhynchonycteris naso	10	–	–	LR/lc
Phyllostomidae (18)				
Phyllostominae (4)				
Lophostoma silvicolum	1	1	2	LR/lc
Mimon crenulatum	–	–	1	LR/lc
Phyllostomus elongatus	–	4	8	LR/lc
Tonatia saurophila	–	–	1	LR/lc
Carolliinae (4)				
Carollia brevicauda	–	1	8	LR/lc
Carollia castanea	2	–	–	LR/lc
Carollia perspicillata	–	1	3	LR/lc
Rhinophylla pumilio	–	1	1	LR/lc
Glossophaginae (3)				
Glossophaga soricina	1	–	–	LR/lc
Lonchophylla mordax	–	–	1	LR/lc
Lonchophylla thomasi	–	1	–	LR/lc
Stenodermatinae (6)				
Artibeus obscurus	1	1	–	LR/nt
Platyrrhinus helleri	–	–	1	LR/lc
Sturnira lilium	–	–	1	LR/lc
Uroderma bilobatum	–	–	4	LR/lc
Vampyriscus bidens	2	–	–	LR/nt
Vampyressa thyone	–	–	2	LR/lc
Desmodontinae (1)				
Diphylla ecaudata	–	–	1	LR/nt
Vespertilionidae (1)				
Myotis nigricans	2	–	–	LR/lc
Numero total de especies/ Total number of species	**7**	**7**	**13**	

LEYENDA/ LEGEND	**Categorías de la UICN/ IUCN categories (2006)**
	LR/nt = Bajo riesgo, casi amenazada/ Lower risk, near threatened
	LR/lc = Riesgo menor, poca preocupación/Low risk, least concern

**Demografía Humana/
Human Demography**

Datos demograficos y territoriales de las 16 centros poblados en las cuencas Arabela, Curaray y Mazán, y el distrito capital en la cuenca del Napo. Entre 15 y 29 de agosto del 2006 se visitó 11 de estas comunidades durante el inventario rapido social de Cabeceras Nanay-Mazán-Arabela. La lista fue recopilada por A. Nogues y A. Wali.

DEMOGRAFÍA HUMANA / HUMAN DEMOGRAPHY							
Cuenca/ Watershed	Centro Poblado/ Population Center	Coordenadas/ Coordinates	Viviendas/ Homes	Familias/ Families	Hombres/ Men	Mujeres/ Women	Población/ Population
Arabela							
	Flor De Coco	S 02'09.329'; W074'54.805'	10	10	44	34	78
	Buena Vista	S 02'07.281'; W074'52.365'	47	40	148	131	279
Curaray							
	Bolivar	S 02'07.794; W074'45.614'	10	10	34	23	57
	Shapajal	S 02'05.945'; W074'49.502'	19	19	63	45	108
	Soledad	S 02'16.173'; W074'27.917'	32	32	114	98	212
	Nuevo Tipishca*	S 03'08.782; W073'08.313	19	19	52	63	115
	Nuevo Yarina*	N/A	22	21	64	68	132
	Santa Maria*	S 02'48.652'; W073'32.298	29	29	72	84	156
	Nuevo Libertad*	S 03'29.629'; W073'13.119'	34	34	82	83	165
	San Rafael	S 02'21.814'; W074'06.652'	35	33	88	75	163
Napo							
	Santa Clotilde	S 02'29.197'; W073'40.783'	431	398	1324	1253	2577
Mazan							
	Mazan	N/A	N/A	N/A	N/A	N/A	~3,500
	Santa Cruz	S 03'31.004'; W073'09.295'	N/A	N/A	N/A	N/A	~265
	Libertad	N/A	N/A	N/A	N/A	N/A	~200
	Puerto Alegre	S 03'30.441'; W073'07.022'	N/A	N/A	N/A	N/A	~300
	1 De Enero	S 03'28.885'; W073'12.007'	N/A	N/A	N/A	N/A	136
	Gamitana Cocha	N/A	N/A	N/A	N/A	N/A	~111
	14 De Julio	S 03'30.798'; W073'07.755'	N/A	N/A	N/A	N/A	N/A

Demographic and territorial data on the 16 communities in the Arabela, Curaray, and Mazán watersheds, and the district capital in the Napo watershed. From 15-29 August 2006, we visited 11 of these communities during the rapid social inventory of Nanay-Mazán-Arabela Headwaters. The list was compiled by A. Nogues and A. Wali.

Grupo Etnolinguistico/ Ethnolinguistic Group	Clasificación del Territorio/ Territory Classification	Hectareas Tituladas (Año)/ Titled Hectares (Year)	Ampliación de Territorio Demandada/ Territory Expansion Requested	Año de Asentamiento/ Settlement Year
Arabela	No Tiene/None	No Tiene/None	Si/Yes	Ancestral
Arabela/Quichua	Comunidad Nativa/ Native Community	9336.41 (1980)	Si/Yes	Ancestral
Quichua	Comunidad Nativa/ Native Community	2537.53 (1994)	Si/Yes	1990
Quichua	Comunidad Nativa/ Native Community	En Tramite/Pending	Si/Yes	~1976
Quichua	Comunidad Nativa/ Native Community	2866.11 (1994)	Si/Yes	~1958
Quichua	Comunidad Nativa/ Native Community	1171.06 (1994)	Si/Yes	N/A
Quichua	Comunidad Nativa/ Native Community	1146.36 (1994)	Si/Yes	N/A
Quichua	Comunidad Nativa/ Native Community	2138.96 (1994)	Si/Yes	N/A
Quichua	Comunidad Nativa/ Native Community	1672.04 (1994)	Si/Yes	N/A
Quichua	Comunidad Nativa/ Native Community	2024.56 (1996)	Si/Yes	~1920
Mestizo	Capital del Distrito de Napo/District Capital-Napo	N/A	N/A	1930s
Mestizo	Capital del Distrito de Mazan/District Capital-Mazan	N/A	N/A	N/A
Mestizo	Caserio/Village	No Tiene/None	No	N/A
Mestizo	Caserio/Village	No Tiene/None	No	N/A
Mestizo	Caserio/Village	No Tiene/None	No	N/A
Mestizo	Caserio/Village	No Tiene/None	No	N/A
Mestizo	Caserio/Village	No Tiene/None	No	N/A
Mestizo	Caserio/Village	No Tiene/None	No	N/A

LEYENDA/ LEGEND

Fuentes/Sources
ORAI, Municipalidad Distrital del Napo, Censo 2005; Municipalidad de Mazan, Censo Medico Mazan 2005

* Comunidades no visitadas durante el inventario/ Communities not visited during the inventory

N/A – Datos no colectados/ Data not collected

**Fortalezas Sociales/
Social Assets**

Fortalezas sociales identificadas en 10 centros poblados en las cuencas Arabela, Curaray, Napo y Mazan entre 15 y 29 de agosto del 2006 durante el inventario rapido social de Cabeceras Nanay-Mazan-Arabela. Incluimos tambien algunas fortalezas de Iquitos, el capital del departamento de Loreto. La lista fue recopilada por A. Nogues y A. Wali.

FORTALEZAS SOCIALES		
Fortalezas Generales Identificadas Durante El Inventario		
Todos los centros poblados	■ Historia y continuidad de economia de subsistencia y comercio de pequena escala basado en relaciones de reciprocidad	
	■ Gestiones locales de protección de recursos naturales	
	■ Medios de comunicación intra e inter-comunal facilitados por servicios de salud, gestiones de las parroquias, y relaciones de parentezco.	
	■ Trabajos comunales, "mingas"	
	■ Participación de las mujeres en asambleas y relativo equidad de genero	
	■ Baja densidad poblacional	
	■ Liderazgo comunal activo (asambleas comunales regulares)	
	■ Interes compartido de proteger recursos naturales frente a sobre-explotación de peces y madera	
Fortalezas Especificas Identificadas Durante El Inventario		
Cuenca	Comunidad	Fortalezas
Arabela	Flor de Coco Buena Vista	■ Coordinación estrecha con CN Buena Vista para controlar acceso al río Arabela, solicitar ampliación territorial, y compartir servicios de educación y salud ■ Presencia de escuela segundaria que junta jovenes de varias comunidades ■ Revitalización de identidad Arabela mediante sistema de educacion bilingue en la escuela y el uso de plantas medicinales
Curaray	Bolivar Shapajal Soledad San Rafael	■ Coordinaciones con FECONAMNCUA y ORAI que facilitan procesos de titulación territorial [Las 4 comunidades] ■ Presencia de infraestructura—posta, radiofonia, bodegas, letrinas [Solo San Rafael]
Napo	Santa Clotilde, Capital de Distrito	■ Comite Multi-sectorial (autoridades locales y regionales, sociedad civil), coordinando acciones de proteccion con poblaciones locales ■ Base del sistema de salud que facilita comunicación e inter-relaciones a lo largo de la cuenca del Rio Curaray y Arabela
Mazan	Mazan, Capital de Distrito Santa Cruz Puerto Alegre	■ ADEPEMPEFORMA (Asociacion Distrital de Pequenhos y Medianos Productores y Extractores Forestales de Mazan) Comite Multi-sectorial (to prepare for concesionarios)
Iquitos		■ Red Ambiental Loretana ■ SICREL ■ Gestiones del GOREL y IIAP para la protección de recursos naturales ■ OEPIAP (Organizacion de Estudiantes de los Pueblos Indigenas de la Amazonia Peruana)

Social assets identified in 10 communities in the Arabela, Curaray, Napo and Mazan watersheds from 15–29 August 2006 during the rapid social inventory of Nanay-Mazan-Arabela Headwaters. We include several assets identified in Iquitos, the capital of the department of Loreto. The list was compiled by A. Nogues and A. Wali.

SOCIAL ASSETS	
Overall Assets Identified During The Inventory	
All Communities	■ History and continuation of a subsistence economy at a small scale based on reciprocity. ■ Local actions being taken to protect natural resources ■ Modes of inter and intra-community communication that are facilitated by the delivery of health services, actions of local churches, and kinship ties. ■ Communal work (known as mingas) ■ Participation of women in community meetings and a relative gender equity. ■ Low population density. ■ Active community leadership (regular meetings that engage local population in decision-making processes) ■ A common interest in protecting natural resources from overexploitation of fish and wood.

Specific Assets Identified During The Inventory		
Watershed	Community	Assets
Arabela	Flor de Coco Buena Vista	■ Effective coordination with CN Buena Vista to control access to the Arabela river as well as request territorial expansion and share education and health care resources. ■ High school that also serves several other communities. ■ Revitalization of the Arabela identity through bilingual education in the lower school and the continued use of medicinal plants by community members.
Curaray	Bolivar Shapajal Soledad San Rafael	■ Effective coordination with FECONAMNCUA and ORAI to facilitate land titling processes [All 4 Communities] ■ Infrastructure for services such as a health clinich, radio, shops, and bathrooms [Only San Rafael]
Napo	Santa Clotilde, District Capital	■ Multi-stakeholder Committee composed of local and regional authorities and other grassroots organizations supporting local community efforts to protect natural resources ■ Health care system that facilitates communication and inter-community relations along the Arabela and Curaray rivers.
Mazan	Mazan, District Capital Santa Cruz Puerto Alegre	■ Two key organizations that aim to prevent overharvesting of natural resources: ADEPEMPEFORMA (Asociacion Distrital de Pequenhos y Medianos Productores y Extractores Forestales de Mazan) and a multi-stakeholder committee created to prepare local communities for the concession system before it was implemented.
Iquitos		■ Actions taken by GOREL and IIAP to protect natural resources ■ Grassroots organizations, such as the Red Ambiental Loretana ■ SICREL ■ Indigenous students organization OEPIAP (Organizacion de Estudiantes de los Pueblos Indigenas de la Amazonia Peruana), created to inform indigenous communities about the potential effects of oil exploration and extraction processes.

Álvarez A., J. 2002. Characteristic avifauna of white-sand forests in northern Peruvian Amazonia. M.S. Thesis. Louisiana State University, Baton Rouge. 91 pp.

Álvarez, J., P. Soini, C. Delgado, K. Mejia, C. Reyes, C. Rivera, J. C. Ruiz, J. Sanchezl, y L. Bendayan. 2001. Evaluación de la diversidad biológica en la Zona Reservada Allpahuayo-Mishana, su estado de conservación, y propuesta de categorización definitiva. Informe al INRENA. Iquitos, Peru.

Álvarez A., J., and B. M. Whitney. 2001. A new *Zimmerius* tyrannulet (Aves: Tyrannidae) from white-sand forest of northern Amazonian Peru. Wilson Bulletin 113:1–9.

Álvarez A., J., and B. M. Whitney. 2003. New distributional records of birds from white-sand forests of the northern Peruvian Amazon, with implications for biogeography of northern South America. Condor 105:552–566.

Aquino, R. M., R. E. Bodmer, y J. G. Gil. 2001. Mamíferos de la cuenca del río Samiria: Ecología poblacional y sustentabilidad de la caza. Junglevagt for Amazonas, AIF-WWF/DK, Wildlife Conservation Society. Rosegraf S.R.L., Lima.

Aquino, R., y/and F. Encarnación. 1994. Primates of Peru/Primates de Peru. Primate Report 40:1–127.

Ascorra, C. F., D. L. Gorvchov, and F. Cornejo. 1993. The bats from Jenaro Herrera, Loreto, Peru. Mammalia 4:533–552.

Barbosa de Souza, M., y C. Rivera G. 2006. Anfibios y reptiles. Pp. 83–86 en/in C. Vriesendorp, T. S. Schulenberg, W. S. Alverson, D. K. Moskovits, y/and J.-I. Rojas Moscoso, eds. Perú: Sierra del Divisor, Rapid Biological Inventories Report 17. The Field Museum, Chicago.

Bartlett, R. D., and P. Bartlett. 2003. Reptiles and amphibians of the Amazon. University Press of Florida, Gainesville.

BirdLife International 2000. Threatened birds of the world. Lynx Editions and BirdLife International, Cambridge, UK.

BirdLife International. 2006a. Species factsheet for *Percnostola arenarum* (*www.birdlife.org*). BirdLife International, Cambridge, UK.

BirdLife International. 2006b. Species factsheet for *Zimmerius villavejoi* (*www.birdlife.org*). BirdLife International, Cambridge, UK.

Chang, F. 1999. New species of *Myoglanis* (Siluriformes, Pimelodidae) from the Río Amazonas, Perú. Copeia 1999(2):434–438.

Chang, F., y H. Ortega. 1995. Additions and corrections to the list of freshwater fishes of Perú. Publicaciones del Museo de Historia Natural, Universidad Nacional Mayor de San Marcos (A) 50:1–12.

CITES. 2006. Convention on International Trade in Endangered Species of Wild Fauna and Flora *www.cites.org*. Geneva.

Coloma, L. A. 1997. Morphology, systematics and phylogenetic relationships among frogs of the genus *Atelopus* (Anura: Bufonidae). Ph.D. dissertation, Department of Ecology and Systematics. University of Kansas, Lawrence.

Coltorti, M., and C. D. Ollier. 2000. Geomorphic and tectonic evolution of the Ecuadorian Andes. Geomorphology 32:1–19.

Colwell, R. K. 2005. EstimatesS: Statistical estimation of species richness and shared species from samples, version 7.5 (*http://viceroy.eeb.uconn.edu/estimates*). Ecology and Evolutionary Biology, University of Connecticut, Storrs.

Defensoría del Pueblo. 2001. Informe 032-2001/DP-PCN. Programa de Comunidades Nativas, Defensoría del Pueblo, Lima.

Dixon, J. R., and P. Soini. 1986. The reptiles of the upper Amazon Basin, Iquitos region, Peru. Milwaukee Public Museum, Milwaukee.

Duellman, W. E., and J. R. Mendelson III. 1995. Amphibians and reptiles from northern Departamento Loreto, Peru: taxonomy and biogeography. University of Kansas Science Bulletin 55:329–376.

Duivenvoorden, J. F. 1996. Patterns of tree species richness in rain forests of the middle Caqueta area, Colombia, NW Amazonia. Biotropica 28:142–158.

Dumont, J. F. 1993. Lake patterns as related to neotectonics in subsiding basin—the example of the Ucamara Depression, Peru. Tectonophysics 222:69–78.

Emmons, L. H. 1997. Neotropical rainforest mammals. University of Chicago Press, Chicago.

Etter, A., and P. J. Botero. 1990. Efectos de procesos climáticos y geomorfológicos en la dinámica del bosque húmedo tropical de la Amazonia colombiana. Colombia Amazonica 4:7–21.

Fabre, A. 2006. Arabela. Página 5 en el Diccionario etnolingüístico y guía bibliografica de los pueblos indígenas sudamericanos (*http://butler.cc.tut.fi/~fabre/BookInternetVersio/Dic=Zaparo.pdf*, 12 julio 2006).

Field Museum. 2006. Mammals collection database (*http://fm1.fieldmuseum.org/collections/search.cgi?dest=mml*). The Field Museum, Chicago.

Fine, P. F., N. Dávila, R. Foster, I. Mesones, and C. Vriesendorp. 2006. Flora and vegetation. Pp. 176–185 en/in C. Vriesendorp, N. Pitman, J. I. Rojas M., B. A. Pawlak, L. Rivera C., L. Calixto M., M. Vela C., y/and P. Fasabi R., eds. Perú: Matsés. Rapid Biological Inventories Report 16. The Field Museum, Chicago.

Foster, M. S., and J. Terborgh. 1998. Impacts of a rare storm event on an Amazonian forest. Biotropica 30:470–474.

Foster, R. B. 1990. The floristic composition of the Rio Manu floodplain forest. Pp. 99–111 in A. H. Gentry, ed. Four neotropical rainforests. Yale University Press, New Haven.

Gentry, A. H., and J. Terborgh. 1990. Composition and dynamics of the Cocha Cashu "mature" floodplain forest. Pp. 542–564 in A. H. Gentry, ed. Four neotropical rainforests. Yale University Press, New Haven.

Gordo, M., G. Knell, y D. Rivera González. 2006. Anfibios y reptiles. Pp. 83–88 en C. Vriesendorp, N. Pitman, J. I. Rojas Moscoso, B. A. Pawlak, L. Rivera Chávez, L. Calixto Méndez, M. Vela Collantes, y P. Fasabi Rimachi, eds. Perú: Matsés, Rapid Biological Inventories Report 16. The Field Museum, Chicago.

Gordon, R. G. Jr., ed. 2006. Arabela, a language of Peru. In Ethnologue: languages of the world, fifteenth edition (*www.ethnologue.com/show_language.asp?code=arl*, 10 July 2006). SIL International, Dallas.

Granja, J. C. 1942. Los Zaparos. En nuestro Oriente: de unas notas de viaje. Imprenta de la Universidad, Quito.

Hershkovitz, P. 1987. The taxonomy of South-American sakis, genus *Pithecia* (Cebidae, Platyrrhini): A preliminary report and critical review with the description of a new species and subspecies. American Journal of Primatology 12:387–468.

Heymann, E. W., F. Encarnación, and J. E. Canaquin Y. 2002. Primates of the Río Curaray, northern Peruvian Amazon. International Journal of Primatology 23:191–201.

Hice, C. L., P. M. Velazco, and M. Willig. 2004. Bats of the Reserva Nacional Allpahuayo-Mishana, northeastern Peru, with notes on community structure. Acta Chiropterologica 6:319–334.

Hidalgo, M. H, y R. Olivera. 2004. Peces. Pp. 62–67 en/in N. Pitman, R. C. Smith, C. Vriesendorp, D. Moskovits, R. Piana, G. Knell, y/and T. Watcher, eds. Perú: Ampiyacu, Apayacu, Yaguas, Medio Putumayo. Rapid Biological Inventories Report 12. The Field Museum, Chicago.

Hidalgo, M. H., y J. F. Pezzi da Silva. 2006. Peces. Pp. 73–82 en/in C. Vriesendorp, T. S. Schulenberg, W. S. Alverson, D. K. Moskovits, y/and J.-I. Rojas M. Perú: Sierra del Divisor. Rapid Biological Inventories Report 17. The Field Museum, Chicago.

Hidalgo, M. H., y R. Quispe. 2005. Peces. Pp. 84–92 en/in C. Vriesendorp, L. Rivera C., D. Moskovits, y/and J. Shopland, eds. Perú: Megantoni. Rapid Biological Inventories Report 15. The Field Museum, Chicago.

Hidalgo, M. H., y M. Velásquez. 2006. Peces. Pp. 74–83 en/in C. Vriesendorp, N. Pitman, J. I. Rojas M., B. A. Pawlak, L. Rivera C., L. Calixto M., M. Vela C, y/and P. Fasabi R., eds. Perú: Matsés: Rapid Biological Inventories Report 16. The Field Museum, Chicago.

Hoorn, C. 1993. Geologia del nororiente de la Amazonía peruana: la formación Pebas. Pp. 69–85 en R. Kalliola, M. Puhakka, y W. Danjoy, eds. Amazonía peruana: vegetación humeda tropical en el llano subandino. Proyecto Amazonía, Universidad Turku. Jyväskylä, Finland.

Hoorn, C. 1996. Miocene deposits in the Amazonian Foreland Basin. Science 273:122–123.

Hoorn, C., J. Guerrero, G. A. Sarmiento, and M. A. Lorente. 1995. Andean tectonics as a cause for changing drainage patterns in Miocene northern South America. Geology 23:237–240.

IIAP. 2000. Estudios de campo para la categorización y delimitación de la Zona Reservada Allpahuayo-Mishana. Informe interno final de la Comisión Técnica para la Categorización y Delimitación Definitiva de la Zona Reservada Allpahuayo-Mishana. Instituto de Investigaciones de la Amazonía Peruana, Iquitos.

INRENA. 2004. Categorización de especies de fauna amenazadas. D.S. No. 034-2004-AG, 22 de Setiembre del 2004 (*www.inrena.gob.pe/iffs/iffs_blegal_ano2004.htm*). Insituto Nacional de Recursos Naturales, Lima.

Isler, M. L., J. Álvarez A., P. R. Isler, T. Valqui, A. Begazo, and B. M. Whitney. 2002a. Rediscovery of a cryptic species and description of a new subspecies and description of a new subspecies in the *Myrmeciza hemimelaena* complex (Thamnophilidae) of the Neotropics. Auk 119:362–378.

Isler, M. L., J. Álvarez A., P. R. Isler, and B. M. Whitney. 2002b. A new species of *Percnostola* antbird (Passeriformes: Thamnophilidae) from Amazonian Perú, and an analysis of species limits within *Percnostola rufifrons*. Wilson Bulletin 113:164–176.

IUCN. 2006. 2006 IUCN Red List of Threatened Species (*www.iucnredlist.org*). The World Conservation Union, Gland.

Kalliola, R., and M. Puhakka. 1993. Geografía de la selva baja peruana. Pp. 9–21 en R. Kalliola, M. Puhakka, y W. Danjoy, eds. Amazonía peruana: vegetación humeda tropical en el llano subandino. Proyecto Amazonía, Universidad Turku. Jyväskylä, Finland.

Kauffman, S., G. Paredes Arce, y R. Marquina. 1998. Suelos de la zona de Iquitos. Pp. 139–229 in R. Kalliola, and S. Flores Paitán, eds. Geoecología y desarrollo amazónico: estudio integrado en la zona de Iquitos, Peru. Annales Universitatis Turkuensis Series A II. Turku, Finland.

La Marca, E., K. R. Lips, S. Lötters, R. Puschendorf, R. Ibañez, J. V. Rueda-Almonacid, R. Schulte, C. Marty, F. Castro, J. Manzanilla-Puppo, J. E. García-Pérez, F. Bolaños, G. Chaves, J. A. Pounds, E. Toral, and B. E. Young. 2005. Catastrophic population declines and extinctions in Neotropical Harlequin frogs (Bufonidae: *Atelopus*). Biotropica 37:190–201.

Linna, A. 1993. Factores que contribuyen a las caracteristicas del sedimento superficial en la selva baja de la Amazonía peruana. Pp. 87–97 en R. Kalliola, M. Puhakka, y W. Danjoy, eds. Amazonía peruana: vegetación humeda tropical en el llano subandino. Proyecto Amazonía, Universidad Turku. Jyväskylä, Finland.

Lou Alarcón, S. 2003. Informe de Viaje 001-20023/DP-PCN. Programa de Comunidades Nativas, Defensoria del Pueblo, Lima.

Lucas, K. (fecha desconocida) Informe de poblaciones en aislamiento en zona fronteriza Peru, Ecuador y Colombia. Servicio Informativo Iberoamericano de la Organización de Estados Iberoamericanos, Quito.

Mann, C. C. 2005. 1492: New revelations of the Americas before Columbus. Alfred A. Knopf/Random House Publishers, New York.

Montenegro, O., and M. Escobedo. 2004. Mammals. Pp. 163–170 in C. Vriesendorp, N. Pitman, R. Foster, I. Mesones, and M. Rios, eds. Peru: Ampiyacu, Apayacu, Yaguas, Medio Putumayo. Rapid Biological Inventories Report 12. The Field Museum, Chicago.

Munsell Color Co. 1954. Soil color charts. Munsell Color Company, Baltimore.

Naughton-Treves, L., J. L. Mena, A. Treves, N. Alvarez, and V. C. Radeloff. 2003. Wildlife survival beyond park boundaries: the impact of slash-and-burn agriculture and hunting on mammals in Tambopata, Peru. Conservation Biology 17:1106–1117.

O'Leary, T. 1963. Zaparo. In T. J. O'Leary, Ethnographic Bibliography of South America. Human Relations Area Files, New Haven.

Ortega, H. 1996. Ictiofauna del Parque Nacional del Manu. Pp. 453–482 in D. E. Wilson and A. Sandoval, eds. Manu: the biodiversity of southeastern Perú. Smithsonian Institution, Washington, DC.

Ortega, H., M. Hidalgo, y G. Bertiz. 2003a. Peces. Pp. 59–63 en/in N. Pitman, C. Vriesendorp, y/and D. Moskovits, eds. Perú: Yavarí. Rapid Biological Inventories Report 11. The Field Museum, Chicago.

Ortega, H., M. Hidalgo, N. Salcedo, E. Castro, and C. Riofrio. 2001. Diversity and conservation of fish of the lower Urubamba Region, Peru. Pp. 143–150 in A. Alonso, F. Dallmeier, and P. Campbell, eds. Urubamba: the Biodiversity of a Peruvian Rainforest. SI/MAB Series 7. Smithsonian Institution, Washington, DC.

Ortega, H., M. McClain, I. Samanez, B. Rengifo, M. Hidalgo, E. Castro, J. Riofrio, and L. Chocano. 2003b. Fish diversity, habitats and conservation of Pachitea River basin in Peruvian rainforest. Abstract, p. 38 of the 2003 Joint Meeting of Ichthyologist and Herpetologists in Manaus, Brasil (*http://lists. allenpress.com/asih/meetings/2003/abstracts_IV_2003.pdf*). American Society of Ichthyology and Herrpetology, Florida International University, Miami.

Ortega, H., and R. P. Vari. 1986. Annotated checklist of the freshwater fishes of Peru. Smithsonian Contributions to Zoology 437:1–25.

Pacheco, V. 2002. Mamíferos del Perú. Pp. 503–550 in G. Ceballos y J. A. Simonetti, eds. Diversidad y conservación de los mamíferos neotropicales. CONABIO-UNAM. México, D.F.

Peres, C. A. 1996. Population status of the white-lipped *Tayassu pecari* and collared peccaries *T. tajacu* in hunted and unhunted Amazonia forests. Biological Conservation 77:115–123.

Perú Ecológico. 2005. Arabela.(*www.peruecologico.com.pe/etnias_ arabela.htm*, 9 julio 2005). Ong'd Perú Ecológico.

Pitman, N., H. Beltrán, R. Foster, R. García, C. Vriesendorp, y M. Ahuite. 2003. Flora y vegetación. Pp. 52–59 en/in N. Pitman, C. Vriesendorp, y/and D. Moskovits, eds. Perú: Yavarí. Rapid Biological Inventories Report 11. The Field Museum, Chicago.

Räsänen, M. 1993. La geohistoria y geología de la Amazonia peruana. Pp. 43–67 en R. Kalliola, M. Puhakka, y W. Danjoy, eds. Amazonía peruana: vegetación humeda tropical en el llano subandino. Proyecto Amazonía, Universidad Turku. Jyväskylä, Finland.

Räsänen, M., A. Linna, G. Irion, L. Rebata Hermani, R. Vargas Huaman, and F. Wesselingh. 1998. Geología y geoformas en la zona de Iquitos. Pp. 60–138 in R. Kalliola, and S. Flores Paitán, eds. Geoecología y desarollo amazónico: estudio integrado en la zona de Iquitos, Peru. Annales Universitatis Turkuensis Series A II. Turku, Finland.

Räsänen, M., A. Linna, J. C. R. Santos, and F. R. Negri. 1995. Late Miocene tidal deposits in the Amazonian foreland basin. Science 269:386–390.

Räsänen, M., R. Kalliola, and M. Puhakka. 1993. Mapa geoecológico de la selva baja peruana: explicaciones. Pp. 207–216 en R. Kalliola, M. Puhakka, y W. Danjoy, eds. Amazonía peruana: vegetación humeda tropical en el llano subandino. Proyecto Amazonía, Universidad Turku. Jyväskylä, Finland.

Repsol Exploracion Peru. 2005. Capitulo 3.0 Linea Base Ambiental, Repsol Exploración Perú (*www.minem.gob.pe/archivos/dgaae/publicaciones/resumen/raya/3.pdf*, 13 julio 2006). Archivos de Ministerio de Energía y Minas, Republica de Perú, Lima.

Ribeiro, J. E. L. S., M. J.G. Hopkins, A. Vicentini, C. A. Sothers, M. A. S. Costa, J. M. de Brito, M. A. D. de Souza, L. H. P. Martins, L. G. Lohmann, P. A. C. L. Assunção, E. da C. Pereira, C. F. da Silva, M. R. Mesquita, e L.C. Procópio. 1999. Flora da Reserva Ducke: guia de identificação das plantas vasculares de uma floresta de terra-firme na Amazônia Central. INPA-DFID, Manaus.

Rich. F. 2000. Carta personal de Ferna Rich del Instituto Lingüístico del Verano al Defensoria del Pueblo. Iquitos, Perú.

Rich, R. 1999. Diccionario Arabela-Castellano (*www.sil.org/americas/peru/htm/pubs/slp49-sample.pdf*, 12 julio 2006). SIL International, Lima.

Ridgely, R. S., and P. J. Greenfield. 2001. The birds of Ecuador: Status, distribution, and taxonomy. Cornell University Press, Ithaca.

Rivera, C., P. Soini, P. Pérez, and C. Yánez. 2001. Anfibios y reptiles. Pp. 36–44 en P. Soini, ed. Conservación y manejo de la biodiversidad de la cuenca del Pucacuro. Informe Técnico, Instituto de Investigaciones de la Amazonía Peruana, Iquitos.

Roddaz, M., P. Baby, S. Brusset, W. Hermoza, and J. Darrozes. 2005. Forebulge dynamics and environmental control in western Amazonia: the case study of the arch of Iquitos (Peru). Tectonophysics 339:87–108.

Roddaz, M., J. Viers, S. Brusset, P. Baby, C. Boucayrand, and G. Hérail. 2006. Controls on weathering and provenance in the Amazonian foreland basin: insights from major and trace element geochemistry of Neogene Amazonian sediments. Chemical Geology 226:31–65.

Roddaz, M., J. Viers, S. Brusset, P. Baby, and G. Hérail. 2005. Sediment provenances and drainage evolution of the Neogene Amazonian foreland basin. Earth and Planetary Science Letters 239:57–78.

Rodríguez, L., and W. E. Duellman. 1994. A guide to the frogs of the Iquitos region, Amazonian Peru. Special Publication 22, University of Kansas Natural History Museum, Lawrence.

Rodríguez, L., y G. Knell. 2003. Anfibios y reptiles. Pp. 63–67 en/in N. Pitman, C. Vriesendorp, y/and D. Moskovits, eds. Perú: Yavarí, Rapid Biological Inventories Report 11. The Field Museum, Chicago.

Rodríguez, L., y G. Knell. 2004. Anfibios y reptiles. Pp. 67–70 en/in N. Pitman, R. C. Smith, C. Vriesendorp, D. Moskovits, R. Piana, G. Knell, y T. Watcher, eds. Perú: Ampiyacu, Apayacu, Yaguas, Medio Putumayo, Rapid Biological Inventories Report 12. The Field Museum, Chicago.

Rogalski, F. S. 2005. Evidence for Groups in Voluntary Isolation in the Arabela Headwaters Region. Unpublished Report. Defensoría del Pueblo, Lima.

Ruokolainen, K., and H. Tuomisto. 1998. Vegetación natural de la zona de Iquitos. Pp. 253–365 in R. Kalliola, and S. Flores Paitán, eds. Geoecología y desarollo amazónico: estudio integrado en la zona de Iquitos, Peru. Annales Universitatis Turkuensis Series A II. Turku, Finland.

Rylands, A. B. 2002. A taxonomic review of the titi monkeys, *Callicebus* Thomas 1903. Neotropical primates. Conservation International, Washington, D.C.

Sánchez, H. 2001. Peces. Pp. 45–61 en P. Soini (ed.) Informe técnico: conservación y manejo de la biodiversidad de la cuenca Pucacuro. IIAP, Lima.

Simson, A. 1978. Notes on the Zaparos. Journal of the Anthropological Institute of Great Britain And Ireland 7:502–510.

Soini, P. 2000. Mamíferos. Pp. 35–39 en Programa del aprovechamiento de la biodiversidad, Proyecto 2: Conservación y uso de ecosistemas (Sub-proyecto 2.1: Evaluación y conservación de ecosistemas para ecoturismo, y Sub-proyecto 2.2: Caracterizacion de ecosistemas para proteccion y uso en la cuenca del rio Nanay). Informe Anual, Instituto de Investigaciones de la Amazonía Peruana (IIAP), Lima.

Soini, P., A. Dosantos, A. Calle, y L. Arias. 2001. Mamíferos. Pp. 27–35 en Programa del aprovechamiento de la biodiversidad, Sub-proyecto 2.3: Conservación y manejo de la biodiversidad de la cuenca Pucacuro. Informe Anual, Instituto de Investigaciones de la Amazonía Peruana (IIAP), Lima.

Stallard, R. F. 1985. River chemistry, geology, geomorphology, and soils in the Amazon and Orinoco basins. Pp. 293–316 in J. I. Drever. The Chemistry of Weathering. NATO ASI Series C: Mathematical and Physical Sciences. D. Reidel Publishing, Dordrecht, Holland.

Stallard, R. F. 1988. Weathering and erosion in the humid tropics. Pp. 225–246 in A. Lerman and M. Meybeck. Physical and Chemical Weathering in Geochemical Cycles. NATO ASI Series C: Mathematical and Physical Sciences. Kluwer Academic Publishers, Dordrecht, Holland.

Stallard, R. F. 2005a. Geologic history of the middle Yavarí region and the age of the tierra firme. Pp. 234–237 en/in C. Vriesendorp, N. Pitman, J.-I. Rojas Moscoso, L. Rivera Chávez, L. Calixto Méndez, M. Vela Collantes, y/and P. Fasabi Rimachi, eds. Perú: Matsés. Rapid Biological Inventories Report 16. The Field Museum, Chicago.

Stallard, R. F. 2005b. Landscape processes: geology, hydrology, and soils. Pp. 170–176 en/in C. Vriesendorp, N. Pitman, J.-I. Rojas Moscoso, L. Rivera Chávez, L. Calixto Méndez, M. Vela Collantes, y/and P. Fasabi Rimachi, eds. Perú: Matsés. Rapid Biological Inventories Report 16. The Field Museum, Chicago.

Stallard, R. F., and J. M. Edmond. 1983. Geochemistry of the Amazon 2. The influence of geology and weathering environment on the dissolved-load. Journal of Geophysical Research-Oceans and Atmospheres 88:9671–9688.

Stallard, R. F., and J. M. Edmond. 1987. Geochemistry of the Amazon 3. Weathering chemistry and limits to dissolved inputs. Journal of Geophysical Research-Oceans 92:8293–8302.

Stallard, R. F., L. Koehnken, and M. J. Johnsson. 1990. Weathering processes and the composition of inorganic material transported through the Orinoco River system, Venezuela and Colombia. Pp. 81–119 en/in F. H. Weibezahn, H. Alvarez, y/and W. M. Lewis Jr. El Río Orinoco como ecosistema/The Orinoco River as an ecosystem. Impresos Rubel, Caracas.

Steward, J., ed. 1948. Zaparoan Tribes. Handbook of South American Indians, volume 3. United States Government Printing Office, Washington, D.C.

Stotz, D. F., y/and T. Pequeño. 2004. Aves/Birds. Pp. 155–164, 242–253 en/in N. Pitman, R. C. Smith, C. Vriesendorp, D. Moskovits, R. Piana, G. Knell, y/and T. Watcher, eds. Perú: Ampiyacu, Apayacu, Yaguas, Medio Putumayo. Rapid Biological Inventories Report 12. The Field Museum, Chicago.

Stotz, D. F., y/and T. Pequeño. 2006. Aves/Birds. Pp. 197–205, 304–319 en/in C. Vriesendorp, N. Pitman, J. I. Rojas M., B. A. Pawlak, L. R. Chavez, L. Calixto M., M. Vela C., y/and P. Fasabi R., eds. Perú: Matsés. Rapid Biological Inventories Report 16. The Field Museum, Chicago.

ter Steege, H., N. C. A. Pitman, O. L. Phillips, J. Chave, D. Sabatier, A. Duque, J.-F. Molino, M-. F. Prévost, R. Spichiger, H. Castellanos, P. von Hildebrand, and R. Vásquez. 2006. Continental-scale patterns of canopy tree composition and function across Amazonia. Nature 443:444–447.

UNAP. 1997. Ictiología, en Estudio Hidrobiológico del Río Corrientes. Informe Técnico para Pluspetrol, 22 pp., fotos y anexos. Plusipetrol Norte S. A. y la Universidad Nacional de la Amazonía Peruana (UNAP), Iquitos.

Valencia, R., R. B. Foster, G. Villa, R. Condit, J.-C. Svenning, C. Hernandez, K. Romoleroux, E. Losos, E. Magård, and H. Balslev. 2004. Tree species distributions and local habitat variation in the Amazon: large forest plot in eastern Ecuador. Journal of Ecology 92:214–229.

Vari, R. P. 1998. Higher level phylogenetic concept within Characiforms (Ostariophysi), a historical review. Pp. 111–122 in L. Malabarba, R. Reis, R.Vari, Z. Lucena, and C. Lucena, eds. Phylogeny and classification of neotropical fishes. EDIPUCRS, Porto Alegre, Brasil.

Vari, R. P., and A. S. Harold. 1998. The genus *Creagrutus* (Teleostei: Characiformes: Characidae): monophyly, relationship and undetected diversity. Pp. 245–260 in L. Malabarba, R. Reis, R.Vari, Z. Lucena, and C. Lucena, eds. Phylogeny and classification of neotropical fishes. EDIPUCRS, Porto Alegre, Brasil.

Vásquez-Martínez, R. 1997. Florula de las reservas biológicas de Iquitos, Perú. Missouri Botanical Garden, St. Louis.

Viatori, M. Revitalizando el idioma Zapara (*www.ailla.utexas.org/site/cilla1/Viatori_Zapara.pdf*, 13 julio 2005). Memorias del Congreso de Idiomas Indígenas de Latinoamérica I (23–25 octubre 2003). University of Texas, Austin.

Vonhof, H. B., F. P. Wesselingh, R. J. G. Kaandorp, G. R. Davies, J. E. Van Hinte, J. Guerrero, M. Rasanen, L. Romero-Pittman, and A. Ranzi. 2003. Paleogeography of Miocene western Amazonia: Isotopic composition of molluscan shells constrains the influence of marine incursions. Geological Society of America Bulletin 115:983–993.

Voss, R. S. and L. H. Emmons. 1996. Mammalian diversity in neotropical lowland rainforests: a preliminary assessment. Bulletin American Museum Natural History 230:1–115.

Vriesendorp, C., N. Dávila, R. Foster, I. Mesones, and V. L. Uliana. 2006. Flora and vegetation. Pp. 174–184 en/in C. Vriesendorp, T. S. Schulenberg, W. S. Alverson, D. K. Moskovits, y/and J.-I. Rojas M., eds. Perú: Sierra del Divisor. Rapid Biological Inventories Report 17. The Field Museum, Chicago.

Vriesendorp, C., N. Pitman, R. Foster, I. Mesones, y M. Ríos. 2004. Flora y vegetación. Pp. 54–61 en/in N. Pitman, R. C. Smith, C. Vriesendorp, D. Moskovits, R. Piana, G. Knell, y/and T. Wachter, eds. Perú: Ampiyacu, Apayacu, Yaguas, Medio Putumayo. Rapid Biological Inventories Report 12. The Field Museum, Chicago.

Vriesendorp, C., N. Pitman, J.-I. Rojas Moscoso, L. Rivera Chávez, L. Calixto Méndez, M. Vela Collantes, y/and P. Fasabi Rimachi. 2005. Pp. 167–170. Perú: Matsés. The Field Museum, Chicago.

Whitney, B. M., and J. Álvarez A. 1998. A new *Herpsilochmus* antwren (Aves: Thamnophilidae) from northern Amazonian Peru and adjacent Ecuador: the role of edaphic heterogeneity of terra firme forest. Auk 115:559–576.

Whitney, B. M., and J. Álvarez A. 2005. A new species of gnatcatcher from white-sand forest of northern Amazonian Peru with revision of the *Polioptila guianensis* complex. Wilson Bulletin 117:113–127.

Whitten, N. E. Ecological imagery and cultural adaptability: the Canelos Quichua of eastern Ecuador. *American Anthropologist,* n. s. 80:836–859.

Willink, P.W., B. Chernoff, H. Ortega, R. Barriga, A. Machado-Allison, and N. Salcedo. 2005. Fishes of the Pastaza river watershed: assessing the richness, distribution, and potential threats. Chapter 7, pp. 75–84 in P. W. Willink, B. Chernoff, and J. McCullough, eds. A Rapid Biological Assessment of the Aquatic Ecosystems of the Pastaza River Basin, Ecuador and Peru. RAP Bulletin of Biological Assessment 33. Conservation International, Washington, DC.

Wilson, D. E., F. R. Cole, J. D. Nichols, R. Rundran, and M. S. Foster. 1996. Measuring and monitoring biological diversity standard methods for mammals. Smithsonian Institution Press, Washington, DC.

Winkler, P. 1980. Observations on acidity in continental and in marine atmospheric aerosols and in precipitation. Journal of Geophysical Research 85:4481–4486.

Alverson, W. S., D. K. Moskovits, y/and J. M. Shopland, eds. 2000. Bolivia: Pando, Río Tahuamanu. Rapid Biological Inventories Report 01. The Field Museum, Chicago.

Alverson, W. S., L. O. Rodríguez, y/and D. K. Moskovits, eds. 2001. Perú: Biabo Cordillera Azul. Rapid Biological Inventories Report 02. The Field Museum, Chicago.

Pitman, N., D. K. Moskovits, W. S. Alverson, y/and R. Borman A., eds. 2002. Ecuador: Serranías Cofán-Bermejo, Sinangoe. Rapid Biological Inventories Report 03. The Field Museum, Chicago.

Stotz, D. F., E. J. Harris, D. K. Moskovits, K. Hao, S. Yi, and G. W. Adelmann, eds. 2003. China: Yunnan, Southern Gaoligongshan. Rapid Biological Inventories Report 04. The Field Museum, Chicago.

Alverson, W. S., ed. 2003. Bolivia: Pando, Madre de Dios. Rapid Biological Inventories Report 05. The Field Museum, Chicago.

Alverson, W. S., D. K. Moskovits, y/and I. C. Halm, eds. 2003. Bolivia: Pando, Federico Román. Rapid Biological Inventories Report 06. The Field Museum, Chicago.

Kirkconnell P., A., D. F. Stotz, y/and J. M. Shopland, eds. 2005. Cuba: Península de Zapata. Rapid Biological Inventories Report 07. The Field Museum, Chicago.

Díaz, L. M., W. S. Alverson, A. Barreto V., y/and T. Wachter, eds. 2006. Cuba: Camagüey, Sierra de Cubitas. Rapid Biological Inventories Report 08. The Field Museum, Chicago.

Maceira F., D., A. Fong G., y/and W. S. Alverson, eds. 2006. Cuba: Pico Mogote. Rapid Biological Inventories Report 09. The Field Museum, Chicago.

Fong G., A., D. Maceira F., W. S. Alverson, y/and J. M. Shopland, eds. 2005. Cuba: Siboney-Juticí. Rapid Biological Inventories Report 10. The Field Museum, Chicago.

Pitman, N., C. Vriesendorp, y/and D. Moskovits, eds. 2003. Perú: Yavarí. Rapid Biological Report 11. The Field Museum, Chicago.

Pitman, N., R. C. Smith, C. Vriesendorp, D. Moskovits, R. Piana, G. Knell, y/and T. Wachter, eds. 2004. Perú: Ampiyacu, Apayacu, Yaguas, Medio Putumayo. Rapid Biological Inventories Report 12. The Field Museum, Chicago.

Maceira F., D., A. Fong G., W. S. Alverson, y/and T. Wachter, eds. 2005. Cuba: Parque Nacional La Bayamesa. Rapid Biological Inventories Report 13. The Field Museum, Chicago.

Fong G., A., D. Maceira F., W. S. Alverson, y/and T. Wachter, eds. 2005. Cuba: Parque Nacional "Alejandro de Humboldt." Rapid Biological Inventories Report 14. The Field Museum, Chicago.

Vriesendorp, C., L. Rivera Chávez, D. Moskovits, y/and J. Shopland, eds. 2004. Perú: Megantoni. Rapid Biological Inventories Report 15. The Field Museum, Chicago.

Vriesendorp, C., N. Pitman, J. I. Rojas M., B. A. Pawlak, L. Rivera C., L. Calixto M., M. Vela C., y/and P. Fasabi R., eds. 2006. Perú: Matsés. Rapid Biological Inventories Report 16. The Field Museum, Chicago.

Vriesendorp, C., T. S. Schulenberg, W. S. Alverson, D. K. Moskovits, y/and J.-I. Rojas Moscoso, eds. 2006. Perú: Sierra del Divisor. Rapid Biological Inventories Report 17. The Field Museum, Chicago.